21世纪高职高专新概念规划教材

AutoCAD 2010 实验指导

主　编　孙江宏

副主编　任剑洪　禹　波　张红艳

中国水利水电出版社
www.waterpub.com.cn

内 容 提 要

本书是与《AutoCAD 2010 实用教程》一书配套的实验指导，也可以脱离教材独立使用。全书共 12 章，内容包括：管理图纸和图层、设置绘图环境、使用辅助功能精确绘图、绘制简单图形、绘制几何图形、编辑并填充图形、文字标注和块的应用、绘制建筑平面图、绘制建筑立面图、绘制零件图、绘制蜗轮零件图、参数化绘图与实训等。每章都含有实验目的、实验准备工作、实验说明、实验指导、课后练习等内容，多数章节中还提出了实验要求。通过书中的实践练习，可以巩固有关 AutoCAD 2010 的基础知识，提高实践动手能力，做到举一反三、温故知新。

本书侧重基础、重视技巧，由浅入深、结构清晰、内容详实，可供高职高专院校建筑设计、机械设计、电子电路设计、造型设计、平面设计等行业及相关专业人员学习和参考，尤其适合 AutoCAD 的初学者。

图书在版编目（C I P）数据

AutoCAD 2010实验指导 / 孙江宏主编. -- 北京 : 中国水利水电出版社, 2011.1
21世纪高职高专新概念规划教材
ISBN 978-7-5084-8119-7

Ⅰ. ①A… Ⅱ. ①孙… Ⅲ. ①计算机辅助设计－应用软件，AutoCAD 2010－高等学校：技术学校－教学参考资料 Ⅳ. ①TP391.72

中国版本图书馆CIP数据核字(2010)第232883号

策划编辑：雷顺加　　责任编辑：宋俊娥　　封面设计：李　佳

书　　名	21 世纪高职高专新概念规划教材 AutoCAD 2010 实验指导
作　　者	主　编　孙江宏 副主编　任剑洪　禹　波　张红艳
出版发行	中国水利水电出版社 （北京市海淀区玉渊潭南路 1 号 D 座　100038） 网址：www.waterpub.com.cn E-mail：mchannel@263.net（万水） sales@waterpub.com.cn 电话：（010）68367658（营销中心）、82562819（万水）
经　　售	全国各地新华书店和相关出版物销售网点
排　　版	北京万水电子信息有限公司
印　　刷	北京蓝空印刷厂
规　　格	184mm×260mm　16 开本　14.25 印张　350 千字
版　　次	2011 年 1 月第 1 版　2011 年 1 月第 1 次印刷
印　　数	0001—4000 册
定　　价	25.00 元

21世纪高职高专新概念规划教材
编委会名单

参编学校名单

（按第一个字笔划排序）

万博科技职业学院
三门峡职业技术学院
三联职业技术学院
山东大学
山东交通学院
山东农业大学
山东建工学院
山东省电子工业学校
山东省农业管理干部学院
山东省教育学院
山东商业职业技术学院
山西运城学院
山西经济管理干部学院
广东技术师范学院天河学院
广东金融学院
广东科贸职业学院
广州市职工大学
广州城市职业技术学院
广州铁路职业技术学院
广州康大职业技术学院
中山火炬职业技术学院
中华女子学院山东分院
中国人民解放军军事经济学院
中国人民解放军第二炮兵学院
中国矿业大学
中南大学
中南林业科技大学
中原工学院
内蒙古工业大学职业技术学院
内蒙古民族高等专科学校
内蒙古警察职业学院
天津职业技术师范学院
太原城市职业技术学院
太原理工大学阳泉学院
长沙大学
长沙民政职业技术学院
长沙交通学院
长沙航空职业技术学院
长春汽车工业高等专科学校
兰州资源环境职业技术学院
包头轻工职业技术学院
北华航天工业学院
北京对外经济贸易大学
北京科技大学成人教育学院
北京科技大学职业技术学院
四川托普职业技术学院
宁波城市职业技术学院
石家庄学院
辽宁交通高等专科学校
辽宁经济职业技术学院
华中科技大学
华东交通大学
华北电力大学
安徽水利水电职业技术学院
安徽交通职业技术学院
安徽行政学院
安徽国防科技职业学院
安徽职业技术学院
安徽新闻出版职业技术学院
扬州江海职业技术学院
江汉大学
江西大宇职业技术学院
江西工业职业技术学院
江西服装职业技术学院
江西城市职业学院
江西渝州电子工业学院

江西赣西学院
西北大学软件职业技术学院
西安文理学院
西安外事学院
西安欧亚学院
西安铁路职业技术学院
杨陵职业技术学院
国家林业局管理干部学院
昆明冶金高等专科学校
武汉大学
武汉工业学院
武汉工程大学
武汉工程职业技术学院
武汉广播电视大学
武汉电力职业技术学院
武汉软件职业学院
武汉科技大学工贸学院
武汉科技大学外语外事职业学院
武汉铁路职业技术学院
武汉商业服务学院
河南济源职业技术学院
南昌大学共青学院
南昌工程学院
哈尔滨金融专科学校
济南大学
济南交通高等专科学校
济南铁道职业技术学院
荆门职业技术学院
贵州无线电工业学校
贵州电子信息职业技术学院
重庆工业职业技术学院
重庆正大软件职业技术学院

恩施职业技术学院
浙江工业职业技术学院
浙江水利水电高等专科学校
浙江国际海运职业技术学院
黄冈职业技术学院
黄石理工学院
湖北工业大学
湖北水利水电职业技术学院
湖北长江职业学院
湖北交通职业技术学院
湖北汽车工业学院
湖北经济学院
湖北药检高等专科学校
湖北教育学院
湖北第二师范学院
湖北职业技术学院
湖北鄂州大学
湖南大众传媒职业技术学院
湖南大学
湖南工业职业技术学院
湖南工学院
湖南信息科学职业学院
湖南涉外经济学院
湖南郴州职业技术学院
湖南商学院
湖南税务高等专科学校
黑龙江司法警官职业学院
黑龙江农业工程职业学院
福建水利电力职业技术学院
福建林业职业技术学院
蓝天学院

序

根据1999年8月教育部高教司制定的《高职高专教育基础课程教学基本要求》（以下简称《基本要求》）和《高职高专教育专业人才培养目标及规格》（以下简称《培养规格》）的精神，由中国水利水电出版社北京万水电子信息有限公司精心策划，聘请我国长期从事高职高专教学、有丰富教学经验的教师执笔，在充分汲取了高职高专和成人高等学校在探索培养技术应用型人才方面取得的成功经验和教学成果的基础上，撰写了此套《21世纪高职高专新概念规划教材》。

为了编写本套教材，出版社进行了广泛的调研，走访了全国百余所具有代表性的高等专科学校、高等职业技术学院、成人教育高等院校以及本科院校举办的二级职业技术学院，在广泛了解情况、探讨课程设置、研究课程体系的基础上，经过学校申报、征求意见、专家评选等方式，确定了本套书的主编，并成立了编委会。每本书的编委会聘请了多所学校主要学术带头人或主要从事该课程教学的骨干，教学大纲的确定以及教材风格的定位均经过编委会多次认真讨论。

本套《21世纪高职高专新概念规划教材》有如下特点：

（1）面向21世纪人才培养的需求，结合高职高专学生的培养特点，具有鲜明的高职高专特色。本套教材的作者都是长期在第一线从事高职高专教育的骨干教师，对学生的基本情况、特点和认识规律等有深入的了解，在教学实践中积累了丰富的经验。因此可以说，每一本书都是教师们长期教学经验的总结。

（2）以《基本要求》和《培养规格》为编写依据，内容全面，结构合理，文字简练，实用性强。在编写过程中，作者严格依据教育部提出的高职高专教育"以应用为目的，以必需、够用为度"的原则，力求从实际应用的需要（实例）出发，尽量减少枯燥、实用性不强的理论概念，加强了应用性和实际操作性强的内容。

（3）采用"问题（任务）驱动"的编写方式，引入案例教学和启发式教学方法，便于激发学习兴趣。本套书的编写思路与传统教材的编写思路不同：先提出问题，然后介绍解决问题的方法，最后归纳总结出一般规律或概念。我们把这个新的编写原则比喻成"一棵大树、问题驱动"的原则。即：一方面遵守先见（构建）"树"（每本书就是一棵大树），再见（构建）"枝"（书的每一章就是大树的一个分枝），最后见（构建）"叶"（每章中的若干小节及知识点）的编写原则；另一方面采用问题驱动方式，每一章都尽量用实际中的典型实例开头（提出问题、明确目标），然后逐渐展开（分析解决问题），在讲述实例的过程中将本章的知识点融入。这种精选实例，并将知识点融于实例中的编写方式，可读性、可操作性强，非常适合高职高专的学生阅读和使用。本书读者通过学习构建本书中的"树"，由"树"找"枝"，顺"枝"摸"叶"，最后达到构建自己所需要的"树"的目的。

（4）部分教材配有实验指导和实训教程，便于学生练习提高。

（5）部分教材配有动感电子教案。为顺应教育部提出的教材多元化、多媒体化发展的要求，大部分教材都配有电子教案，以满足广大教师进行多媒体教学的需要。电子教案用PowerPoint制作，教师可根据授课情况任意修改。相关教案的具体情况请到中国水利水电出版社网站www.waterpub.com.cn下载。

（6）提供相关教材中所有程序的源代码，方便教师直接切换到系统环境中教学，提高教学效果。

总之，本套教材凝聚了数百名高职高专一线教师多年的教学经验和智慧，内容新颖，结构完整，概念清晰，深入浅出，通俗易懂，可读性、可操作性和实用性强。

本套教材适用于高等职业学校、高等专科学校、成人及本科院校举办的二级职业技术学院和民办高校。

新的世纪吹响了我国高职高专教育蓬勃发展的号角，新世纪对高职教育提出了新的要求，高职教育占据了全面素质教育中所不可缺少的地位，在我国高等教育事业中占有极其重要的位置，在我国社会主义现代化建设事业中发挥着日趋显著的作用，是培养新世纪人才所不可缺少的力量。相信本套《21 世纪高职高专新概念规划教材》的出版能为高职高专的教材建设和教学改革略尽绵薄之力，因为我们提供的不仅是一套教材，更是自始至终的教育支持，无论是学校、机构培训还是个人自学，都会从中得到极大的收获。

当然，本套教材肯定会有不足之处，恳请专家和读者批评指正。

21 世纪高职高专新概念规划教材编委会

2001 年 3 月

前　言

本书是与《AutoCAD 2010 实用教程》一书配套的实验指导，目的是通过一系列相关练习，巩固已学到的有关 AutoCAD 的知识，进一步提高实践动手能力。本书侧重基础、重视技巧，由浅入深、结构清晰、内容详实，并设有课后练习题。本书可供高职高专院校建筑设计、机械设计、电子电路设计、造型设计、平面设计等专业及相关专业人员学习和参考，尤其适合 AutoCAD 2010 的初学者。

本书在编写过程中注重基础知识的巩固、基本技能的提高，结合作者多年的教学和应用经验，将软件应用与工程设计相结合，融入许多实用的技巧，力图使读者在练习绘制 CAD 图形的同时学到一些实用的本领。

本书侧重平面图形练习和应用技巧提高，全书分为 12 章，内容包括：管理图纸和图层、设置绘图环境、使用辅助功能精确绘图、绘制简单图形、绘制几何图形、编辑并填充图形、文字标注和块的应用、绘制建筑平面图、绘制建筑立面图、绘制零件图、绘制蜗轮零件图、参数化绘图与实训。每章都含有实验目的、实验准备工作、实验说明、实验指导、课后练习等内容，从第 3 章到第 11 章还提出了实验要求。

本书从绘图环境设置、图纸图层等基本操作开始，讲述简单几何图形、复杂图形的绘制和编辑、文字和标注及参数化绘图，并给出四个综合性的实例。前面的基础练习部分，对用到的命令给出详细介绍；后面的综合实践部分，则重点说明绘图的顺序。对于同样的问题，使用不同的工具和方法对比介绍，融会贯通、灵活应用。

相比之下，本书有以下几个鲜明的特点。

（1）相对独立。本书虽然是《AutoCAD 2010 实用教程》配套的实验指导书，但也可以在脱离该教材的基础上独立使用。用户可以通过书中的实践练习，基本掌握 AutoCAD 中文版的基本操作和绘图方式。

（2）侧重基础和技巧。本书所选实例涉及机械、建筑等方面，具有很强的代表性，例子中涉及大部分的 CAD 知识和工具，介绍了大量的实用技巧，能够使初学者很快掌握 AutoCAD 2010 基本操作，学会如何绘制图形。

（3）参照性强。本书不是使用单一的方法去解决问题，在练习过程中，注意使用不同的工具和方法解决同一问题，并进行对比分析，达到举一反三、灵活运用的目的，使读者能够自由驾驭工具，而不是机械地使用工具。

本书由孙江宏任主编，任剑洪、禹波、张红艳任副主编，主要编写人员分工如下：孙江宏编写第 1、2、11、12 章，李兵编写第 3 章，赵腾任编写第 4 章，任剑洪编写第 5、6 章，张仙苗编写第 7 章，赵龙德编写第 8 章，张红艳编写第 9 章，禹波编写第 10 章。参加本书编写工作的还有刘英宁、孙江涛、王巍、黄小龙、贾振玉、毕首权、马向辰、于美云、许九成、王雪艳、韩凤莲、赵维海、赵洁、朱存铃、邱景红等。

由于编者水平有限，加上 CAD 技术的不断发展，书中难免有不足或疏漏之处，希望各位读者批评指正，提出宝贵意见。如果读者对本书有任何技术问题，可以通过电子邮件（278796059@qq.com）联系，我们将竭诚为您服务。

编　者

2010 年 10 月

目　录

第 1 章　管理图纸和图层

1.1　实验目的

（1）熟悉 AutoCAD 2010 绘图环境。
（2）熟悉绘图单位的设置。
（3）熟悉图形界限的设置。
（4）掌握设置绘图单位的方法。
（5）掌握图层的创建方法。
（6）掌握颜色和线型、线宽的设置方法。
（7）掌握开/关、冻结/解冻图层的方法。

1.2　实验准备工作

（1）阅读教材第 3 章 3.1、3.3 节的内容。
（2）熟悉 Windows 的基本操作。
（3）打开 AutoCAD 2010 并练习使用键盘、菜单、功能区按钮进行操作。
（4）复习绘图单位的内容。
（5）复习图形界限的内容。
（6）复习图层、线型、颜色等的设置和修改方法。
（7）复习控制图层显示的内容。

1.3　实验说明

1.3.1　国标中关于图线的规定

国家标准《技术制图　图线》（GB/T 17450－2002）和《机械制图　图线》（GB/T 4457.4－1984）中，规定了 15 种基本线型及图线应用。绘制机械图样只用到其中的一小部分。常见的图线名称、图线型式、宽度及在图样中的一般应用应符合表 1-1 的规定。

表 1-1　基本线型及应用（GB/T17450-2002）

图线名称	图线型式	线宽	一般应用
粗实线	————————	d	可见轮廓线 可见过渡线 图框线

续表

图线名称	图线型式	线宽	一般应用
细实线		d/4	尺寸线及尺寸界线 剖面线 重合断面的轮廓线 螺纹的牙底线及齿轮的齿根线 引出线 分界线及范围线 弯折线 辅助线 不连续的同一表面的连线 成规律分布的相同要素的连线
波浪线		d/4	断裂处的边界线 视图与剖视的分界线
双折线		d/4	断裂处的边界线
虚线		d/4	不可见轮廓线 不可见过渡线
细点划线		d/4	轴线 对称中心线 轨迹线 节圆及节线（分度圆及分度线）
粗点划线	（线长及间距同细点划线）	d	有特殊要求的线或表面的表示线
双点划线（细）		d/4	相邻辅助零件的轮廓线 极限位置的轮廓线 坯料的轮廓线或毛坯图中制成品的轮廓线 假想投影轮廓线 实验或工艺用结构的轮廓线 中断线

1.3.2 AutoCAD 2010 中图层和线型对应关系

在 AutoCAD 2010 中，一般按表 1-2 设置图层和线型。而且，对于各种线型，也有其相关颜色规定。表中没有特别标出的，均为用户自行确定。

表 1-2 图层与线型对应关系（GB/T14665－1998）

图层	线型描述	颜色
01	粗实线，剖切面的粗剖切线	白
02	细实线，细波浪线，细折断线	红、绿、蓝
03	粗虚线	黄
04	细虚线	黄
05	细点划线，剖切面的剖切线	蓝绿、浅蓝
06	粗点划线	棕

续表

图层	线型描述	颜色
07	细双点划线	粉红/橘红
08	尺寸线，投影连线，尺寸终端与符号细实线	白
09	参考圆，包括引出线和终端（如箭头）	白
10	剖面线	白
11	文本（细实线）	白
12	尺寸值和公差	白
13	文本（粗实线）	白
14，15，16	用户选用	

1.4 实验指导

1.4.1 设置绘图单位和图形界限

1. 设置绘图单位

在使用 AutoCAD 2010 绘图时，需要一个绘图区域，即工作区，就是确定图形设置所控制的区域，相当于手工绘图中图纸的图幅。国家标准中对图纸的幅面（单位和大小）进行了具体规定，在 AutoCAD 2010 中可以对度量的单位进行更多的设置。

绘图单位可以通过以下步骤设置：单击▲，选择“图形实用工具”菜单的“单位”选项，打开“图形单位”对话框，如图 1-1 所示。

通过“图形单位”对话框，可以进行长度、角度的类型和精度，以及缩放比例单位的设置等。缩放拖放内容的单位一般选择毫米即可。角度度量方向一般按逆时针方向为正。如果选择“顺时针”复选项，则按顺时针方向为正。

角度的 0 度参照还有一个方向问题，单击“方向”按钮，将弹出如图 1-2 所示的“方向控制”对话框。

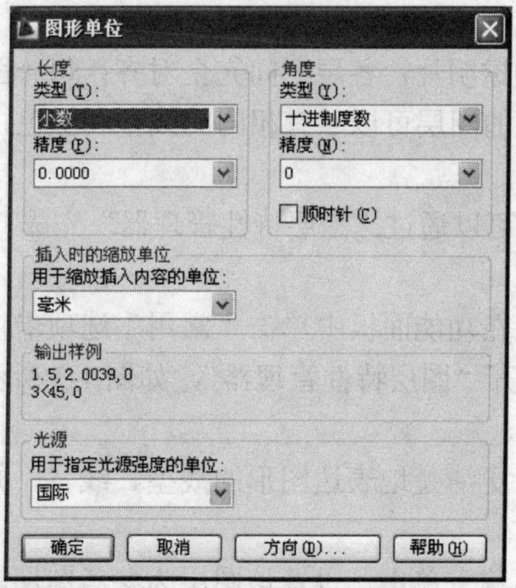

图 1-1 “图形单位”对话框

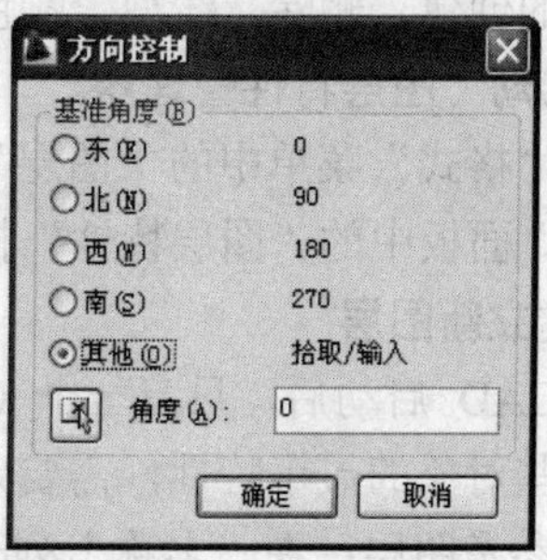

图 1-2 “方向控制”对话框

在 AutoCAD 2010 中，角度方向一般把东设置为 0 度位置，它相对于用户坐标系的方向，将影响到其他角度的测量。除了东、南、西、北选项外，还有“其他”选项，可以用鼠标任意选择一个角度。

2．设置图形界限

在 AutoCAD 2010 中，通过设置图形界限来设置绘图空间中的一个假想矩形绘图区域。图形界限相当于用户选择的图纸图幅大小。通常，图形界限是通过屏幕绘图区的左下角和右上角的坐标来规定的。

图形界限就是确定图形设置所控制的区域，可以使用 Limits 命令调整图形边界。图形边界用(X,Y)坐标表示，一个表示绘图区的左下角，一个表示绘图区的右上角。

例如，定义一个宽 420mm、高 297mm 的绘图区。选择“格式”菜单的“图形界限”命令，或者直接在命令行输入以下命令：

命令: limits

重新设置模型空间界限:

指定左下角点或 [开(ON)/关(OFF)] <0.0000,0.0000>: 0,0（在命令行输入左下角坐标）

指定右上角点 <420.0000,297.0000>: 420,297（在命令行输入右上角坐标，完成设置）

其中有两个选项“开”和“关”。选择“开”时，保持当前值，并进行边界检查，这时 AutoCAD 将会拒绝输入超出图形界限以外的点，但其他的图形如矩形的某些部分可能延伸出界限。选择“关”时，将关闭边界检查，但保留边界值，以备将来进行边界检查，这时用户可以在图形界限以外绘图，这是系统的默认值。

提示

默认状态下 AutoCAD 2010 不显示菜单栏。如果要显示，可以通过单击窗口最上端工具栏右侧的按钮，选择“显示菜单栏”选项即可。如果要隐藏，则可以重复上面的操作，选择“隐藏菜单栏”选项。本书并不提倡使用菜单栏，因为它的效率没有工具选项板高。但是为了版本兼容性，在此一并列出。

1.4.2 管理图层

AutoCAD 2010 图层可以理解为没有厚度的透明片，各层之间完全对齐；每一图层上都可以指定绘图所需的线型、线宽、颜色等；不同的图层可以赋有相同的线型和颜色，也可以是不同的线型和颜色。

图层的创建、删除，线型、颜色等的设置都可以通过“图层特性管理器”完成。

1．启动“图层特性管理器”

选择“格式”菜单中的“图层”选项，或者在功能面板中单击“常用”选项卡，然后单击“图层”面板中的“图层特性”按钮，可打开“图层特性管理器”，如图 1-3 所示。

2．建立新图层

AutoCAD 启动后，只有一个 0 图层。为了更清楚地表达图形的线型、线宽，并且方便地控制某些对象的显示特性，需要定义新的图层。

选择参考图层：在“名称”列表的某图层名称上单击，设置该图层为参考图层，该图层反白显示。

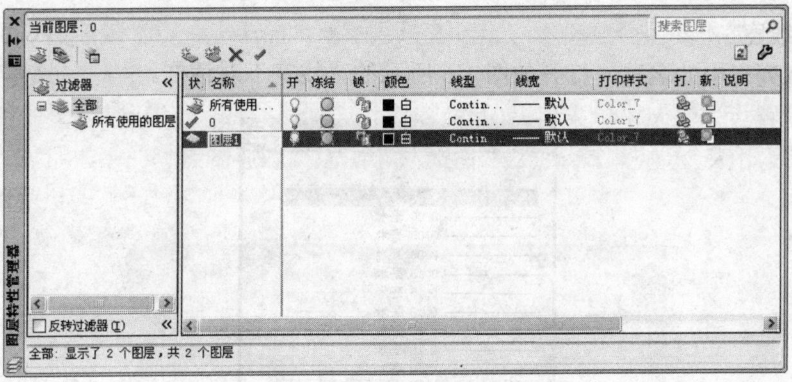

图 1-3 “图层特性管理器”对话框

建立新图层：在“图层特性管理器”对话框中单击“新建图层”按钮，在图层列表参考图层的下面建立一个新的图层，图层的名称显示为“图层 N”（N 为 1，2，3……），见图 1-3。

光标显示在新建图层名称中，可以键入另外的图层名，或按 Enter 键使用系统自动创建的图层。建立的新图层特性与参考图层一致。

3. 更改图层颜色

单击“颜色”列表中的颜色名称或图标，打开“选择颜色”对话框，如图 1-4 所示。

在“选择颜色”对话框中使用“索引颜色”。在调色板中选择一种颜色后，单击“确定”按钮，将选定的颜色应用于该图层。

4. 设置图层线型

单击线型列表中的线型名称，打开如图 1-5 所示的“选择线型”对话框。

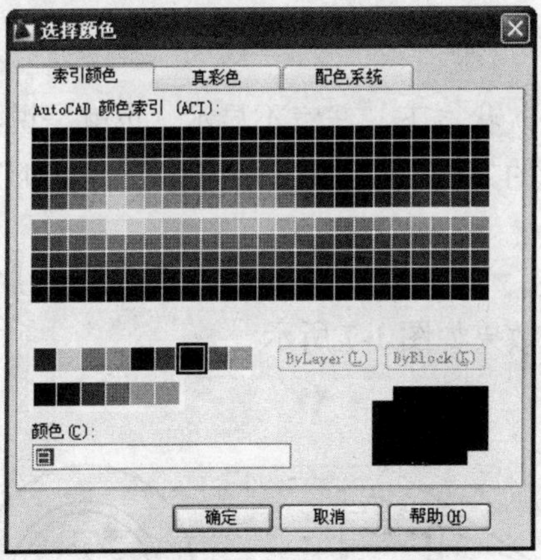

图 1-4 “选择颜色”对话框

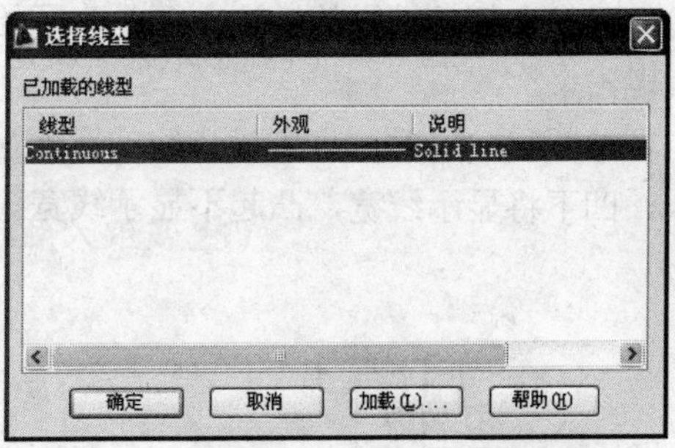

图 1-5 “选择线型”对话框

如果所需要的线型已经加载，可以直接从线型列表中选择；如果线型列表中没有需要的线型，则单击“加载”按钮，打开“加载或重加载线型”对话框。该对话框列出了 AutoCAD 2010 提供的系统 acadiso.lin 线型库中的所有线型，用户可以从中选择一个，或者配合使用 Ctrl 或 Shift 键，选择多个线型，单击“确定”按钮，完成线型的加载。该图层以后将使用这个线型。

5．设置线宽

单击线宽列表中的名称，打开如图 1-6 所示的“线宽”对话框。

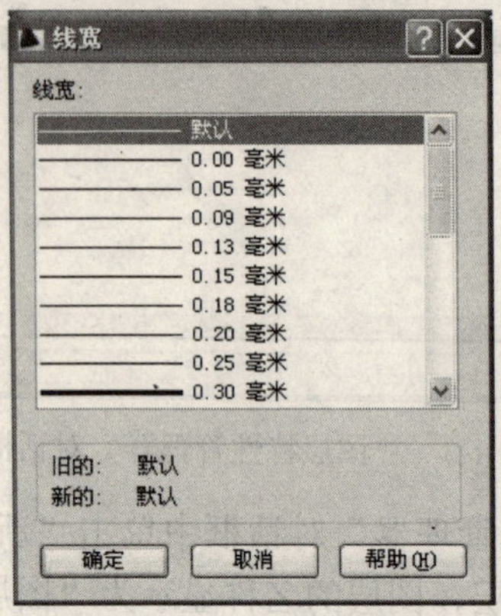

图 1-6 “线宽”对话框

在“线宽”对话框中，列出了当前所有可用的宽度，并在列表框下部显示该图层原有线宽和新线宽。选择好需要的线宽后，单击“确定”按钮，将该线宽应用于该图层。

6．图层编辑

在一幅图中可以设置任意多的图层。AutoCAD 2010 没有对图层数和每个图层的实体个数作任何限制。各图层具有相同的坐标系、显示缩放倍数以及绘图界限。

为了以后绘图方便，可以按照表 1-2 中的“图层与线型的对应关系”，创建一系列图层，并设置好图层的颜色、线型和线宽，具体过程不再详述。

1.4.3 控制线宽、线型的显示

1．控制线宽显示

虽然可以设置图层中线的宽度，但是在系统默认状态下，线宽不显示。也就是说，所有的线宽看起来都是一样的，这主要是为了绘图编辑的方便。但是在打印时，这些线的宽度都将表现出来。

在绘图和编辑时，也可以让线的宽度显示出来。单击绘图区下端状态栏上的“线宽”按钮，凹下将显示线宽，凸起不显示线宽。其比较效果如图 1-7 所示。

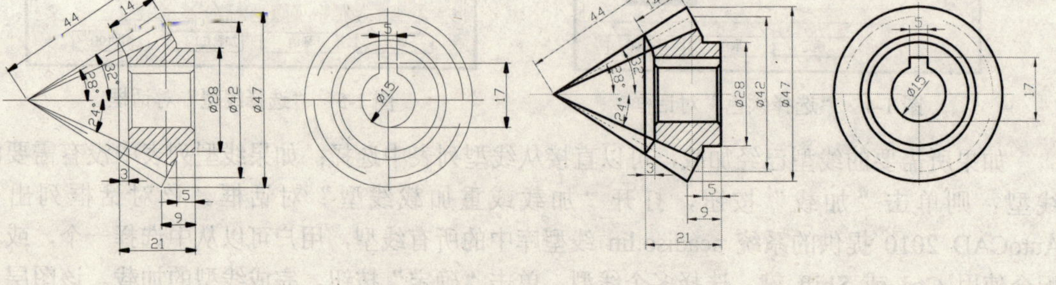

(a) (b)

图 1-7 不显示和显示线宽的效果

对于每个线型宽度，除系统默认外，用户也可以自行定义。选择“格式”菜单中的“线宽”选项，或者在功能面板中单击“常用”选项卡，然后单击“特性”面板中的“线宽”列表中的“线宽设置”选项，打开“线宽设置”对话框，如图 1-8 所示。

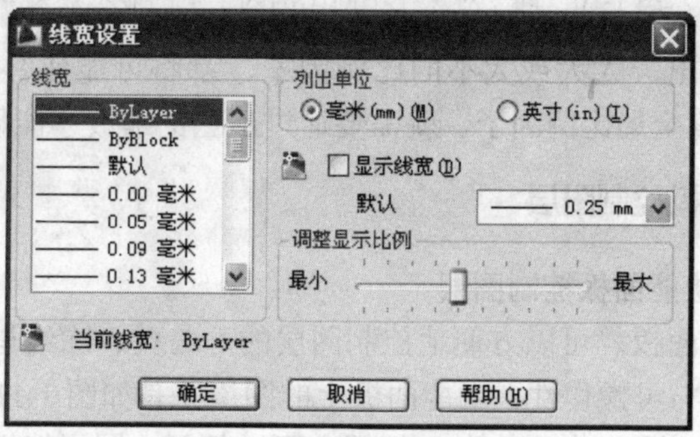

图 1-8　“线宽设置”对话框

在“线宽设置”对话框中，不但可以设置图层的线宽，还可以设置线宽的单位，调整显示比例。如果选中“显示线宽”复选框，将显示图形中线的宽度，否则，所有的线都显示为细线。禁用“显示线宽”复选框后，所有的线都显示为一样的宽度。

2．控制线型比例

有时用户虽然选取点划线、中心线、虚线等有间距的线型，但在屏幕上看起来仍可能是实线，必须进行适当的缩放才能确定它真正的线型。这是因为采用了不适当的线型比例引起的。为了在屏幕上显示真实的线型，必须配置适当的线型比例。

选择“格式”菜单中的“线型”选项，或者在功能面板中单击“常用”选项卡，然后单击“特性”面板中的“线型”列表中的“其他”选项，打开“线型管理器”对话框，如图 1-9 所示。

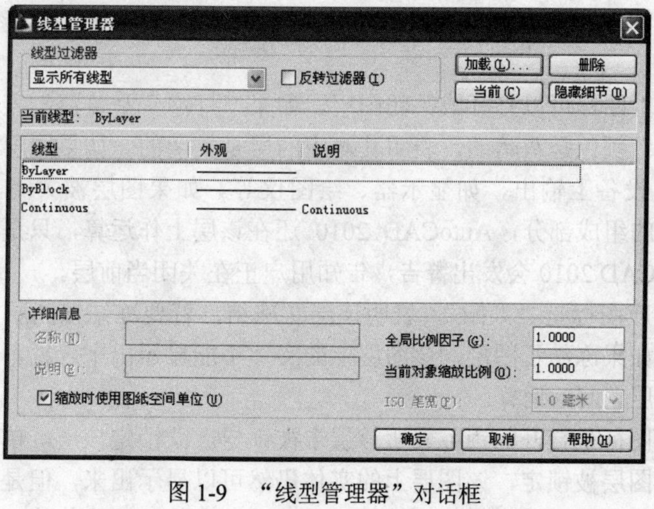

图 1-9　“线型管理器”对话框

在“线型管理器”对话框中，选择要设置比例因子的线型，然后在“全局比例因子”文本框中输入比例因子，然后单击“确定”按钮，则 AutoCAD 2010 会按新比例重新生成图形。

图 1-10 显示了同一条虚线，比例因子分别为 1、10、0.5 和 0.2 时的不同显示效果。

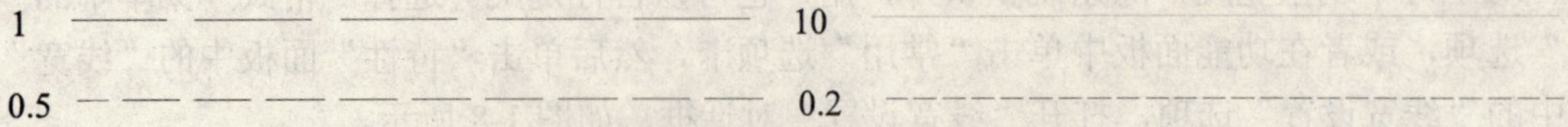

图 1-10 同一对象在不同比例因子下的显示效果

从图 1-10 可以看出，太大或太小的比例因子，都将可能使有间距的线型显示为“实线”。这时，如果不调整全局比例因子，就需要通过适当的缩放才能显示其线型。

1.4.4 使用功能面板控制图层

1. 使用“图层”功能面板控制图层

使用“图层”功能面板，可以方便地控制图层的开与关、冻结与解冻、锁定与解锁等操作，以设置层的可见性与可操作性。功能面板上的图层工具如图 1-11 所示。

该工具可以完成几方面工作。单击按钮，可以打开“图层特性管理器”对话框；单击按钮，可将选定对象的图层设置为当前图层；单击按钮，可将上一次操作的图层设置为当前图层；单击下拉按钮，则显示图层的下拉列表，如图 1-12 所示。

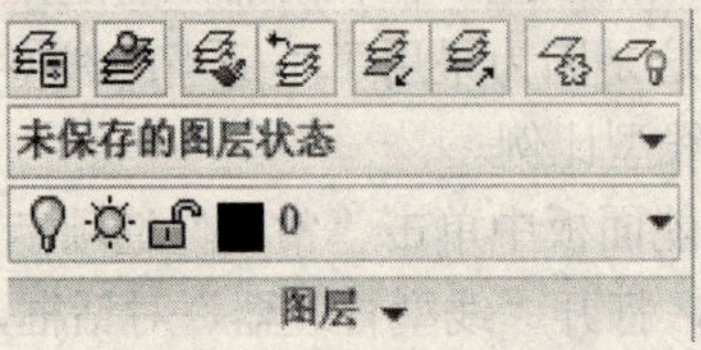

图 1-11 “图层”功能面板

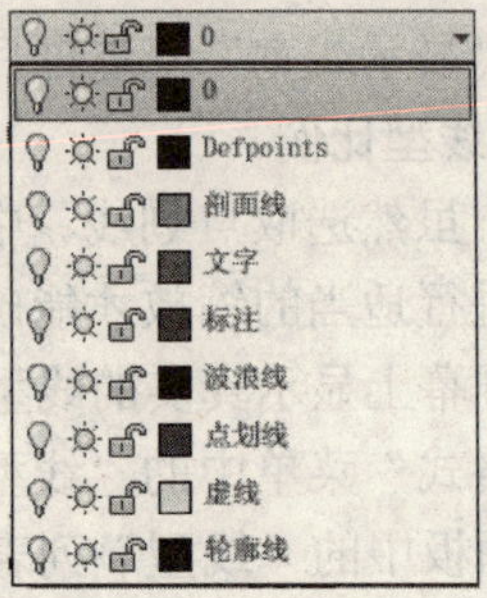

图 1-12 图层下拉列表

通过图层下拉列表，不但可以设置某图层为当前图层，还可以开/关图层，冻结/解冻图层和锁定/解锁图层。

单击“小灯泡”图标可以打开或关闭图层。如果“灯泡”是黄色，表明其对应的层是打开的；如果“灯泡”颜色是灰暗的，表明其对应的层是关闭的。如果图层被打开，该图层上的图形可以在输出设备上输出，如显示器、绘图仪等。如果图层被关闭，它将不被显示出来，但它仍然是图的组成部分，AutoCAD 2010 还在该层上作运算，只是不显示而已。当关闭当前层时，AutoCAD 2010 会发出警告，告知用户正在关闭当前层。

如果某层的对应图标是“太阳”，表明该层非冻结，若要冻结该图层，单击对应图标，使其变成雪花状。如果冻结了图层，该图层上的实体不能显示出来，也不能在该图层绘制，该图层也不参加图层之间的运算。

如果某层对应图标是打开的锁，表明该层未被锁定。欲锁定该层，单击该图标，使其变为锁住的锁。如果图层被锁定，该图层上的实体仍然可以显示出来，但是不能改变该图层上的实体，也不能对其进行编辑操作，但可以改变图层上实体的颜色和线型。如果锁定的是当前层，仍可以在该层上作图。

打开系统自带的文件 colorwh.dwg，关闭 shades 图层，比较开/关该图层的效果，如图 1-13 所示。

图 1-13　开/关 shades 图层的不同效果

2．使用“特性”功能面板控制图层

使用“特性”功能面板可以控制层的颜色、线型、线宽及打印样式等，如图 1-14 所示。

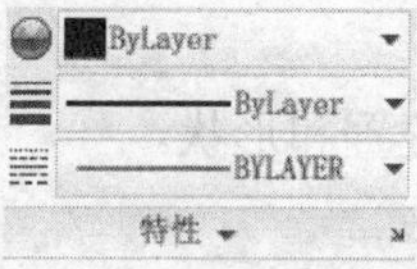

图 1-14　“特性”功能面板

用户可以通过控制图层的颜色；通过设置图层的线型；通过设置图层的线宽；通过控制图层的打印样式。

另外，还可以在绘制好图形对象之后，改变其颜色、线型等。方法是：选中图形对象后，使用“特性”功能面板改变颜色、线型、线宽等，则被选定的这些图形的相关属性也被改变。

如果是 ByLayer 属性，则所有属性将按照用户已经定义好的图层特性执行；如果是 ByBlock 属性，则所有属性将按照用户已经定义好的块的特性执行（见本书后面图块操作）；如果选择其他属性，则当前命令将按照现在设置的内容执行。例如，如果将 0 层通过这种方式选择为点划线，则当前绘图命令将按照该线型执行，而不是实线。

1.5　课后练习

1．建立一个新的图形并命名为“图层”，设置图形界限为 297mm×210mm。

2．在建立的“图层”文件中，按表 1-2 设置图层。

3．在建立的“图层”文件中，在不同的图层中绘制直线，并显示线宽。

4．使用“特性”功能面板改变已绘制直线的颜色、线型和线宽。

5．打开系统自带文件 db_samp.dwg，使用“图层”功能面板练习图层的开/关，冻结/解冻，锁定/解锁。

第 2 章　设置绘图环境

2.1　实验目的

（1）进一步熟悉 AutoCAD 2010 绘图环境。
（2）熟悉绘图空间，掌握观察图形的方法。
（3）熟悉功能面板的设置方法。
（4）掌握如何调整功能面板的位置和形状。
（5）熟悉设置工具选项板的方法。
（6）理解视图缩放和平移在绘图中的作用。
（7）熟悉缩放图形的常用方法。
（8）掌握移动图形的常用方法。
（9）了解鸟瞰视图的方法。

2.2　实验准备工作

（1）阅读教材相关章节内容。
（2）熟悉 AutoCAD 2010 绘图界面。
（3）打开 AutoCAD 2010 并练习使用键盘、菜单、功能面板操作。
（4）复习功能面板的设置内容。
（5）复习工具选项板的设置内容。
（6）复习视图的缩放方法。
（7）复习视图的平移方法。
（8）复习鸟瞰视图的方法。

2.3　实验说明

在绘制图形时，处理好绘图工具（如功能面板、选项板等）和图形之间的关系，并能根据绘图需要适时调整功能面板、选项板的位置和显示方式，将会大大提高绘图效率。

在绘制图形的过程中，根据需要改变图形的观察方式，是绘图过程中经常用到的方法，也是进行精确绘图的重要手段。特别是在绘制一些比较复杂的图形时，恰当地改变视图的观察方式是成功绘图的保证。

2.4 实验指导

2.4.1 设置绘图环境

1. 改变绘图区背景

绘图区默认的背景颜色为黑色，这并不一定适合每个人的绘图习惯，也许更多的人喜欢白色背景。用户可以根据自己的习惯改变背景颜色。

改变背景颜色的方法如下：选择"工具"菜单的"选项"命令，或者在命令行中输入 Options 命令，或单击"视图"选项卡中"窗口"功能面板右下角的按钮，将打开"选项"对话框，单击"显示"选项卡，如图 2-1 所示。

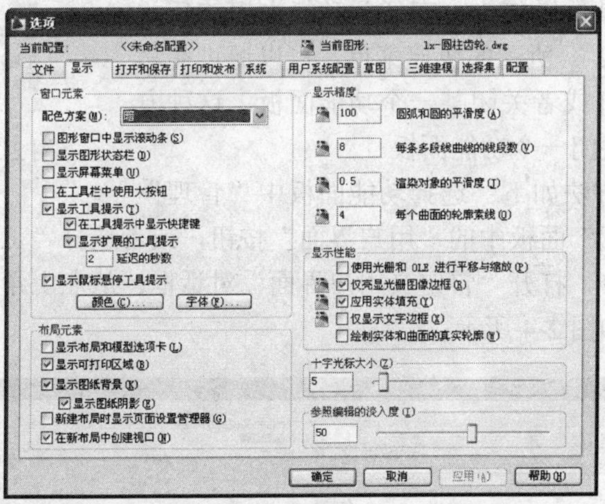

图 2-1 "选项"对话框的"显示"选项卡

在"显示"选项卡中，单击"颜色"按钮，打开"图形窗口颜色"对话框，如图 2-2 所示。

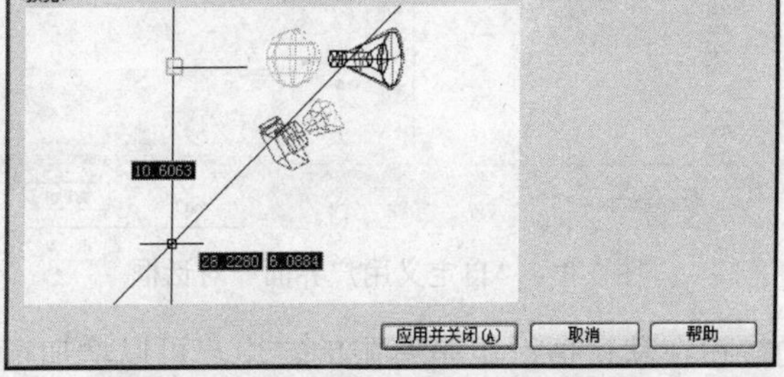

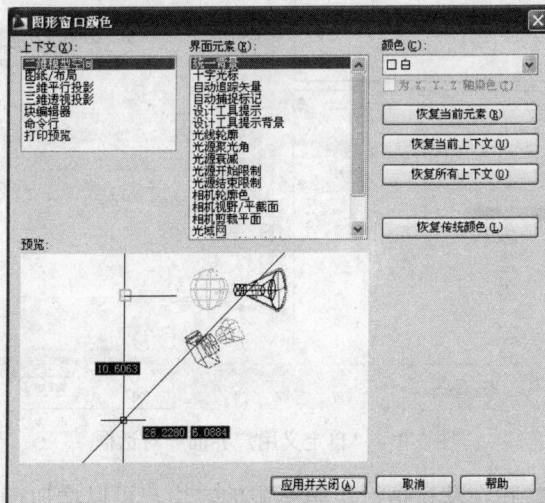

图 2-2 "图形窗口颜色"对话框

在“上下文”列表中选择“二维模型空间”，在“界面元素”列表中选择“统一背景”，然后在“颜色”下拉列表中选择白色，预览区域即显示选择的颜色。

选择好颜色后，单击“应用并关闭”按钮，背景色即变为所选择的颜色。

2．设置功能面板

AutoCAD 2010 共有标准、工作空间两个常用工具栏和绘图、修改等 34 个功能面板，随着工作空间的不同，系统默认打开的功能面板也不相同。

对于不同的用户，在不同的绘图阶段，并不一定都需要这些功能面板，也许会需要其他的功能面板。用户可以根据绘图需要，或者根据自己的绘图习惯，选择显示或者关闭哪些功能面板。具体操作为：在任意功能面板的任意位置右击，打开如图 2-3 所示的快捷菜单，可以通过在功能面板名称上单击打开或者关闭某一个功能面板。这种方法一次只能打开或者关闭一个功能面板。

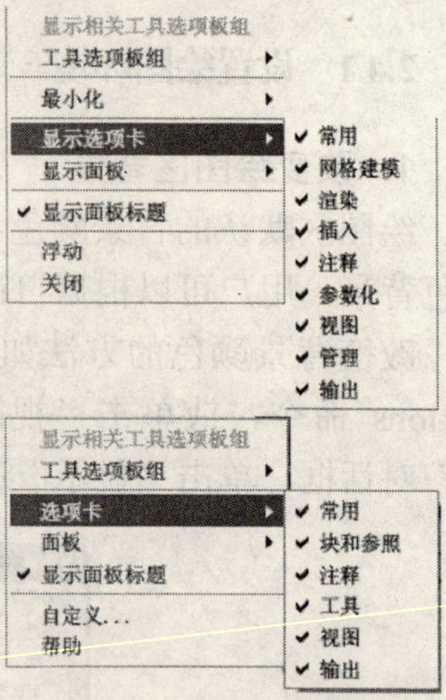

图 2-3　功能面板快捷菜单

设置功能面板的方法如下：选择功能面板中“管理”选项卡下“自定义设置”面板中的“用户界面”按钮，或者选择“工具”菜单中“自定义”下的“用户界面”命令，打开“自定义用户界面”对话框，从左上角“自定义”窗格树中选择“功能区”选项，如图 2-4 所示。

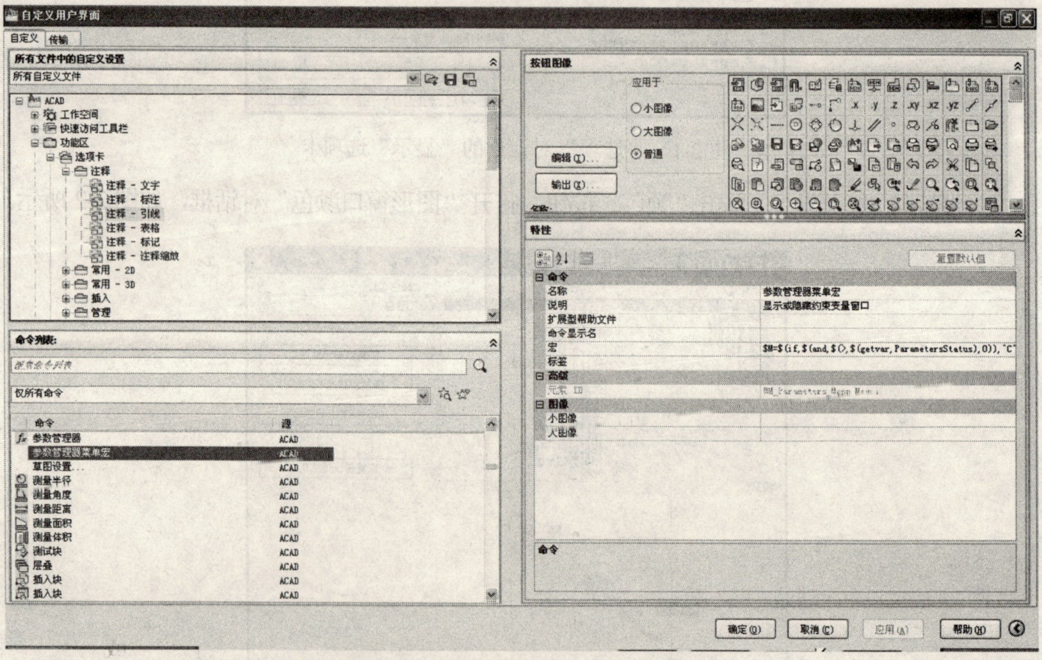

图 2-4　“自定义用户界面”对话框

功能面板中显示的按钮在默认情况下是有限的，用户可以增加按钮。依次单击“面板”旁的⊞按钮→单击要添加命令的功能区面板旁的⊞按钮→单击行、子面板或下拉菜单旁的⊞

按钮，以找到要添加命令的位置，将命令从“命令列表”窗格拖至面板上的行、子面板或下拉菜单，使用视觉指示器栏指定命令的位置即可。

如果要去掉其中的某个按钮，可以在“自定义”窗格树中选择某个选项，然后右击，弹出如图 2-5 所示的快捷菜单，选择“删除”选项即可。

3．改变图素的位置

系统默认打开的功能面板位于绘图区的上方，可以根据需要将其设置为浮动状态，从而放置在任意位置。具体方法如下：在功能面板空白处右击，选择“浮动”选项，功能面板如图 2-6 所示，按住标题栏拖动即可。

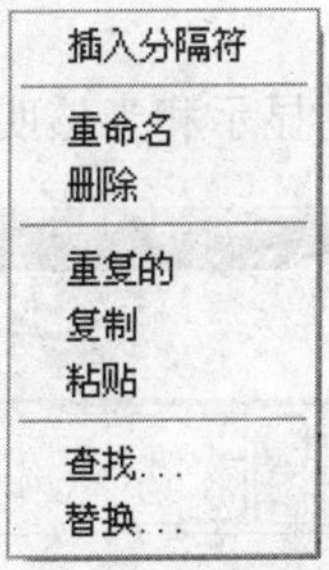

图 2-5　快捷菜单

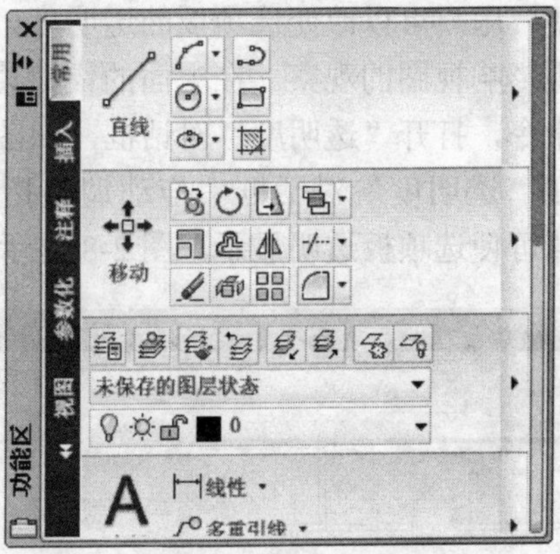

图 2-6　浮动的功能面板

对于后面介绍的命令行窗口等，在其标题栏的上端（对竖直放置的工具栏而言）或左端（对水平放置的工具栏而言）有两条横线或竖线，鼠标指针指向横线处，然后按下并拖动到绘图区，即成为浮动状态。

对于浮动状态的图素来说，鼠标指针移动到其边缘将变为一个双向箭头，这时拖动鼠标就可以改变浮动工具栏的形状，可以使工具栏中的图标显示在一行或多行，直到垂直显示。

拖动浮动图素到用户界面的边缘位置，将自动变为固定状态，垂直或者水平放置。用户还可以微调固定工具栏的位置。

AutoCAD 2010 将常用工具放置在功能面板中，不必再设。

4．设置工具选项板

选择功能面板中“视图”选项卡下“选项板”面板中的“工具选项板”按钮，或者单击“工具”菜单中“选项板”下的“工具选项板”选项，可以打开工具选项板。

工具选项板为绘图工作带来了许多方便，用户可以根据需要显示、隐藏、改变大小或者设置其选项，以适应不同的工作需求。

在默认情况下，工具选项板在界面的右边，用户可以拖动标题栏改变其位置，方法与工具栏相似。但与固定显示的工具栏不同的是，工具选项板只能在界面的最左边或最右边。固定显示的工具选项板，不能改变大小，也不能设置其特性或者隐藏，只能移动或者关闭。

不管是悬浮显示的工具选项板还是固定显示的工具选项板，如果某个项目中的所有选项不能全部显示，用户可以拖动其右边的滚动条查看其他的选项。

对于浮动显示的工具选项板，用户可以根据需要调整其大小。将鼠标指针移动到工具选项板的上、下边界或者左下角位置，鼠标指针变为双向箭头，这时拖动鼠标就可以改变其大小。

在工具选项板标题栏的上方，单击“特性”按钮，打开快捷菜单，如果选中“自动隐藏”选项，工具选项板将隐藏所有项目，只显示标题栏，但鼠标移动到标题栏上时，会自动显示其中的项目。

在一些情况下，可能需要打开选项板以方便操作，但是选项板在默认状态下会遮挡图形的部分区域，造成另一种不便。用户可以改变选项板的透明度，既能够使用选项板又不影响视图的观察。在上面的快捷菜单中选择“透明度”命令，打开“透明度”对话框，如图 2-7 所示。

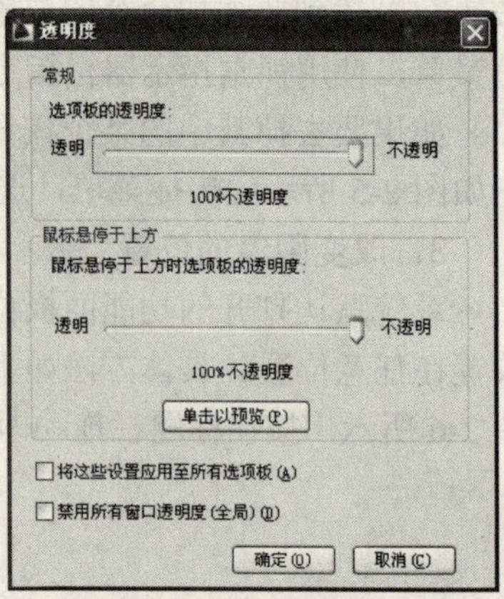

图 2-7 “透明度”对话框

在“透明度”对话框中拖动调整指针到“透明”一边，即可使选项板透明显示。图 2-8 显示了工具选项板不透明显示和半透明显示的效果。

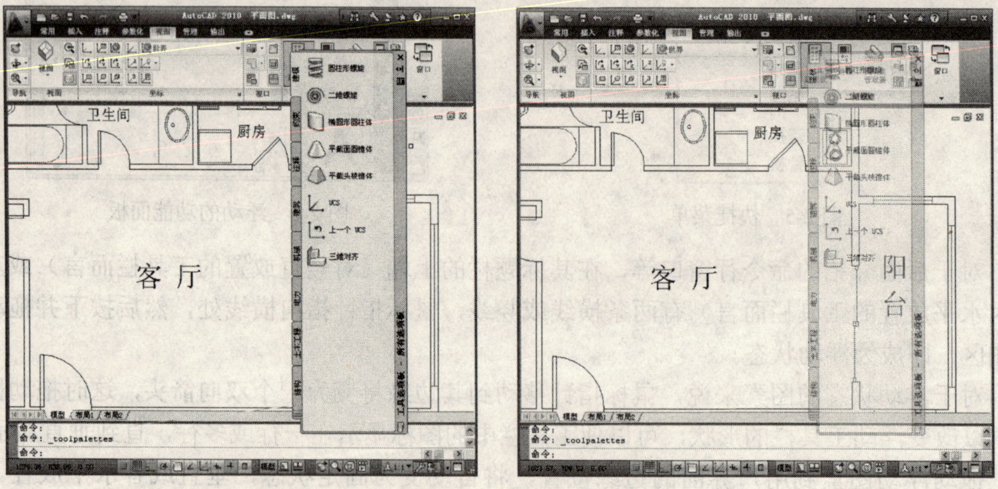

图 2-8 工具选项板的不透明和半透明显示效果

2.4.2 观察视图

1. 缩放视图

在绘图过程中，为了方便地进行对象捕捉，准确地绘制图形，常常需要将视图放大或者局部放大；或者为了从整体上观察图形，需要将整个图形缩小。不论是放大或缩小，对象的实际尺寸都保持不变。缩放视图是绘图中经常使用的方法，是保证图形精确的重要手段。用户可以使用 Zoom 命令、“导航”功能面板或者“视图”→“缩放”子菜单来缩放图形。

打开 Floor Plan.dwg 文件。可以看到在窗口中显示了整个图形，但是由于图形比较大，不能看清楚图形的细节，如图 2-9 所示。

需要调整图形显示的大小，以方便观察。调整图形显示比例的方法有多种，下面只介绍窗口缩放，另外 4 种请自己进行尝试。

如果用户需要显示较多的缩放工具，可以打开“视图”选项卡中“导航”功能面板中的

“缩放”下拉列表，其提供了进行缩放的所有工具，如图 2-10 所示。

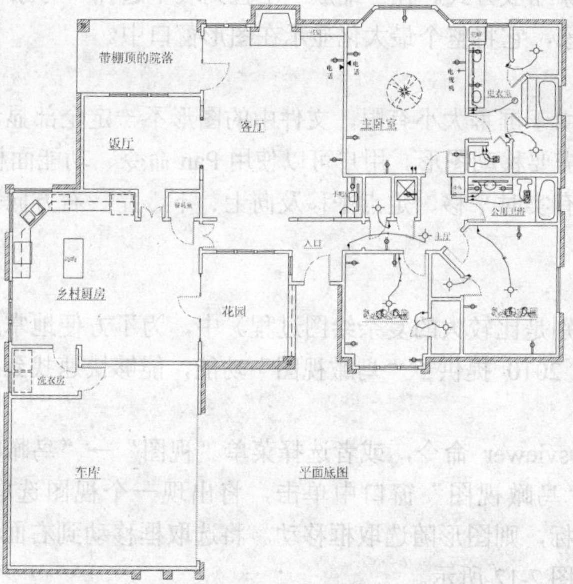

图 2-9　显示整个图形，但是不能看清细节

在“缩放”下拉列表中单击“窗口”工具，在中间洗手间水池的靠上位置单击，指定第一个角点，然后移动鼠标到水池的右下方，右击，指定对角点。水池被放大并显示在整个窗口中，如图 2-11 所示。

图 2-10　“缩放”下拉列表

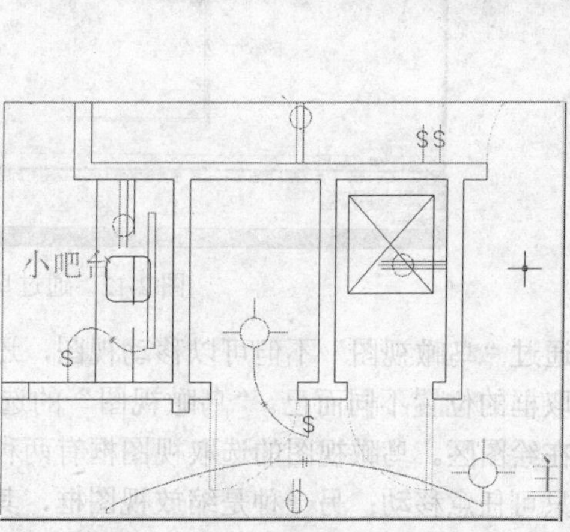

图 2-11　放大显示中间的洗手间

若要回到原来的状态，选择“缩放”下拉列表中的“上一个”按钮，则回到图 2-9 所示的完整图形状态。

除窗口缩放外，还有动态缩放、实时缩放、比例缩放、中心缩放和对象缩放等 5 种缩放方式，这里只介绍对象缩放方式。在“缩放”下拉列表中选择“对象”按钮，然后选择某个希望完整看到的对象，它将整个最大化显示在图形窗口中。

2．平移视图

在绘图过程中，由于屏幕大小有限，文件中的图形不一定全部显示在屏幕内，若想查看图形的其他部分，就需要移动图形。用户可以使用 Pan 命令、功能面板或菜单来移动图形。

平移图形的方式有实时平移、定点平移及向上、下、左、右方向平移，操作比较简单，请自行练习。

3．鸟瞰视图

在绘图过程（特别是比较大的复杂绘图过程）中，为了方便地掌握当前视图在整个图形中的位置，AutoCAD 2010 提供了“鸟瞰视图”功能，能够快速找到图形的特定部位，并进行移动或放大。

在命令行输入 Dsviewer 命令，或者选择菜单“视图”→“鸟瞰视图”命令，打开“鸟瞰视图”窗口。在“鸟瞰视图”窗口中单击，将出现一个视图选取框，该框中心有一个“×”符号，移动鼠标，则图形随选取框移动。将选取框移动到右面，则在绘图窗口中显示图形的右半部分，如图 2-12 所示。

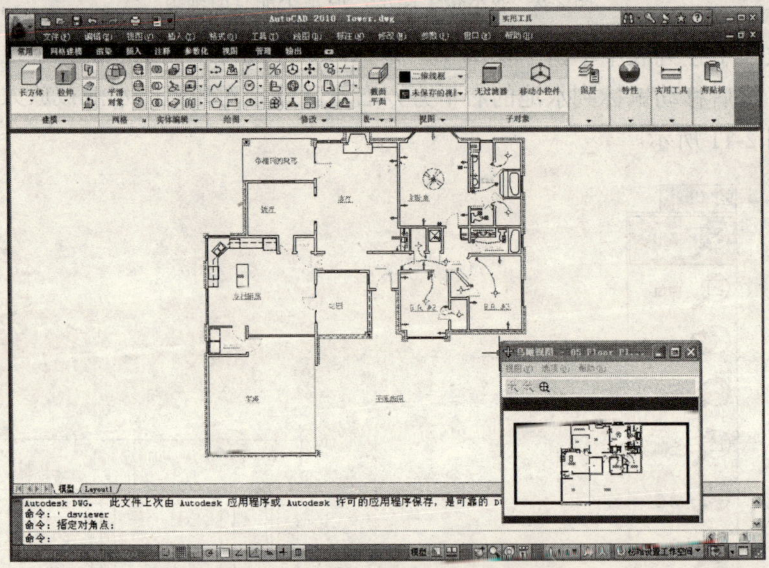

图 2-12　通过鸟瞰视图移动图形

通过“鸟瞰视图”不但可以移动视图，还可以缩放视图，其方法与动态缩放相似，只不过选取框的位置不同而已。“鸟瞰视图”的选取框在“鸟瞰视图”窗口中，而动态缩放的选取框在绘图区。鸟瞰视图的选取视图框有两种状态：一种是平移视图框，其中心有“×”符号，只可任意移动；另一种是缩放视图框，其右中部有“→”符号，可以调节大小。调整好选取框的位置和大小后右击，完成视图的缩放，在绘图窗口中将显示选取框中选定的部分。

如果觉得“鸟瞰视图”窗口大小不能满足自己的需求，可以调整其大小。另外也可以使用“鸟瞰视图”窗口中的放大工具、缩小工具和全局工具，改变“鸟瞰视图”窗口中显示区域的大小，以便进行精确的选择。此部分请自行练习。

4．按对象缩放

在 AutoCAD 2010 中，可以以某一个或几个对象为目标，将绘图区域快速缩放到对象的范围。例如，想详细查看图 2-9 中主卧室中间建筑情况，可以先选择要缩放的对象，然后单击“缩放”下拉列表中“对象”图标；或者先单击“缩放”下拉列表中的“对象”图标，然后再选择要缩放的对象；也可以在命令行直接输入 zoom 命令。

命令: zoom

指定窗口的角点，输入比例因子（nX 或 nXP），或者

[全部(A)/中心(C)/动态(D)/范围(E)/上一个(P)/比例(S)/窗口(W)/对象(O)] <实时>: o（选择对象缩放）

选择对象:（选择中间建筑）

选择对象:（回车，完成缩放）

缩放效果如图 2-13 所示。

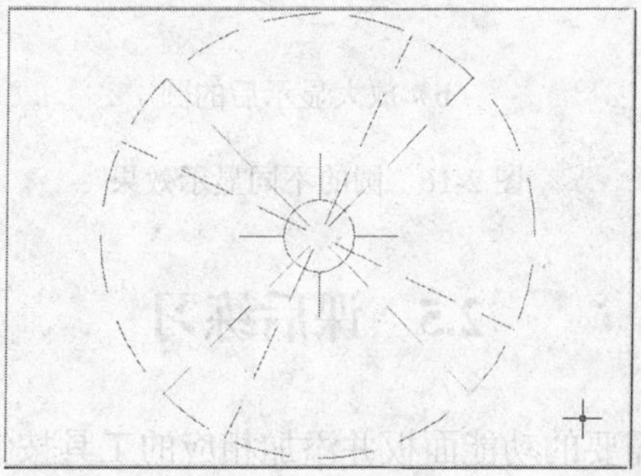

图 2-13　对象缩放

5．在多个文件间快速切换

在 AutoCAD 2010 中提供了“快速查看图形”工具，可以快速在多个图形之间切换。该工具位于状态栏中，单击该按钮，显示如图 2-14 所示的缩略图，为当前打开的多个图形简图。如果直接双击某个图形时，将进入该文件的模型窗口。当将鼠标移动到某个图形上时，将显示“布局”和“模型”两种显示方式缩略图，在其中一个上单击，将进入相应的图形环境，如图 2-15 所示。

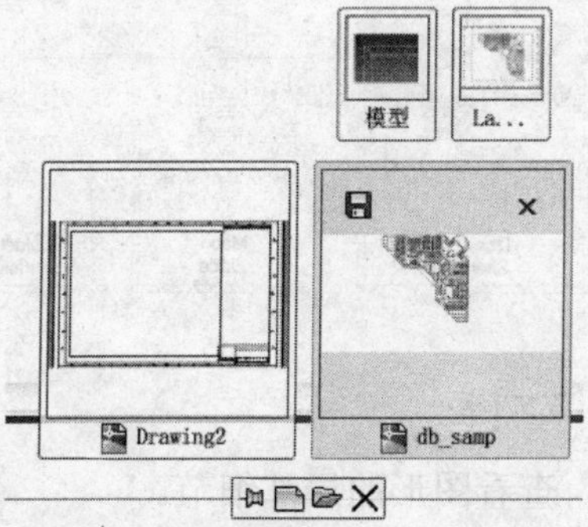

图 2-14　预览多个图形文件

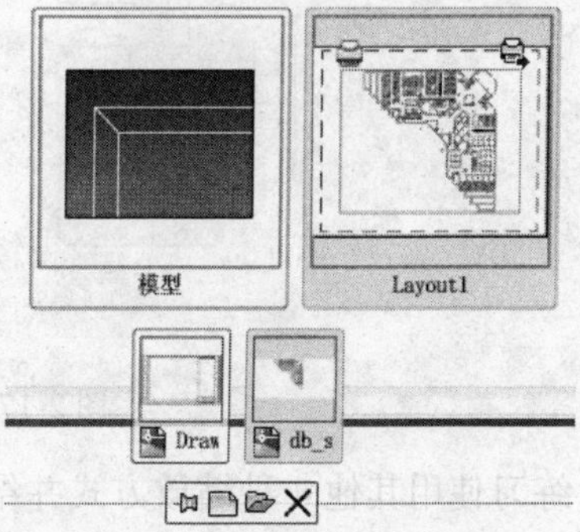

图 2-15　两种显示模式

2.4.3 重生成图形

对于绘制的图形来说，有一个显示精度的问题，比如圆和圆弧，就存在显示平滑度的问题。如果平滑度设置得比较低，当放大图形时，将可能使本来平滑显示的对象显示为折线，影响了视觉效果。

例如，如图 2-16（a）所示的一个圆，当使用缩放工具进行放大显示时，圆就变成了多边形，如图 2-16（b）所示。这时可以选择“视图”菜单的“重生成”命令，重新生成图形，圆又变成了比较光滑的显示状态，如图 2-16（c）所示。

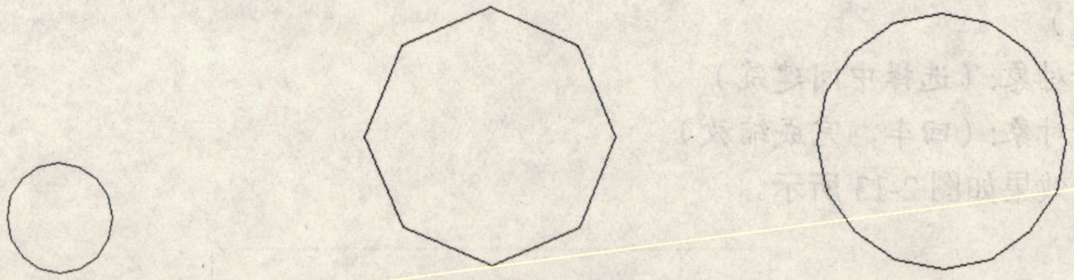

（a）原始状态的圆　　（b）放大显示后的圆　　（c）重生成的效果

图 2-16　圆的不同显示效果

2.5 课后练习

1．根据绘图需求建立需要的功能面板并添加相应的工具按钮。

2．打开 AutoCAD 2010 自带的示例文件 db_samp.dwg，使用窗口缩放方式放大查看该图中上侧办公间的详细情况，如图 2-17 所示。

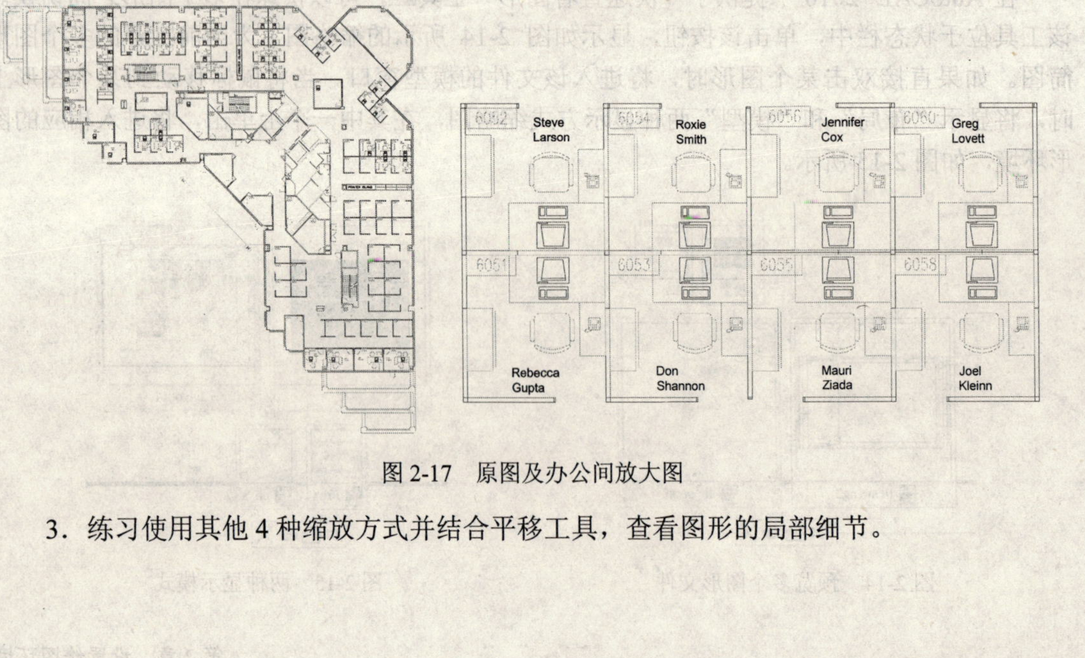

图 2-17　原图及办公间放大图

3．练习使用其他 4 种缩放方式并结合平移工具，查看图形的局部细节。

第 3 章　使用辅助功能精确绘图

3.1　实验目的

通过在 AutoCAD 2010 中使用栅格、捕捉、对象捕捉、对象捕捉追踪、动态输入、输入坐标等精确绘图模式准确绘制图形，掌握在 AutoCAD 2010 中精确绘图的基本方法，并通过二维图的绘制，练习直线、矩形、多边形等工具的使用，巩固极坐标、相对坐标的概念。

（1）熟悉捕捉和栅格的设置方法。
（2）熟悉极轴追踪的设置方法。
（3）巩固极坐标、相对坐标的概念。
（4）掌握方向距离绘图的方法。
（5）掌握使用栅格和捕捉、极轴等绘图的方法。
（6）练习使用直线、矩形、多边形及圆工具绘图。
（7）掌握采用极坐标、相对坐标定位点的方法。
（8）掌握文字样式和尺寸样式的设置和标注方法。
（9）熟悉状态行各按钮的含义及设置方法。

3.2　实验要求

（1）按照规定的线型、颜色等设置图层，不同的对象放置在不同的图层之中。
（2）按照图中所示的尺寸及比例 1:1 画出图形。

3.3　实验准备工作

（1）阅读教材第 3 章和第 4 章相关内容。
（2）熟悉 AutoCAD 2010 的基本操作。
（3）复习极坐标和相对坐标的概念。
（4）复习直线、矩形、多边形、圆等绘图命令。
（5）复习捕捉和栅格的概念和设置方法。
（6）复习图层、线型、颜色等的设置方法。
（7）复习极轴追踪、对象追踪的概念和设置方法。

3.4　实验说明

AutoCAD 2010 为用户提供了精确绘图工具和命令，在绘制图形时恰当地使用这些工具可以极大地提高工作效率。

捕捉和追踪是常用的精确绘图方式，包括捕捉栅格、对象捕捉、极轴追踪、对象追踪和正交模式等，在绘图时根据具体情况选用。

本章通过 3 个图形练习这些方法的使用。

3.5 实验指导

3.5.1 利用极轴追踪方式绘图

如图 3-1 所示，在 AutoCAD 2010 中绘出该图。

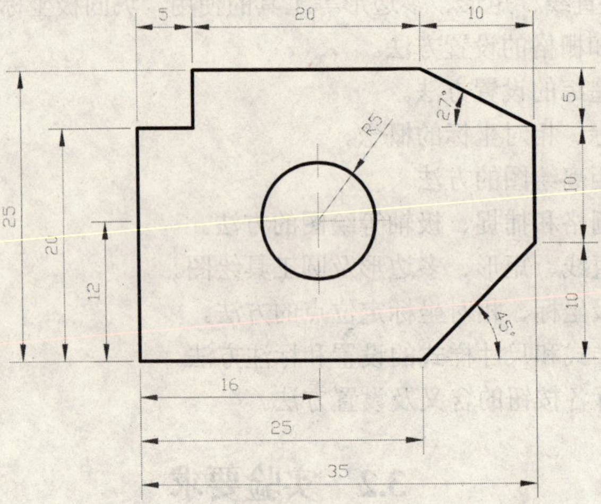

图 3-1 绘制单一视图

1．建立新图

（1）启动 AutoCAD 2010，自动创建一个名为 Drawing1 的新文件。

（2）将图名 Drawing1 另存为“3-1”。单击“文件”菜单选择“另存为”项，或在快速访问工具栏中单击“保存”按钮，打开“图形另存为”对话框，输入文件名并选择好路径后单击“保存”按钮即可，此时图中标题变为“3-1”。

2．定义图层

AutoCAD 2010 启动后，只有一个 0 图层，它是无法删除的。为了更清楚地表达图形的线型、线宽，并且方便地控制某些对象的显示特性，需要定义新的图层。

本例中要新定义 4 个图层，每个图层的线型、颜色和线宽见表 3-1。

表 3-1 图层属性列表

图层名称	颜色	线型	线宽
0	白色（黑色）	Continuous	默认（细实线）
01 粗实线	白色	Continuous	2.00mm
02 细点划线	浅蓝	ACAD_ISO4W100	默认
03 标注线	红色	Continuous	默认
04 文本		Continuous	默认

本例也可以按照第 1 章中介绍的常用图层进行定义，本例只使用其中的部分图层。

3．设置极轴追踪方式

在状态栏的“极轴追踪”按钮上右击，在打开的快捷菜单中选择“设置”命令，打开“草图设置”对话框中的“极轴追踪”选项卡，如图 3-2 所示。选择“启用极轴追踪”复选框，设置增量角度为 15°。

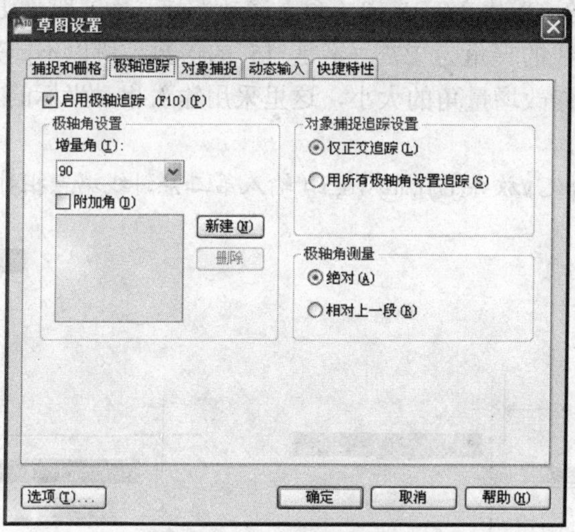

图 3-2　极轴追踪选项卡

4．绘制外框线

查看状态栏，打开“极轴追踪”、“对象捕捉”、“动态输入”和“对象捕捉追踪”，使对应的 4 个按钮凹下。

使用“图层”功能面板，将粗实线图层设置为当前图层。

选择“绘图”功能面板的直线工具，激活 LINE 命令。按照逆时针方向依次绘制系列直线。

输入第一点坐标(0,0)，然后向右移动光标，工具提示：“极轴：x.xx <0°”，见图 3-3（a）。输入 25 个单位值，如图 3-3（b）所示，绘出第一条水平线。

命令: _line

指定第一点: 0,0（输入起点坐标）

指定下一点或 [放弃(U)]: 25（向右移动光标，输入距离 25）

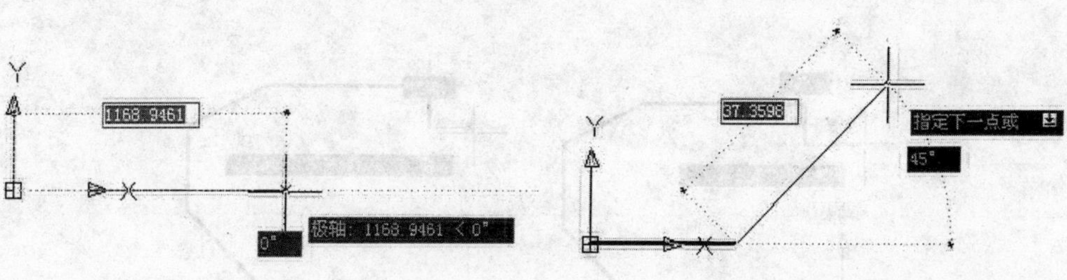

（a）　　　　　　　　　　　　　　　　　（b）

图 3-3　绘制第一条水平线

绘制第一条斜线。向右上方移动光标，系统提示 45°，见图 3-3（b）。这时可以直接输入第一条斜线的长度，但是这里没有直接给出第一条斜线的长度，如果根据两条直角边长度计算的话，得到的也不是一个确切的值，所以这里采用另外一种方法，就是输入相对坐标的方法，绘制出第一条斜线，如图 3-4（a）所示。

指定下一点或 [放弃(U)]: @10,10（输入斜线端点相对于起点的相对坐标）

继续向上移动光标，输入距离 10，绘制右边的竖直直线，如图 3-4（a）所示。

指定下一点或 [闭合(C)/放弃(U)]: 10（向上移动光标，输入距离 10）

第二条斜线与水平线的夹角为 27°，不是 15 的倍数，所以不能采用极轴追踪的方式绘制，要采用该方式必须修改增量角的大小，这里采用输入相对坐标的方法，绘制出第二条斜线，如图 3-4（b）所示。

指定下一点或 [闭合(C)/放弃(U)]: @-10,5（输入第二条斜线端点相对于起点的相对坐标）

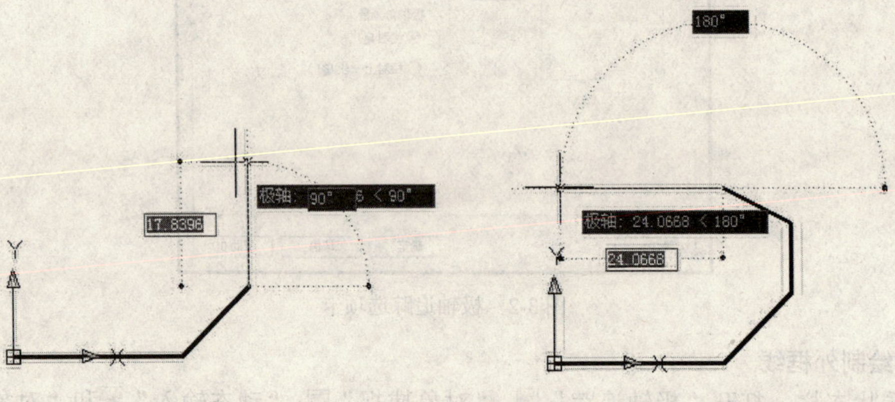

（a）　　　　　　（b）

图 3-4　绘制右边的竖直线和两条斜线

继续向左移动光标，输入距离 20，绘制上边的水平直线，如图 3-5（a）所示。

指定下一点或 [闭合(C)/放弃(U)]: 20（向左移动光标，输入距离 20）

继续向下移动光标，输入距离 5，绘制左上角的竖直线，如图 3-5（a）所示。

指定下一点或 [闭合(C)/放弃(U)]: 5（向下移动光标，输入距离 5）

这时可以向左移动光标，输入距离 5，绘制左上角的水平线，也可以采用下面的方法绘制。

先获取(0,0)点，即第一条直线的起点，然后向上移动光标直到工具提示为“端点<90°，极轴<180°”时，拾取该点。如图 3-5（b）所示，绘制出左上角的水平短线。

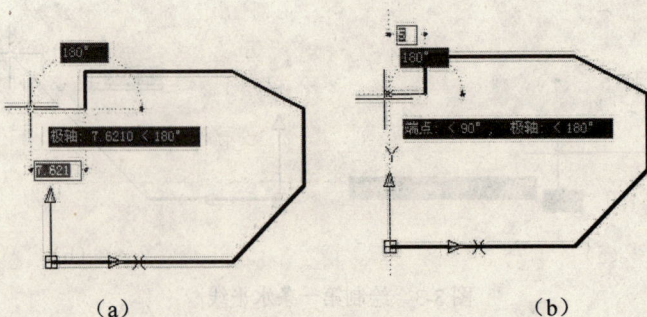

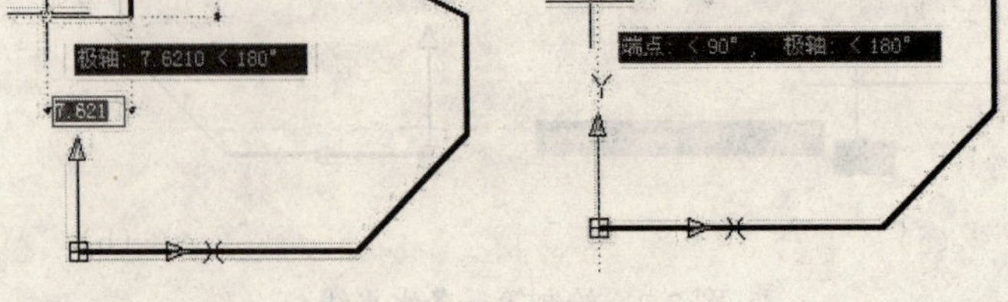

（a）　　　　　　（b）

图 3-5　绘制左上角竖直和水平短线

指定下一点或 [闭合(C)/放弃(U)]:（获取端点，拾取新点）

输入 c 回车，封闭图形。结果如图 3-6 所示。

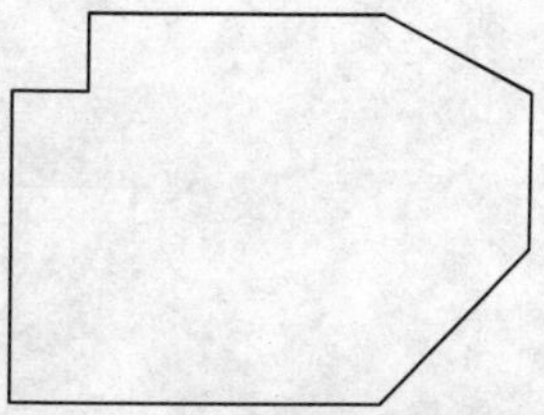

图 3-6　绘制好的外框

指定下一点或 [闭合(C)/放弃(U)]: c（封闭图形并退出命令）

5．绘制圆和圆的中心线

通过指定圆心坐标和半径的方式绘制圆，结果如图 3-7（a）所示。

命令: _circle

指定圆的圆心或 [三点(3P)/两点(2P)/切点、切点、半径(T)]:16,12（输入圆心）

指定圆的半径或 [直径(D)]: 5（输入圆的半径）

将细点划线图层设置为当前图层，绘制圆的中心线。

先获取圆心，然后向左移动光标工具，提示为“圆心：6.XXX<180°”时，拾取该点。

命令: _line

指定第一点:（获取圆心，拾取新点）

向右移动光标到圆右边，拾取第二点，绘制圆的水平中心线，如图 3-7（b）所示。

指定下一点或 [放弃(U)]:（拾取圆右边一点）

指定下一点或 [放弃(U)]:（回车，结束命令）

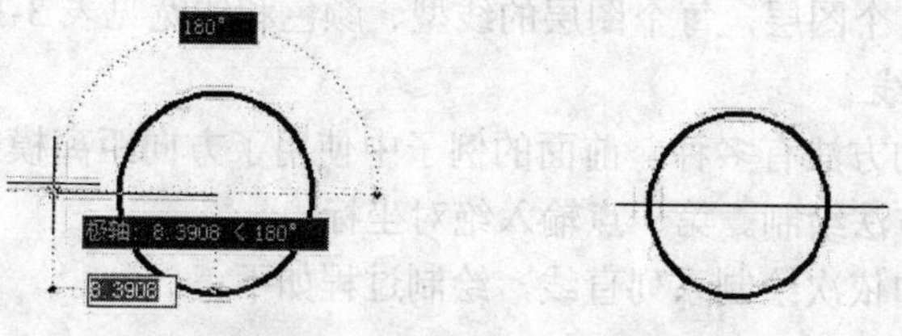

（a）　　　　　　　　　（b）

图 3-7　绘制圆和圆的水平中心线

绘制圆的竖直中心线。先获取圆心，然后向上移动光标工具，提示为“圆心：6.XXX<90°”时，拾取该点。

命令: _line

指定第一点:（获取圆心，拾取新点）

向下移动光标到圆下边，拾取第二点，绘制圆的竖直中心线，如图 3-8 所示。

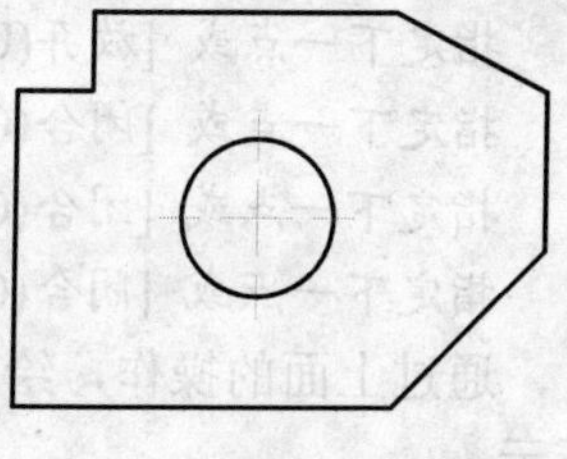

图 3-8　绘制圆及其中心线

指定下一点或 [放弃(U)]:（拾取圆下边一点）

指定下一点或 [放弃(U)]:（回车，结束命令）

3.5.2　利用极坐标和相对坐标准确绘图

利用极坐标和相对坐标，绘制如图 3-9 所示的视图。

1．建立新图

（1）启动 AutoCAD 2010，自动创建一个名为 Drawing1 的新文件。

（2）将图名 Drawing1 另存为“3-2”。

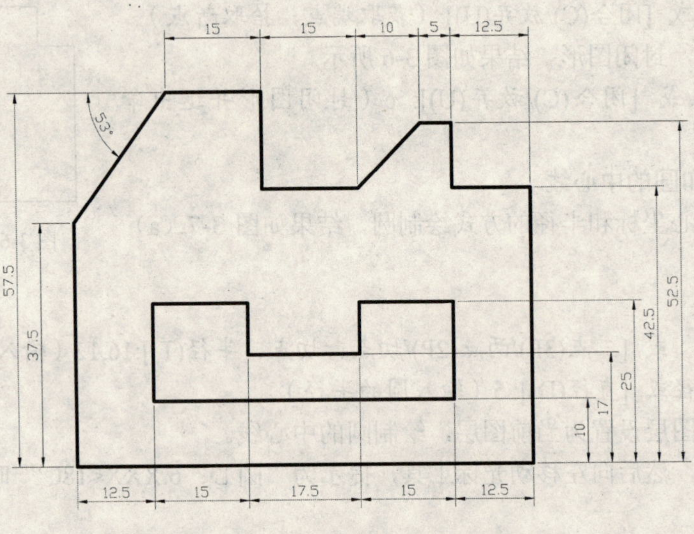

图 3-9 绘制机件单一视图

2．定义图层

为了更清楚地表达图形的线型、线宽，并且方便地控制某些对象的显示特性，需要定义新的图层。

本例中要新定义 4 个图层，每个图层的线型、颜色和线宽见表 3-1。

3．绘制外围轮廓线

绘制外围轮廓线的方法有多种，前面的例子中使用了方向距离模式，这里分别采用输入极坐标和相对坐标的方法绘制。第一点输入绝对坐标。

按照逆时针的方向依次绘制系列直线，绘制过程如下：

命令: _line

指定第一点: 0,0

指定下一点或 [放弃(U)]: @72.5<0

指定下一点或 [放弃(U)]: @42.5<90

指定下一点或 [闭合(C)/放弃(U)]: @12.5<180

指定下一点或 [闭合(C)/放弃(U)]: @10<90

指定下一点或 [闭合(C)/放弃(U)]: @5<180

通过上面的操作，绘制了 5 条直线，5 条直线及其各端点间的极坐标关系如图 3-10 所示。

下面绘制其余的线段。这 6 条线中有两条是斜线，其中一条斜线给出了斜线长度和与 X 轴的夹角，另一条则没有，所以绘制这两条斜线采用不同的方法。

最后一条直线，可以采用输入坐标的方式绘制，但是，采用闭合方式绘制更简单。

指定下一点或 [闭合(C)/放弃(U)]: @-10,-10（输入相对坐标绘制第一条斜线）

指定下一点或 [闭合(C)/放弃(U)]: @15<180

指定下一点或 [闭合(C)/放弃(U)]: @15<90

指定下一点或 [闭合(C)/放弃(U)]: @15<180

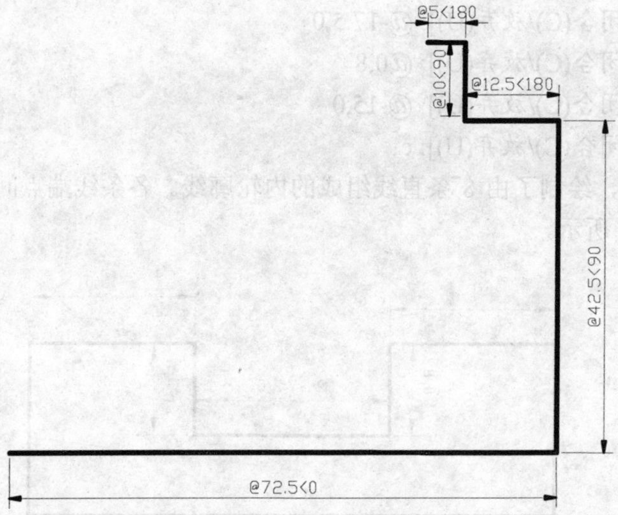

图 3-10　采用极坐标绘制 5 条直线

指定下一点或 [闭合(C)/放弃(U)]: @25<233（采用极坐标绘制第二条斜线）

指定下一点或 [闭合(C)/放弃(U)]: c（闭合，结束绘制）

通过上面的操作，绘制了 4 条直线和 2 条斜线，6 条线及其各端点间的坐标关系如图 3-11 所示。

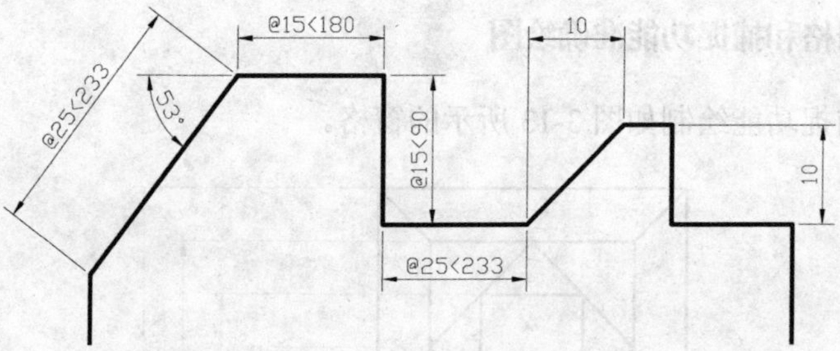

图 3-11　采用极坐标和相对坐标绘制 6 条线

4．绘制内轮廓线

接下来使用直线工具绘制内部轮廓线。首先要确定起点，虽然可以算出点的绝对坐标，但是如果图形比较复杂，计算就比较困难。这里可以采用对象捕捉——From、Intersection 方式相对于某一点确定内轮廓的起点。

命令: _line

指定第一点: 捕捉某一点后输入@12.5,10

内轮廓起点相对于外轮廓起点(0,0)的 X 方向偏移为 12.5，Y 方向偏移为 10。继续用直线命令采用相对坐标的方式绘制内轮廓线。

指定下一点或 [放弃(U)]: @47.5,0

指定下一点或 [放弃(U)]: @0,15

指定下一点或 [闭合(C)/放弃(U)]: @-15,0

指定下一点或 [闭合(C)/放弃(U)]: @0,-8

指定下一点或 [闭合(C)/放弃(U)]: @-17.5,0

指定下一点或 [闭合(C)/放弃(U)]: @0,8

指定下一点或 [闭合(C)/放弃(U)]: @-15,0

指定下一点或 [闭合(C)/放弃(U)]: c

通过上面的操作，绘制了由 8 条直线组成的内轮廓线。各条线端点间的相对坐标关系及绘制的结果如图 3-12 所示。

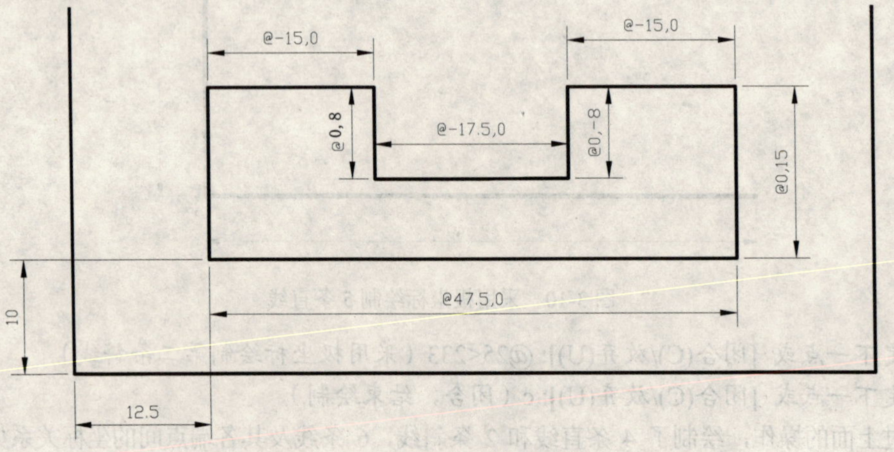

图 3-12 用相对坐标绘制内轮廓线

3.5.3 利用栅格和捕捉功能准确绘图

利用栅格和捕捉功能绘制如图 3-13 所示的窗格。

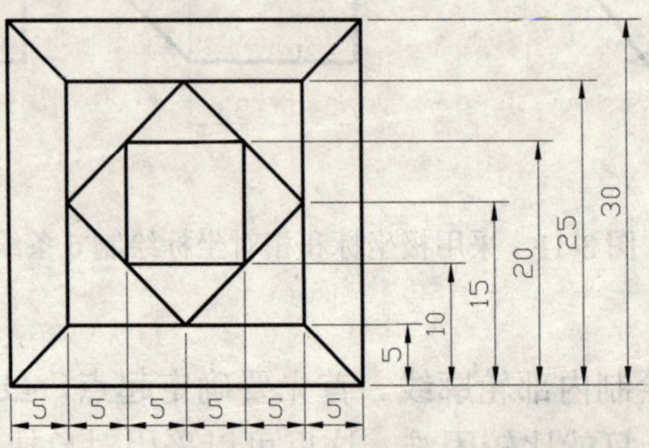

图 3-13 窗格

从图 3-13 可以看出，各个线条间分布非常均匀，可以使用栅格辅助绘制。

1．建立新图

（1）启动 AutoCAD 2010，自动创建一个名为 Drawing1 的新文件。

（2）将图名 Drawing1 另存为“3-3”。

2．定义图层

为了更清楚地表达图形的线型、线宽，并且方便地控制某些对象的显示特性，需要定义新的图层。

本例中要新定义 4 个图层，每个图层的线型、颜色和线宽见表 3-1。

3．设置栅格和捕捉间距

在状态栏的“对象捕捉”或“栅格显示”按钮上右击，在弹出的快捷菜单中选择“设置”，打开“草图设置”对话框，如图 3-14 所示。

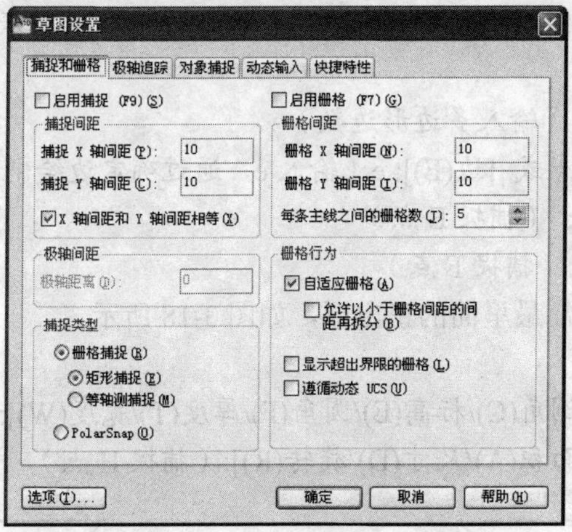

图 3-14　“草图设置”对话框

在“草图设置”对话框中，启用捕捉和栅格，设置捕捉 X 轴间距和捕捉 Y 轴间距均为 5，设置栅格 X 轴间距和栅格 Y 轴间距均为 5。

4．绘制正方形外框和 4 条线

绘制外框，可以使用多边形命令，也可以使用矩形命令。这里采用矩形命令绘制。

命令: _rectang

指定第一个角点或 [倒角(C)/标高(E)/圆角(F)/厚度(T)/宽度(W)]:（捕捉 A 点）

指定另一个角点或 [面积(A)/尺寸(D)/旋转(R)]:（捕捉 B 点）

然后使用直线命令绘制 4 条斜线。绘制的时候，分别捕捉正方形 4 个顶点，然后向内斜方向捕捉相邻的格点即可。

命令: _line

指定第一点:（捕捉正方形顶点）

指定下一点或 [放弃(U)]:（捕捉内斜方向相邻格点）

指定下一点或 [放弃(U)]:（回车，完成一条线的绘制）

绘制的外正方形和 4 条斜线如图 3-15 所示。

5．绘制内部方形

继续使用矩形工具绘制内部的第一个正方形，如图 3-16 所示。

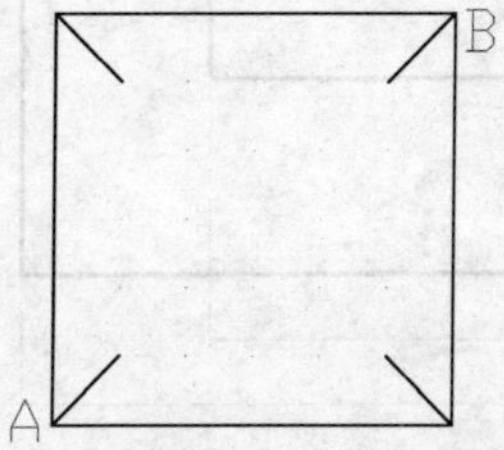

图 3-15　绘制外框正方形和斜线

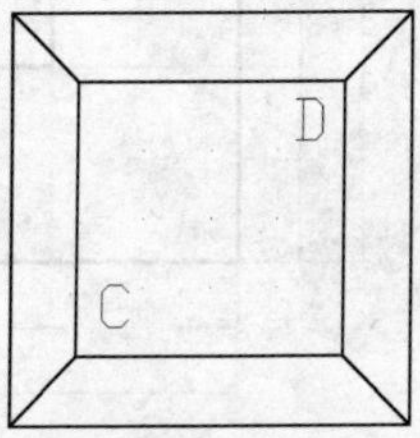

图 3-16　绘制内部第一个正方形

命令: _rectang
指定第一个角点或 [倒角(C)/标高(E)/圆角(F)/厚度(T)/宽度(W)]: （捕捉 C 点）
指定另一个角点或 [面积(A)/尺寸(D)/旋转(R)]:（捕捉 D 点）
然后绘制菱形。这里使用绘制多边形工具绘制，如图 3-17 所示。
命令: _polygon
输入边的数目 <5>: 4（输入多边形边数）
指定正多边形的中心点或 [边(E)]: e（输入 e，通过确定边绘制多边形）
指定边的第一个端点: （捕捉 E 点）
指定边的第二个端点:（捕捉 F 点）
继续使用矩形工具绘制最里面的正方形，如图 3-18 所示。
命令: _rectang
指定第一个角点或 [倒角(C)/标高(E)/圆角(F)/厚度(T)/宽度(W)]: （捕捉 G 点）
指定另一个角点或 [面积(A)/尺寸(D)/旋转(R)]:（捕捉 H 点）

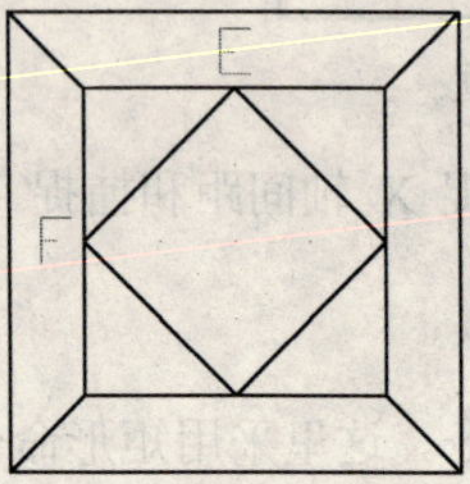

图 3-17　绘制菱形

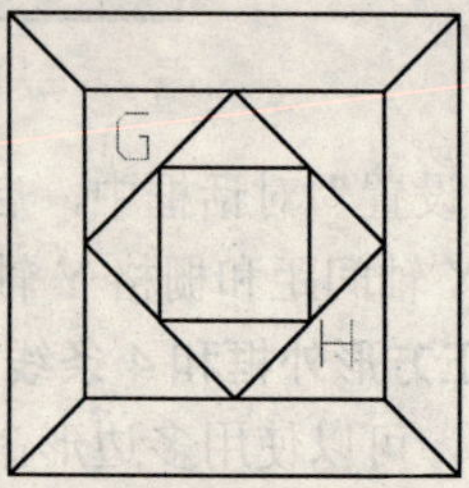

图 3-18　绘制最里面的正方形

3.6 课后练习

1．使用方向距离模式绘制如图 3-19 所示的图形。

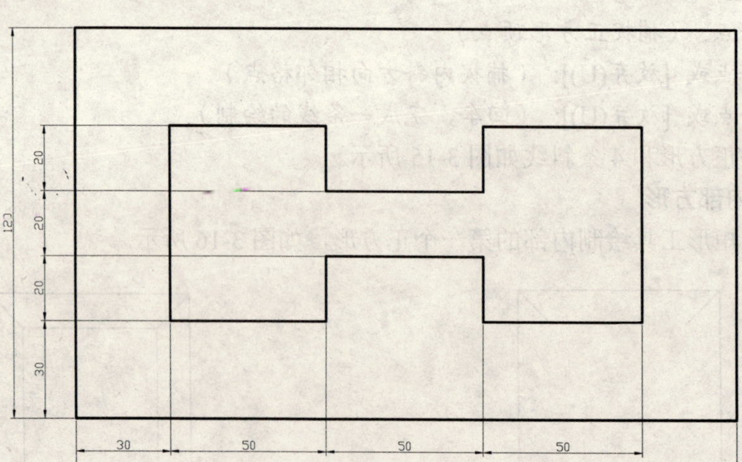

图 3-19　练习 1 图

2．使用极坐标和相对坐标方式绘制如图 3-20 所示的图形。

3．使用栅格捕捉方式绘制如图 3-21 所示的图形。

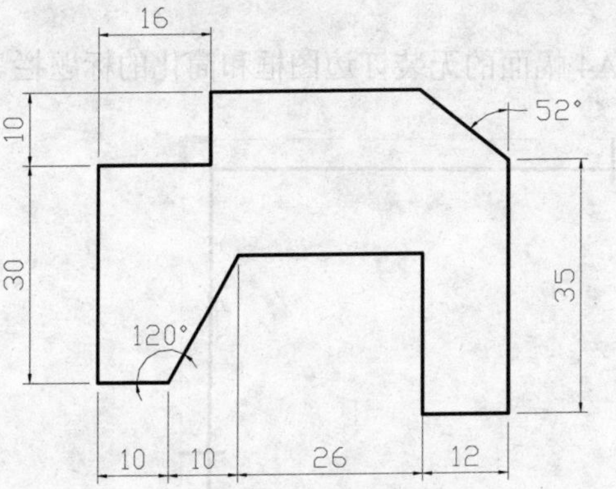

图 3-20　练习 2 图

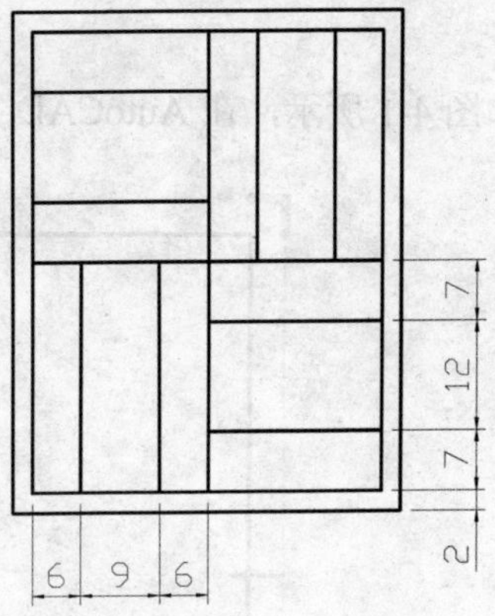

图 3-21　练习 3 图

4．使用相对坐标方式绘制如图 3-22 所示的图形。

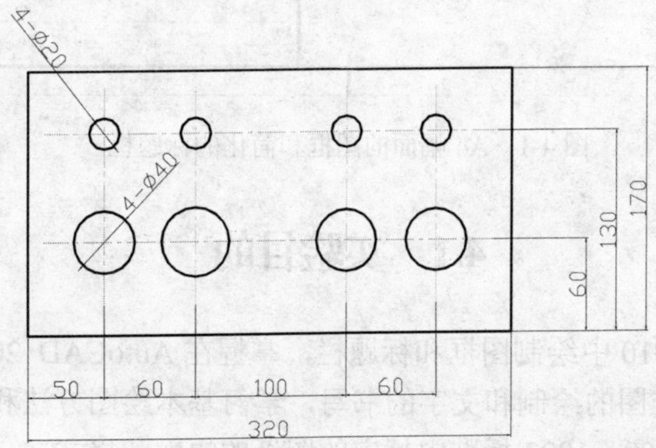

图 3-22　练习 4 图

第 4 章　绘制简单图形

如图 4-1 所示，在 AutoCAD 2010 中绘出 A4 幅面的无装订边图框和简化的标题栏。

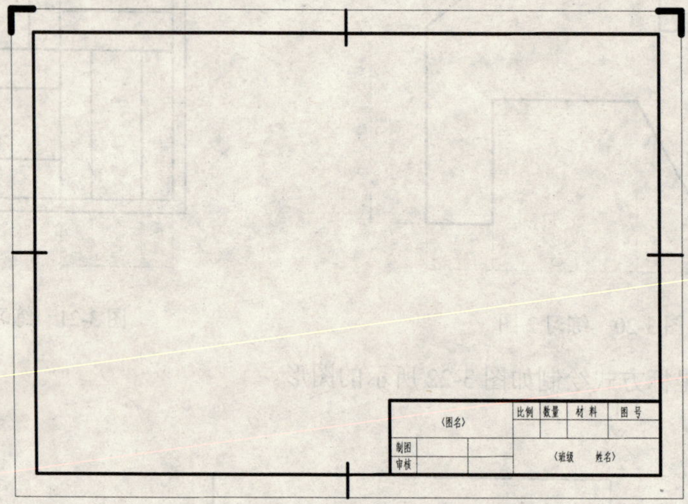

图 4-1　A4 幅面的图框和简化的标题栏

4.1　实验目的

通过在 AutoCAD 2010 中绘制图框和标题栏，掌握在 AutoCAD 2010 中绘制标准简单图样的基本步骤，通过二维图的绘制和文字的书写，学习基本绘图方法和编辑命令。

（1）熟悉 GB/T 14689－1993 标准中规定的图纸的幅面和格式。

（2）掌握图框和标题栏的结构和绘制方法。

（3）熟悉绘制图形和编辑图形的基本方法。

（4）熟悉使用直线命令和多段线命令绘制直线的方法。

（5）熟悉使用矩形命令绘制方框的方法。

（6）掌握相对坐标和绝对坐标的输入方法。

（7）初步练习使用偏移、复制命令复制对象的方法。

（8）初步练习单行文字的创建和不同编辑方法。

（9）练习块的定义和模板的创建方法。

（10）综合应用对象捕捉、正交等辅助功能。

4.2　实验要求

（1）采用 A4 图纸幅面。图纸幅面、图框格式及标题栏要符合国家标准（GB/T 14689－1993）。

（2）按照图中所示的尺寸 1:1 画图，标注图中的文字。

（3）图纸横向放置，图框不留装订边。

4.3　实验准备工作

（1）阅读教材中相关部分内容。

（2）复习直线、多段线、矩形等绘图命令。

（3）复习偏移、复制、打断等编辑命令。

（4）复习图层、线型、颜色等的设置和修改方法。

（5）复习对象捕捉、正交等辅助功能。

（6）复习文字的输入和编辑。

4.4　实验说明

4.4.1　关于实验目的

绘制图框和标题栏的目的不仅仅在于绘制一个符合规定的图形。虽然在 AutoCAD 中已经提供了一些 ISO 标准和国家标准的图框模板，可以用来创建图框和标题栏，但是在学生进行绘图练习的时候，并不需要填写所有的项目（一些项目没有必要填写，一些项目需要变动），所以可以将标题栏简化，这样对于学生绘图和老师批改都比较方便。

绘制图框和标题栏的另一个目的是通过绘制的过程，练习直线、矩形、复制、偏移等工具的使用方法，进一步体会绝对坐标、相对坐标的使用。还可以对图框和标题栏的构成有进一步的理解。

4.4.2　图纸幅面和格式的标准（GB/T 14689－1993）

在绘制图框前，先简要说明一下有关图纸幅面和格式的国家标准。1959 年，由中华人民共和国科学技术委员会批准发布了我国第一个《机械制图》国家标准（GB122－1959～GB141－1959），该标准对图纸幅面、比例、图线、剖面线、图样画法、尺寸注法、标准件和通用件等画法和代号方面都作了统一的规定。自该标准实施以来，起到了统一工程语言的作用，并在 1974 年和 1984 年进行过两次修订。1989 年，根据有关规定，把某些与机械、建筑、电气、土木、水利等行业均有关系的共性内容制订成《技术制图》国家标准，即 GB/T 14689－1993。

1．图纸的基本幅面

绘制技术图样时优先采用代号为 A0、A1、A2、A3、A4 的五种基本幅面，这与 ISO 标准规定的幅面代号和尺寸完全一致。

在技术制图国家标准中，基本上规定了 5 种图纸幅面尺寸，如表 4-1 所示。

当采用基本幅面绘制图样有困难时，也允许选用加长幅面，将表中幅面的长边加长，一般有 A3×3、A3×4、A4×3、A4×4、A4×5 等。

表 4-1 基本幅面的代号、尺寸及周边的尺寸（mm）

<table>
<tr><td>基本幅面代号</td><td>A0</td><td>A1</td><td>A2</td><td>A3</td><td>A4</td></tr>
<tr><td>尺寸 B×L</td><td>841×1189</td><td>594×841</td><td>420×594</td><td>297×420</td><td>210×297</td></tr>
<tr><td>e</td><td colspan="2">20</td><td colspan="3">10</td></tr>
<tr><td>c</td><td colspan="3">10</td><td colspan="2">5</td></tr>
<tr><td>a</td><td colspan="5">25</td></tr>
</table>

2．图框格式

图框格式有两种：一种是保留装订边的图框，用于需要装订的图样，如图 4-2 所示。另外一种是不保留装订边的。同一产品的图样只能采用一种格式。

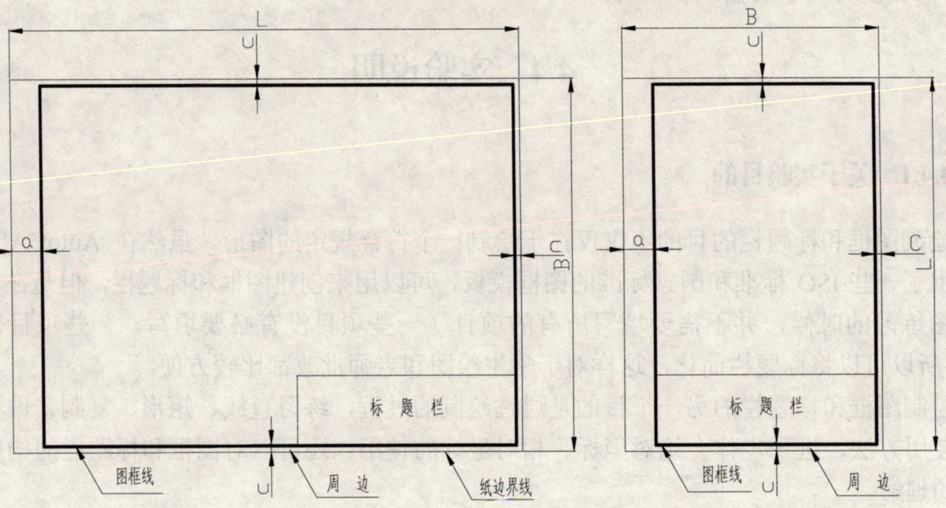

图 4-2 横装及竖装图框

图纸空间由纸边界线（幅面线）和图框线组成，无论图纸是否装订，图框线都必须用粗实线绘制，表示图幅大小的纸边界线用细实线绘制。图框线与纸边界线之间的区域称为周边。对于保留装订边的图框格式来讲，装订侧的周边尺寸 a 要比其他三个周边的尺寸 c 大一些。不留装订边的图框的四个周边尺寸相同，均为 e。各周边的具体尺寸与图纸幅面大小有关，各幅面的 a、c、e 值见表 4-1。

当图样需要装订时，一般采用 A3 幅面横装，A4 幅面竖装，如图 4-2 所示。

在每张图纸上均需要画出标题栏。标题栏位于图纸的右下角（见图 4-2 中的位置），看图的方向与看标题栏的方向一致。

在工程制图中，图纸必须有图框和标题栏，有的图纸如装配图中还需要有明细栏，一般在标题栏上面。国家标准对图框和标题栏的绘制有明确的规定，所以在绘制图纸时一定要参照相关标准执行。

另外还有对中符号、剪切符号、方向符号等，在《技术制图》标准中都有明确规定，在下面绘制图纸时会提到，这里就不再一一说明。

4.4.3 比例（GB/T 14690－1993）

“图中图形与实物相应要素的线性尺寸之比”称为比例。比值为 1 的比例称为原值比例。比值大于 1 的比例称为放大比例，比值小于 1 的比例称为缩小比例。

绘制技术图样时，应在表 4-2 规定的系列中选取适当的比例。

表 4-2 绘图比例

	种类	比例				
	原值比例	1:1				
第一选择	放大比例	5:1 $5\times10^n:1$	2:1 $2\times10^n:1$	$1\times10^n:1$		
	缩小比例	1:2 $1:2\times10^n$	1:5 $1:5\times10^n$	1:10 $1:1\times10^n:1$		
第二选择	放大比例	4:1 $4\times10^n:1$	2.5:1 $2.5\times10^n:1$			
	缩小比例	1:1.5 $1:1.5\times10^n$	1:2.5 $1:2.5\times10^n$	1:3 $1:3\times10^n:1$	1:4 $1:4\times10^n$	1:6 $1:6\times10^n$

4.4.4 图框处理的方法

在 AutoCAD 2010 中正式绘图之前，除进行基本的系统配置工作外，还需要作一些常规的绘图准备工作。对于工程人员来说，首先要选择自己需要的图纸大小和比例，然后在图纸上绘制图框和标题栏等必备要素。

总体来看，图框处理就是要确定有关标题栏、绘图空间及比例等问题。

在 AutoCAD 2010 中，一般用三种方法确定上述问题：

（1）利用 AutoCAD 2010 提供的模板文件如 Gb_a4 -Named Plot Styles 创建图框及标题栏。如果没有，可以把以前版本中的该模板文件复制过来使用。

（2）利用 AutoCAD 2010 提供的 Lisp 语言编制程序来控制图框的大小和比例。

（3）在模型空间手工绘制图框及标题栏，然后根据零件图的大小来确定比例。

在 AutoCAD 2010 中提供了一些 ISO 标准和国家标准的图框模板，可以用来创建图框和标题栏，但是在实际应用中有些需要进行一定调整才可以使用。

若用手工绘制，由于相同规格的图框和标题栏样式都是一样的，如果每一次绘图都重新绘制，重复性劳动将不利于提高绘图效率。在 AutoCAD 2010 中，可以在第一次绘制好图框和标题栏后，将标准的图框和标题栏都保存成固定的文件块，或者将其保存为模板文件，这样在以后需要的时候直接调用就可以了。

本章以绘制 A4 幅面的图框和简化标题栏为例，介绍其绘制方法。

4.5 实验指导

由于图纸的图框绘制过程基本上是一致的，所以下面就在前面 5 种图纸幅面中选 A4 图纸进行绘制。其他图纸的绘制可以完全参照本章内容进行。

对于标题栏，在学生进行绘图练习时，因为不需要填写所有的项目，所以可以将标题栏简化，这样既利于学生绘图，老师批改起来也比较方便。本例就是绘制简化的标题栏。但是在实际的技术图纸中，一定要按照标准进行绘制。

1．建立新图

（1）启动 AutoCAD 2010，自动创建一个名为 Drawing1 的新文件。

（2）将图名 Drawing1 另存为“A4”。从“文件”菜单选择“保存”项，打开“图形另存为”对话框，输入文件名并选择好路径后单击“保存”按钮即可，此时图中标题变为“A4”。

2．定义图层

AutoCAD 2010 启动后，只有一个 0 图层，它是无法删除的。为了更清楚地表达图形的线型、线宽，并且方便地控制某些对象的显示特性，需要定义新的图层。本例中要新定义 6 个图层，每个图层的线型、颜色和线宽见表 4-3。

表 4-3 图层属性列表

图层名称	颜色	线型	线宽
0	白色（黑色）	Continuous	默认（细实线）
图框_标题栏文字	品红	Continuous	默认
图框_标题栏属性	红色	Continuous	默认
图框_角线	蓝色	Continuous	2.00mm
图框_内框线	蓝色	Continuous	0.50mm
图框_视口	白色	Continuous	默认
图框_外框线	白色	Continuous	默认

选择“格式”菜单的“图层”命令项，或者选择功能面板中“常用”选项卡下“图层”面板中的“图层特性”按钮，或者在命令行输入命令 layer，打开“图层特性管理器”对话框。单击“新建”按钮，创建新的图层，并设置对应的线型和颜色，如图 4-3 所示。

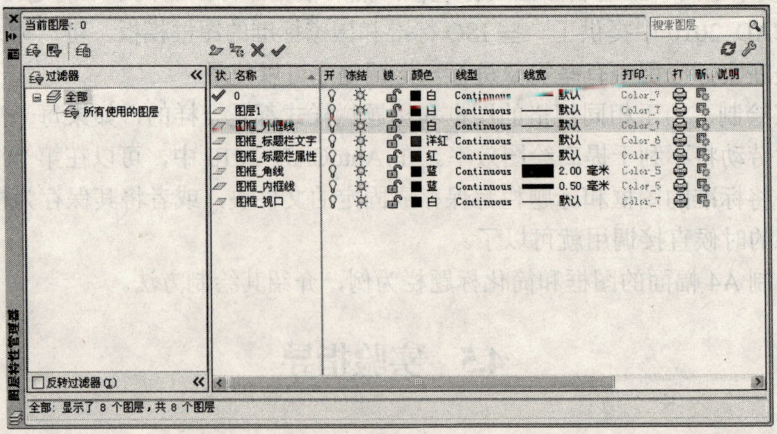

图 4-3 “图层特性管理器”对话框

3．绘制图框

在工程图纸中，图框由两个矩形组成。其中外框为细实线，内框为粗实线。本例可以使用矩形命令绘制框线，也可以使用直线命令或多段线命令绘制框线。

建议：使用矩形（rectang）命令而不是使用直线（line）命令或多段线（pline）命令绘制框线，可以提高绘图效率。因为使用直线命令，需要执行一次命令输入 5 个点坐标，使用多段线命令需要执行一次命令输入 4 个点坐标，而使用矩形命令只需要执行一次命令输入 2 个点坐标即可。

（1）绘制外框。

首先，在“图层”功能面板的“图层控制”下拉列表中单击下拉按钮，打开图层列表，如图 4-4 所示。选择“图框_外框线”图层，将“图框_外框线”图层设置为当前图层。

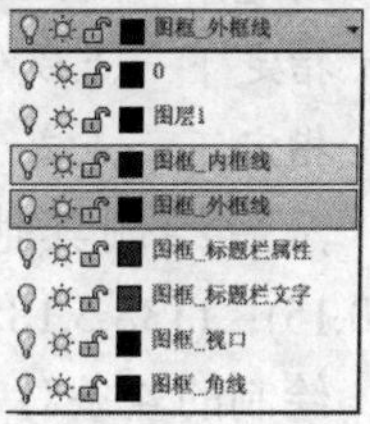

图 4-4　图层列表

选择“绘图”功能面板中的矩形工具按钮，或者直接在命令行输入 rectang 或 rectangle，绘制 297×210 的矩形。命令提示如下：

命令: _rectang

指定第一个角点或 [倒角(C)/标高(E)/圆角(F)/厚度(T)/宽度(W)]: -10,-10（输入矩形左下角坐标，回车）

指定另一个角点或 [面积(A)/尺寸(D)/旋转(R)]:@297,210（输入矩形右上角的相对坐标，回车，完成矩形的绘制）

（2）绘制内框。

将“图框_内框线”图层设置为当前图层。

使用矩形命令绘制 277×190 的矩形。矩形的两个对角点坐标分别为(0,0)和(390,287)，绘制的内框和外框如图 4-5 所示。

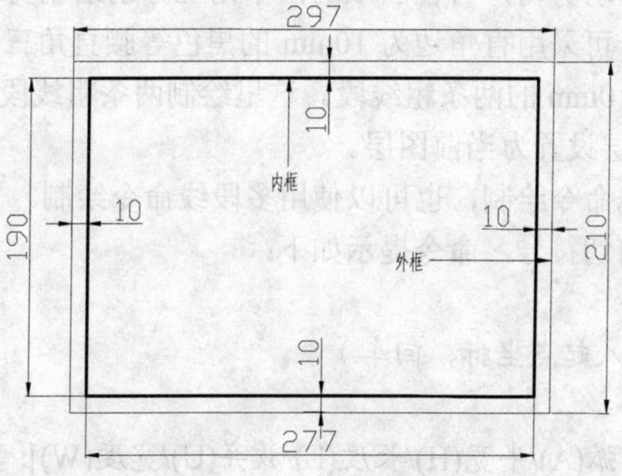

图 4-5　绘制内框和外框

从图 4-5 中可以看出，绘制的是无装订边的图框，内外框线之间的距离均为 10mm。

4．绘制对中符号

为使图样复制或微缩摄影时便于定位，应在各周边的中点分别用粗实线绘制对中符号，自周边深入图框线内 5mm。

将“图框_内框线”图层设置为当前图层。

使用直线命令，绘制 4 条对中符号。4 条直线分别位于 4 条内框线中部，左、右、上、下 4 条直线长均为 15mm，4 条直线都伸入内框线 5mm。

首先绘制左边的对中符号，命令提示如下：

命令:line

指定第一点:-10,95（输入左端点，也可以打开“对象捕捉”，捕捉外框左边线的中点）

指定下一点或 [放弃(U)]: @15,0（输入右端点的相对坐标，回车）

指定下一点或 [放弃(U)]:（回车，完成直线的绘制）

然后绘制其他 3 条对中线，其端点坐标分别为(267,95)，(@15,0)；(138.5,-10)，(@0,15)；(138.5,185)，(@0,10)。

绘制的 4 条对中符号如图 4-6 所示。

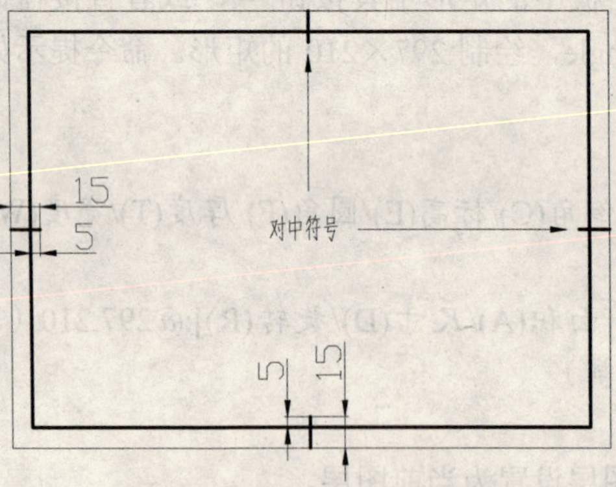

图 4-6 绘制对中符号

5. 绘制剪切符号

为使复制图样便于自动剪切，可在图纸的四个角上分别绘制剪切符号。剪切符号位于外框线的 4 个角，剪切符号可采用直角边为 10mm 的黑色等腰直角三角形，也可将剪切符号画成线宽为 2mm，线长为 10mm 的两条粗线段。这里绘制两条粗线段作为剪切符号。

将“图框_角线”图层设置为当前图层。

这里既可以使用直线命令绘制，也可以使用多段线命令绘制。

首先绘制左下角的剪切符号，命令提示如下：

命令: pline

指定起点: -10,0（输入起点坐标，回车）

当前线宽为 2.0000

指定下一个点或 [圆弧(A)/半宽(H)/长度(L)/放弃(U)/宽度(W)]: （捕捉外框左下角端点）

指定下一点或 [圆弧(A)/闭合(C)/半宽(H)/长度(L)/放弃(U)/宽度(W)]: @10,0（输入终点的相对坐标）

指定下一点或 [圆弧(A)/闭合(C)/半宽(H)/长度(L)/放弃(U)/宽度(W)]: （回车，完成多段线的绘制）

然后绘制其他 3 个剪切符号，其坐标分别为(-10,190)－左上角端点－(@10,0)，(277,200)－右上角端点－(@0,-10)，(0,287)－右下角端点－(@-10,0)。

绘制好的 4 个剪切符号如图 4-7 所示。

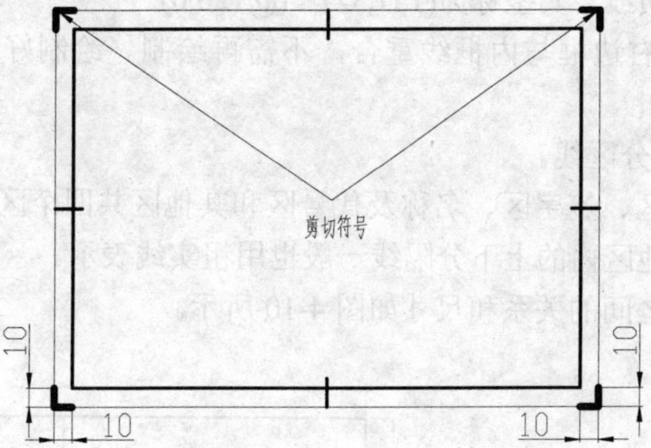

图 4-7 绘制剪切符号

6. 绘制标题栏

标题栏位于制图空间的右下角，它的内容包括两个方面：边框的绘制和文字的填写。绘制标题栏中的线可以使用直线命令，也可以使用多段线命令 pline，对于相互平行的线，可以使用偏移命令 offset 或复制命令来绘制。

（1）调整显示窗口大小和图形位置。

由于当前显示的窗口大小是整个绘图区间，而绘制标题栏的工作区间只在该区间的右下角，所以可以选择该部分进行缩放。

选择“实用程序”功能面板中的“窗口缩放”图标，框选图框右下角部分，放大显示该部分区域。

（2）根据简化标题栏的要求，确定直线的长度和各线之间的位置关系。标题栏中各线的长度及与其他线之间的相对位置关系如图 4-8 所示。

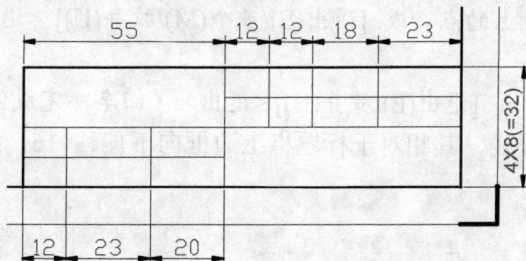

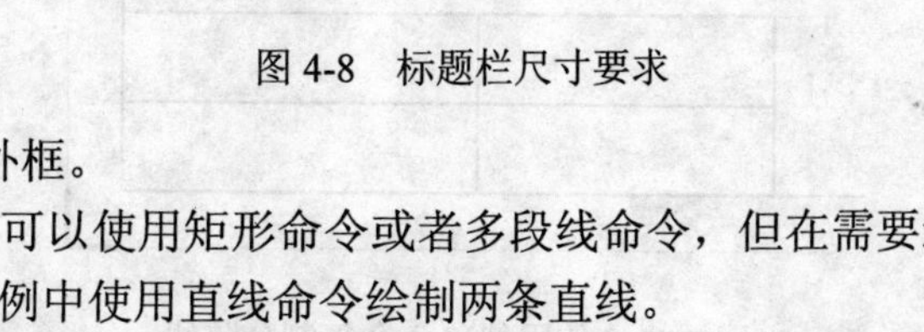

图 4-8 标题栏尺寸要求

（3）绘制标题栏外框。

绘制标题栏外框，可以使用矩形命令或者多段线命令，但在需要通过偏移复制直线时，需要再将其分解开，本例中使用直线命令绘制两条直线。

首先将“图框_内框线”图层设置为当前图层。命令提示如下：

命令: line

指定第一点: 157,0（输入标题栏左竖线下端点坐标，回车）

指定下一点或 [放弃(U)]: @0,32（输入标题栏左竖线上端点相对坐标，回车）

指定下一点或 [放弃(U)]:（回车，结束直线绘制）

同样绘制标题栏上横线，其坐标为(157,32)－(@120,0)。

标题栏的下边框和右边框与内框线重合，不需再绘制。绘制好的标题栏外框如图 4-9 所示。

（4）绘制标题栏内分区线。

标题栏一般由更改区、签字区、名称及代号区和其他区共四个区域组成。各区域之间一般用粗实线分隔开，其他区内的上下分隔线一般也用粗实线表示。

标准标题栏的分区之间的关系和尺寸如图 4-10 所示。

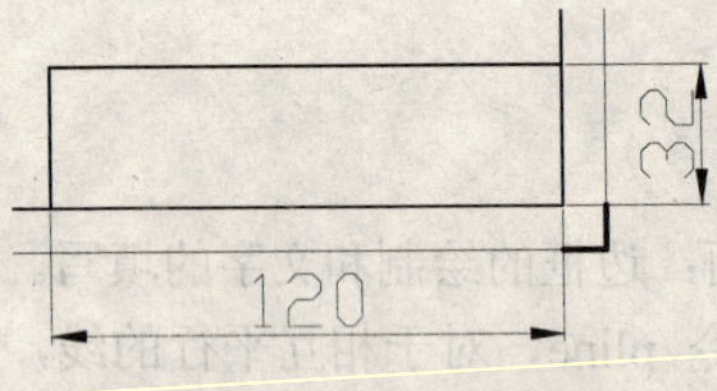

图 4-9 标题栏框线

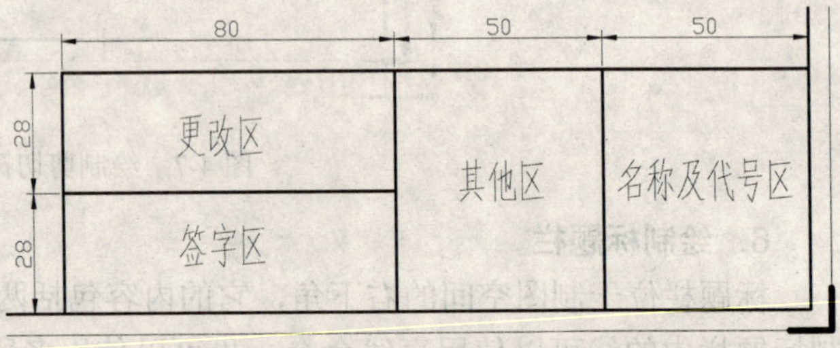

图 4-10 标题栏分区之间的关系

本例中使用两条分隔线将标题栏分为 4 个区。下面绘制分区之间的界线和其他区的上下分隔线。先将“图框_内框线”图层设置为当前图层。然后使用偏移命令绘制，这里也可以使用直线命令绘制。

首先绘制竖直分隔线，命令提示如下：

命令: offset

指定偏移距离或 [通过(T)/删除(E)/图层(L)] <通过>:55（输入偏移距离，回车）

选择要偏移的对象，或 [退出(E)/放弃(U)] <退出>:（选取标题栏左边框）

指定要偏移的那一侧上的点，或 [退出(E)/多个(M)/放弃(U)] <退出>:（在标题栏左边框右侧单击）

选择要偏移的对象，或 [退出(E)/放弃(U)] <退出>:（回车，完成偏移）

接下来绘制水平分隔线，其相对于标题栏上边框向下偏移 16。绘制好的两条分隔线如图 4-11 所示。

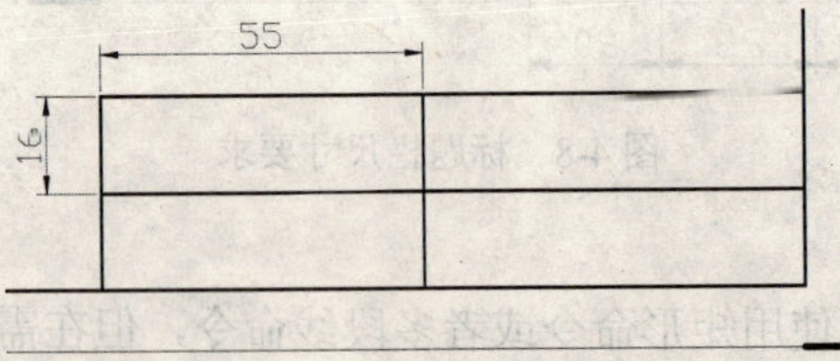

图 4-11 使用偏移命令复制分隔线

（5）绘制标题栏格线。

绘制其他格线，可以直接通过偏移标题栏的框线，再进行修剪得到，但是这样要修剪掉的线比较多。下面通过另外一种方法，先将长的直线分解为若干段，再进行偏移操作，就不需要进行修剪了。

首先将标题栏水平分隔线在与竖直分隔线的交点处打断。选择"修改"功能面板中的"打断于点"按钮，命令行提示如下：

命令: _break

选择对象：（选择标题栏水平分隔框线）

指定第二个打断点或 [第一点(F)]: _f

指定第一个打断点：（捕捉交点）

指定第二个打断点: @

使用同样的方法打断竖直分隔线。然后使用偏移命令复制图 4-12（a）中的两条水平和 5 条竖直格线，格线距离见图中标示。

因为复制的直线为粗实线，而需要的是细实线，需要将复制得到的直线改变线型。

选择要改变线型的 9 条直线，在"图层控制"下拉列表中选中"图框_视口"图层，则选择的 9 条直线被设置为该图层的默认线型，即细实线，如图 4-12（b）所示。

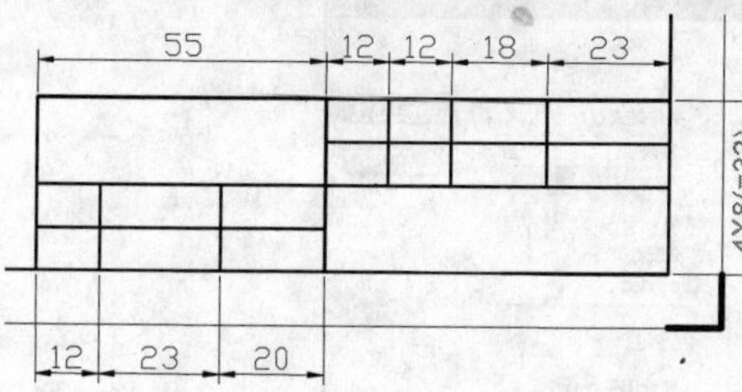

（a）打断直线、偏移复制

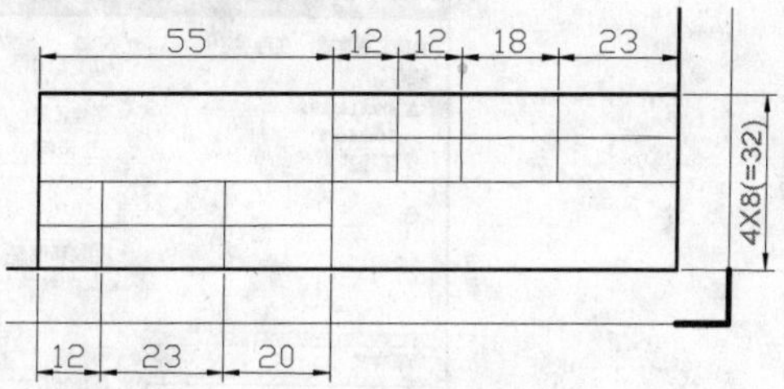

（b）改变复制直线的线型

图 4-12　初步完成的标题栏

至此为止，A4 图纸的简化标题栏基本上绘制完成。其他相关图框均可以参照此方式，但是要注意，有的是立式图框，其位置关系等可能会有所改动。

7．标注文字

标注文字有多种方法。由于要标注文字的方格没有更多的线段，并且每一个方格的大小、要标注文字的数量及内容不完全一致，因此，为了准确确定文字的位置，需绘制标注文字的辅助线段。也就是说，要确定文字的对正方式。一般定义文字的对正方式为中间方式，即标注文字行中线的中点。

标注文字的书写方法一般有两种：一是在每一个方格中直接书写，利用 text 或 mtext 等命令来完成；另一种方法是首先书写一个方格内的文字，然后再复制到其他方格中，通过"编辑文字"命令来编辑文字，或利用"特性"管理器更精确地修改文字内容。

（1）定义新字体名。

在输入文字之前，首先要设置文字样式，包括字体名、高度、样式等。

在"格式"菜单中单击"文字样式"，或在"常用"选项卡的"注释"功能面板中单击"文字样式"图标，打开"文字样式"对话框。

单击"新建"按钮，打开"新建文字样式"对话框，创建自己的样式，如图 4-13 所示。

在"样式名"文本框中填上"工程字"，单击"确定"按钮。修改"字体"和"效果"中的内容，单击"应用"及"关闭"按钮。修改的结果如图 4-14 所示。如果要选择相应样式，可以在“注释”功能面板中选择“文字样式”下拉列表中的样式名称，置为当前即可。

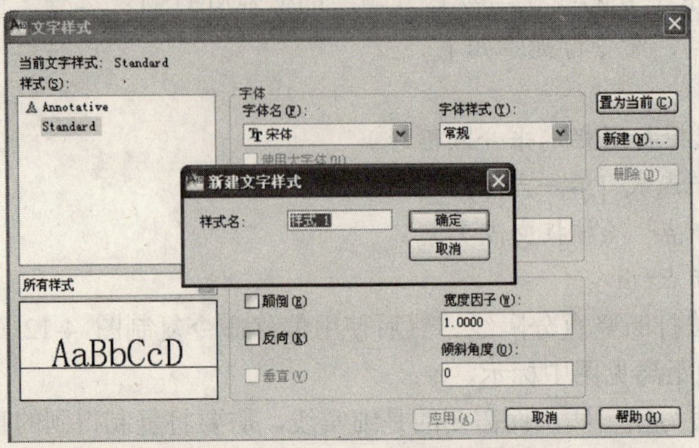

图 4-13 “文字样式”对话框

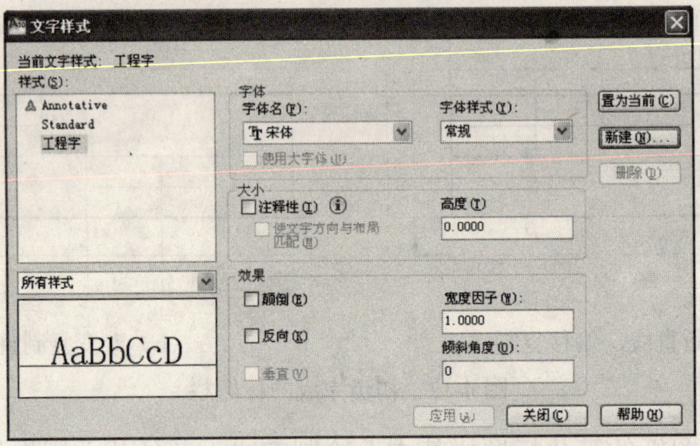

图 4-14 修改后的“文字样式”对话框

（2）绘制辅助线段。

由于每个标注文字的位置都是居中对齐，可以首先定义文字标注的辅助线，在标注时可以借助这些辅助线来决定标注文字的上下位置。

利用命令 Offset，根据该高度的半值来准确定出辅助线的位置。绘制的辅助线如图 4-15 所示。

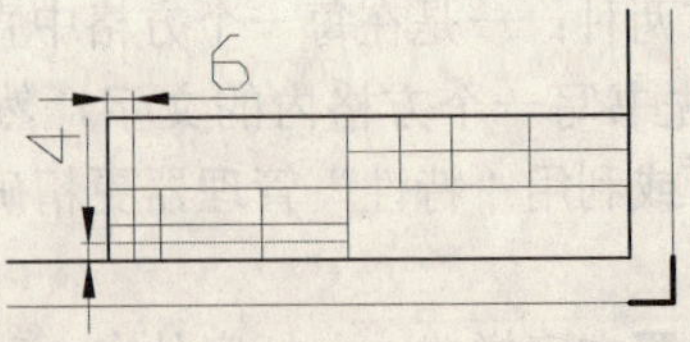

图 4-15 绘制文字对齐辅助线

（3）书写文字。

选择“绘图”菜单中的“文字”中的“多行文字”项，或者单击“常用”选项卡中“注释”功能面板的“多行文字”图标，或者在命令行输入 dtext，创建单行文字。命令行提示如下：

命令: dtext

当前文字样式: Standard　当前文字高度: 2.5000　注释性: 否

指定文字的起点或 [对正（J）/样式（S）]: j（输入j，选择对正，回车）

[对齐(A)/布满(F)/居中(C)/中间(M)/右对齐(R)/左上(TL)/中上(TC)/右上(TR)/左中(ML)/正中(MC)/右中(MR)/左下(BL)/中下(BC)/右下(BR)]:m（输入m，回车，选择按照文字的中间对齐）

指定文字的中间点:（拾取两条辅助线交点）

指定高度 <2.5000>: 5（输入高度，回车）

指定文字的旋转角度 <0>:（回车，输入要输入的文字，完毕后在其他位置单击并回车）

文字中间与辅助线对齐的效果如图 4-16 所示。

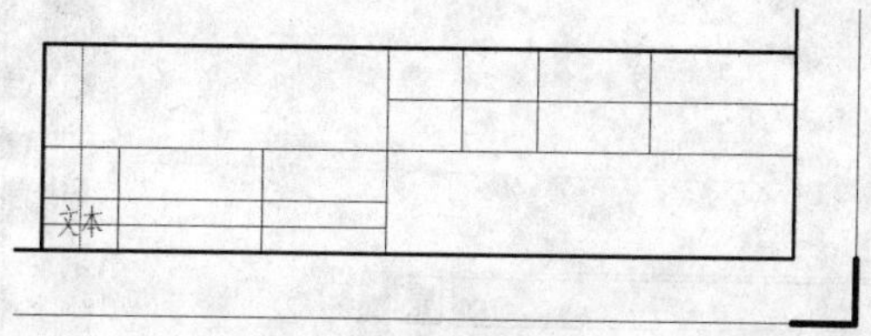

图 4-16　文字与辅助线对齐

（4）复制文字。

选择“常用”选项卡中“修改”功能面板的“复制”按钮，或者选择“修改”菜单中的“复制”项，复制文字对象，将其粘贴到标题栏需要标注文字的地方。

这里因为需要多次复制文字，所以可以采用连续复制的方法，命令行提示如下：

命令: copy

选择对象: 找到 1 个（选取刚才书写的文字）

选择对象:（回车）

指定基点或 [位移(D)/模式(O)] <位移>:（拾取辅助线交点）

指定第二个点或 <使用第一个点作为位移>:（拾取其他方格的中间点）

指定第二个点或 [退出(E)/放弃(U)] <退出>:……

到此为止，文字基本上复制完毕。接下来就是将多余的辅助线删除，以便更加清晰地对文字进行编辑。

选择“修改”功能面板中的“删除”按钮，或者选择“修改”菜单中的“删除”选项，也可以选择要删除的对象后，在绘图区域右击并选择“删除”项，或者在命令行输入Erase，从图形中删除辅助线对象。

复制好的文字如图 4-17 所示。

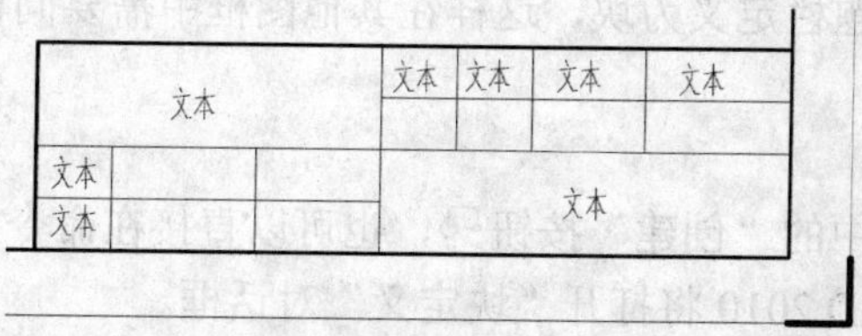

图 4-17　复制文字

（5）修改文字。

单击选择要编辑的对象，弹出特性编辑面板，在“内容”文本框中可以对文字进行修改，如图 4-18 所示。或者在“视图”选项卡的“选项板”功能面板中选择“特性”，弹出“特性”选项板，对文字进行修改，如图 4-19 所示。直接在“内容”框中修改文字，回车确定即可。

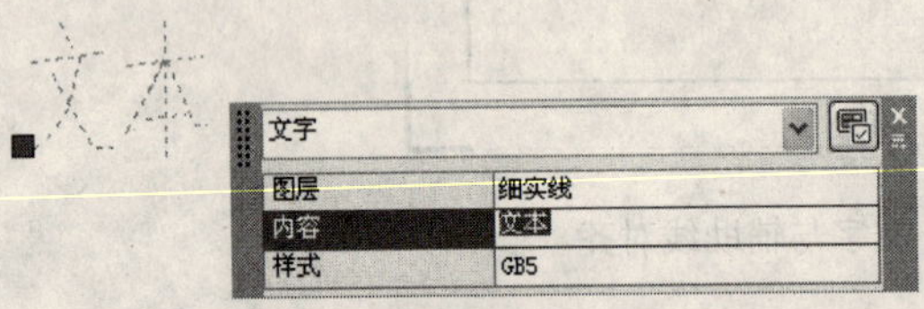

图 4-18　编辑文字状态

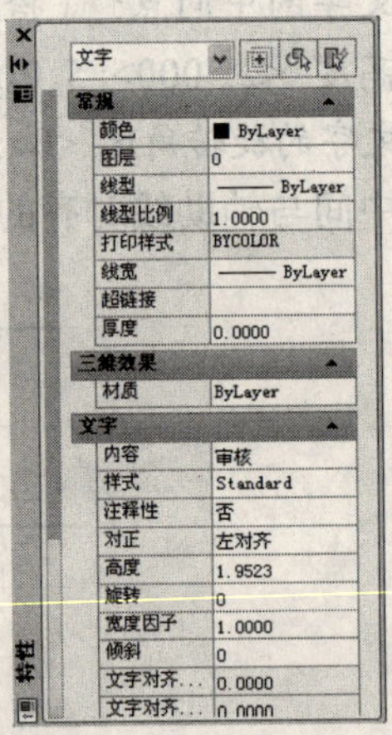

图 4-19　“特性”选项板

重复执行命令 ddedit，将其余文字修改完毕。结果如图 4-20 所示。

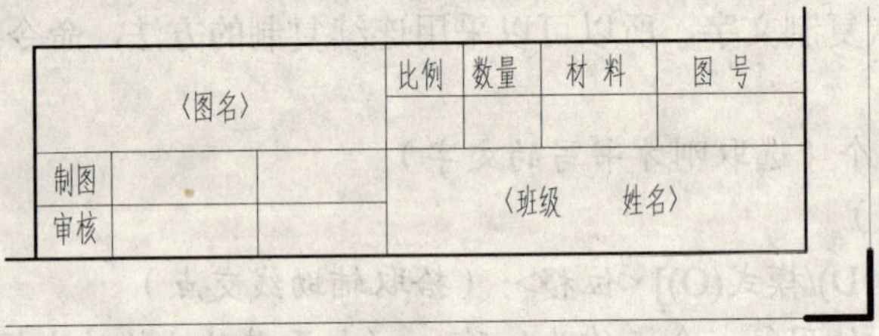

图 4-20　修改后的标题栏

至此，图框及标题栏绘制完毕。由于其他图框的标题栏与此一致，下面就将刚刚绘制的标题栏制作成块，以备绘制其他图框时直接插入到相应位置即可使用。也可以将图框和标题栏保存为模板，以后在使用时直接通过该模板建立文件即可。

8．制作标题栏块

块就是将一些常用的对象定义成为一个整体，当需要时可以直接像对待基本图形元素那样进行插入操作，位置由用户直接选择，这样就可以节省绘图时间，提高绘图效率。绘制好标题栏之后，就可以将标题栏定义为块，这样在其他图框中需要同样的标题栏时，可以直接插入定义好的标题栏块。

（1）定义标题栏块。

选择“块”功能面板中的“创建”按钮，也可以直接在命令行输入 Block，根据选定对象创建块定义。AutoCAD 2010 将打开“块定义”对话框。

在“名称”处填写“标题栏”后单击“选择对象”按钮，框选要定义的标题栏对象后，单击“拾取点”按钮，然后单击“确定”，块定义完毕。

（2）制作标题栏文件块。

上一步只是在本图中定义了“标题栏”块，而没有将块定义成新图形文件，因此这一步是定义文件块。

在命令行直接输入 Wblock，将块对象写入新图形文件。AutoCAD 2010 将弹出“写块”对话框，选择“块”选项，选择“标题栏”块，输入文件名“标题栏”，选择保存位置，单击“确定”，此时在磁盘上产生了一个文件名为“标题栏.dwg”的图形文件，它可以提供给其他图形文件使用。

9．保存为样板文件

定义标题栏图块后，就可以将该图块插入到其他图框中使用。对于绘制好的 A4 幅面的图框和标题栏，还可以将整个文件保存为模板，当需要绘制 A4 幅面的图纸时，直接通过该模板创建新的图形。

选择“文件”菜单中的“另存为”命令，打开“图形另存为”对话框。

在“图形另存为”对话框中，选择文件类型为“AutoCAD 2010 图形样板”，输入文件名，选择好保存位置，然后单击“保存”按钮，打开“样板选项”对话框，在其“说明”栏中输入说明文字，选择好测量单位，然后单击“确定”按钮即可将绘制好的图形保存为模板。

4.6 课后练习

1．绘制如图 4-21 所示的 A3 图纸，图纸为横装保留装订侧，具体尺寸可参考国家标准或参照图 4-21。

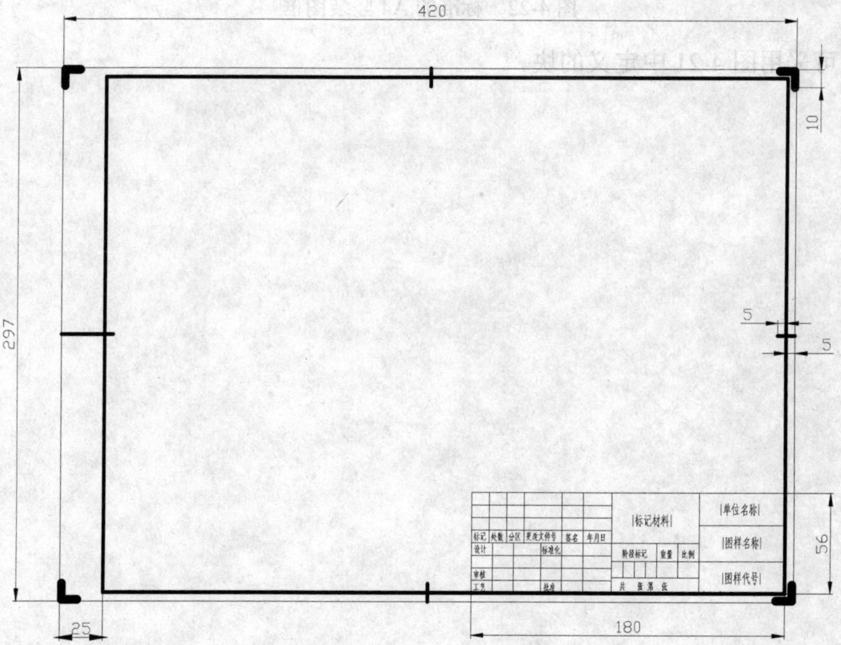

图 4-21　标准的 A3 横装图框

将绘制好的标题栏定义为块文件。

因为本章重点进行绘图练习，对于标题栏中的文字，可以不填写。

2．绘制如图 4-22 所示的 A4 图纸，图纸为竖装，保留装订侧，具体尺寸可参考国家标准或参照图 4-22。

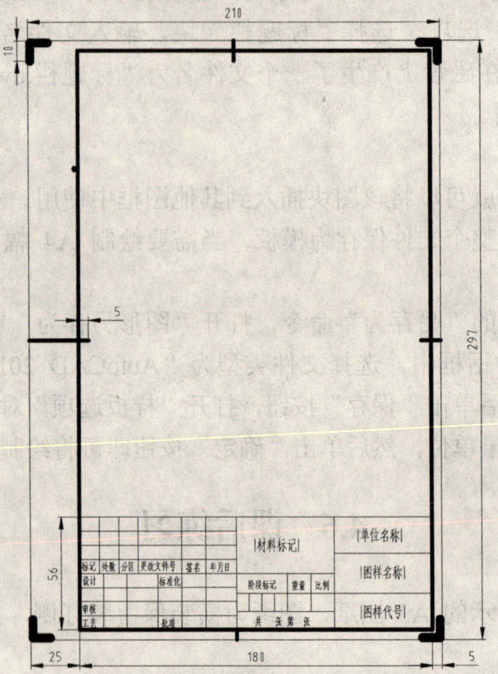

图 4-22 标准的 A4 竖装图框

标题栏可采用图 4-21 中定义的块。

第 5 章　绘制几何图形

如图 5-1 所示，在 AutoCAD 2010 中绘出圆形内卡图形和机件平面图。

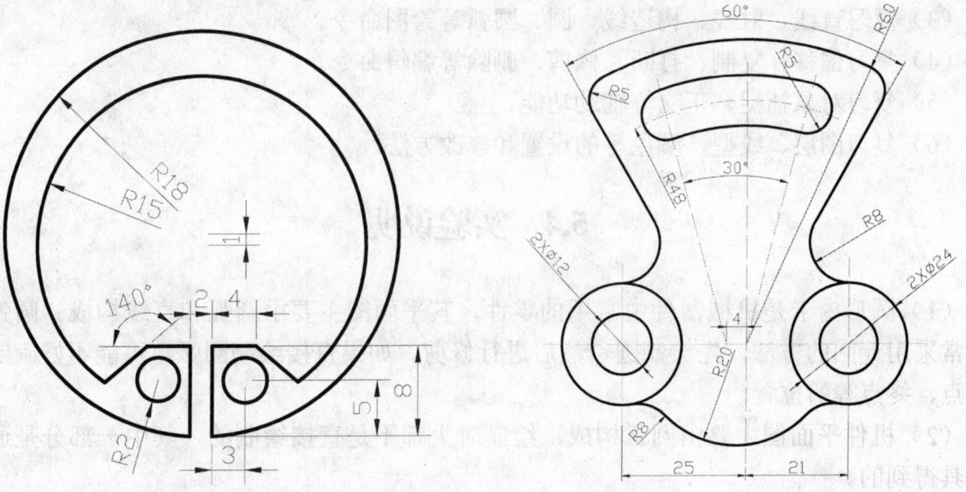

（a）圆形内卡图　　　　（b）机件图

图 5-1　圆形内卡和机件平面图

5.1　实验目的

本章通过圆形内卡平面图和机件单一视图的绘制，练习常用绘图工具的使用和编辑工具的使用，学习绘制和编辑图形的基本方法，掌握在 AutoCAD 2010 中绘制图样的基本步骤，通过对比方式，练习使用同一绘图工具以不同方式进行绘图。

（1）熟悉绘图功能面板中的工具及其不同绘图方式。

（2）掌握直线、射线、构造线、圆、圆弧等常用绘图工具的用法。

（3）熟悉偏移、复制、打断、修剪、删除等修改工具。

（4）熟悉正交、对象捕捉等绘图方式。

（5）熟悉倒圆角的方法。

（6）理解平面图形中辅助线的使用方法和技巧。

（7）进一步掌握图层、线型、颜色等的设置和修改方法。

5.2　实验要求

（1）按照图 5-1 中的尺寸要求，绘制圆形内卡和机件平面图。

（2）在绘制过程中，比较用不同的工具和方法绘制相同图形的优劣。

（3）按照图中所示的尺寸 1:1 画图。

5.3 实验准备工作

（1）阅读教材相关章节内容。

（2）熟悉 AutoCAD 2010 绘图环境。

（3）复习直线、射线、构造线、圆、圆弧等绘图命令。

（4）复习偏移、复制、打断、修剪、删除等编辑命令。

（5）复习对象捕捉、正交等辅助功能。

（6）复习图层、线型、颜色等的设置和修改方法。

5.4 实验说明

（1）圆形内卡是机械器件中常用的零件，其平面图主要由圆弧和直线构成。圆弧的绘制通常采用迂回的方法，先绘制圆，然后进行修剪。如果直接绘制圆弧，可能不好确定圆弧的起点、终点等的位置。

（2）机件平面图主要由圆弧构成，绘制时大都不是直接绘制的，其中一部分是通过圆角工具得到的。

（3）本章与第 3 章、第 4 章不同，第 3 章、第 4 章的例子比较简单，坐标位置也比较好确定，可以直接绘制对象。而在实际绘图过程中，许多线条都不是直接绘制而来的，因为一些点的位置很不好确定，计算起来比较麻烦，但是通过一些辅助线或者相对其他对象，就比较容易确定。所以许多对象都是经过“加工”而来的。

5.5 实验指导

5.5.1 绘制圆形内卡图形

1．建立新图

（1）启动 AutoCAD 2010，自动创建一个名 Drawing1 的新文件。

（2）将图名 Drawing1 另存为“圆卡”。从“文件”菜单选择“保存”命令，打开“图形另存为”对话框，输入文件名并选择好路径后单击“保存”按钮即可，此时图中标题变为“圆卡”。

2．定义图层

为了更清楚地表达图形的线型、线宽，并且方便地控制某些对象的显示特性，需要定义新的图层。本例可以按照第 1 章中介绍的常用图层进行定义，只是本例只使用其中的部分图层。

3．绘制内外轮廓圆

将粗实线图层设置为当前图层。

首先使用圆工具绘制圆形内卡外轮廓的圆。为了绘图方便，这里选择(0,0)点作为外圆的圆心。

启动 circle 命令，绘制过程如下：

命令: _circle

指定圆的圆心或 [三点(3P)/两点(2P)/切点、切点、半径(T)]: 0,0（输入外圆圆心）

指定圆的半径或 [直径(D)]: 18（输入外圆半径）

绘制的结果如图 5-2（a）所示。

然后绘制内圆。内圆的圆心与外圆不重合，而是在 Y 方向相差-1 个单位。

命令: _circle

指定圆的圆心或 [三点(3P)/两点(2P)/切点、切点、半径(T)]: 0,-1（输入内圆圆心）

指定圆的半径或 [直径(D)] <18.0000>: 15（输入内圆半径）

绘制好的外圆和内圆如图 5-2（b）所示。

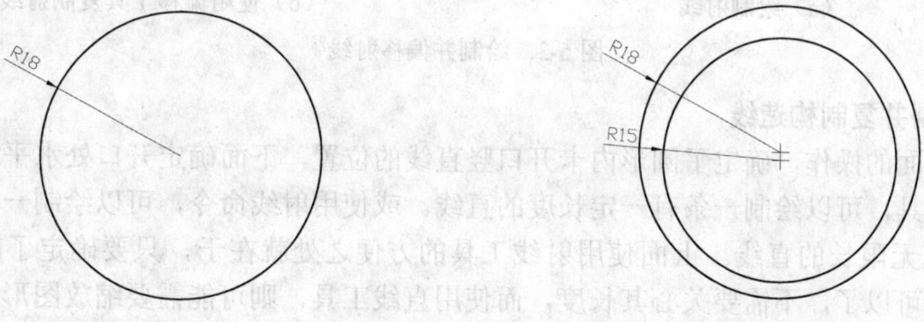

（a）外圆　　（b）内圆

图 5-2　绘制内外轮廓圆

4．绘制并复制射线

下面绘制圆形卡开口。因为直接绘制开口处的竖直线，坐标不好确定，所以先绘制一条辅助线。绘制辅助线，可以使用直线工具，也可以使用射线命令，但最终都要进行修剪，这里就使用射线命令。

打开正交模式和对象捕捉。

选择“绘图”菜单的“射线”命令，或者单击“绘图”功能面板中的“射线”按钮，系统提示如下：

命令: _ray

指定起点:（捕捉内圆或外圆的任意圆心）

指定通过点:（向下移动鼠标，并单击）

指定通过点:（回车结束命令）

绘制的射线如图 5-3（a）所示。

然后使用偏移命令，绘制两条通过开口的射线。

命令: _offset

指定偏移距离或 [通过(T)/删除(E)/图层(L)] <通过>: 1（输入偏移距离）

选择要偏移的对象，或 [退出(E)/放弃(U)] <退出>:（选择刚绘制的射线）

指定要偏移的那一侧上的点，或 [退出(E)/多个(M)/放弃(U)] <退出>:（在射线右侧单击）

选择要偏移的对象，或 [退出(E)/放弃(U)] <退出>:（继续选择射线）

指定要偏移的那一侧上的点，或 [退出(E)/多个(M)/放弃(U)] <退出>:（在射线左侧单击）

选择要偏移的对象，或 [退出(E)/放弃(U)] <退出>:（回车）

复制的两条射线如图 5-3（b）所示。最后将通过(0,0)点的射线删除。

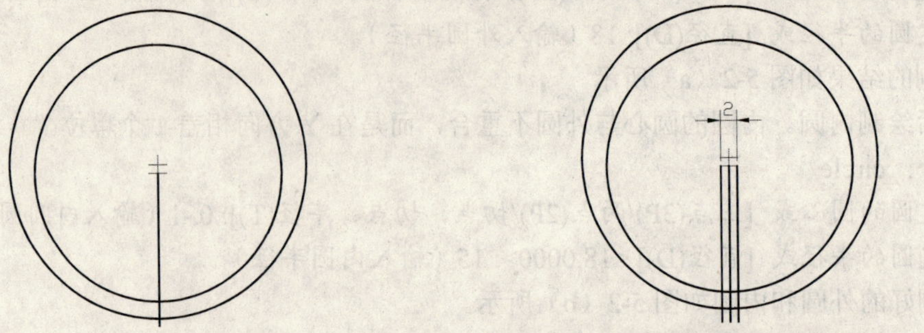

（a）绘制射线　　（b）使用偏移工具复制射线

图 5-3　绘制并偏移射线

5．绘制并复制构造线

通过上面的操作，确定了圆形内卡开口竖直线的位置，下面确定开口处水平线的位置。使用直线工具，可以绘制一条有一定长度的直线。或使用射线命令，可以绘制一条有一个起点，另一端无限长的直线。上面使用射线工具的方便之处就在于，只要确定了起点和方向（正交）就可以了，不需要关心其长度，而使用直线工具，则可能需要缩放图形以确定直线的另一端点。

下面绘制的水平线使用了构造线，可以自己尝试使用直线或射线，看哪种方法更方便。

使用构造线工具，选择刚才复制的两条射线之一与外圆的交点即可。绘制过程如下：

命令: _xline

指定点或 [水平(H)/垂直(V)/角度(A)/二等分(B)/偏移(O)]:（捕捉射线与外圆的交点）

指定通过点:（向左或向右移动鼠标并单击）（正交模式开）

指定通过点:（回车，结束命令）

或者

指定点或 [水平(H)/垂直(V)/角度(A)/二等分(B)/偏移(O)]: H（输入 H，绘制水平构造线）

指定通过点:（捕捉射线与外圆的交点）

指定通过点:（回车，结束命令）

绘制的水平构造线如图 5-4（a）所示。然后将构造线向上移动 8 个单位，方法如下：

命令: _move

选择对象:（选择构造线）

选择对象:（回车结束选择）

指定基点或[位移(D)] <位移>:（选择相切点作为基点）

指定第二个点或 <使用第一个点作为位移>: -8（输入位移）

移动的结果如图 5-4（b）所示。

6．复制并旋转射线

下面确定圆形内卡开口处的两条斜线。如果直接使用直线工具绘制，很难确定坐标，这里先复制，再进行旋转。

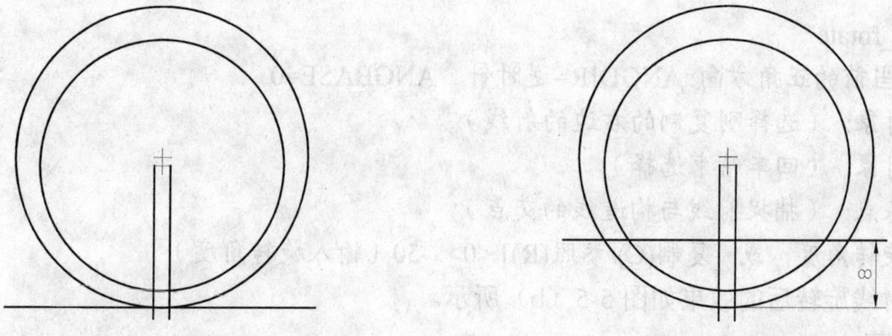

（a）绘制构造线　　（b）移动构造线

图 5-4　绘制并移动构造线

首先复制两条射线，方法如下：

命令: _copy

选择对象:（选择一条射线）

选择对象:（回车结束选择）

指定基点或 [位移(D)/模式(O)] <位移>:

指定第二个点或 <使用第一个点作为位移>: 5,0（输入位移得到右边的射线）

指定第二个点或 [退出(E)/放弃(U)] <退出>: -5,0（输入位移得到左边的射线）

指定第二个点或 [退出(E)/放弃(U)] <退出>: （回车结束复制）

复制的两条射线如图 5-5（a）所示。

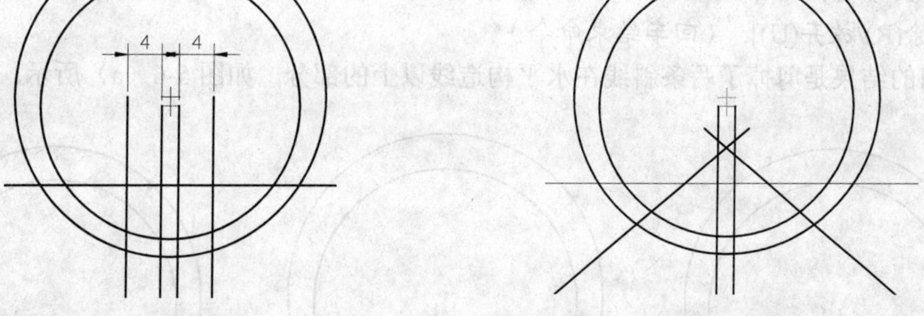

（a）复制射线　　（b）旋转射线

图 5-5　复制并旋转射线

然后将刚刚复制的射线旋转，旋转右边射线的方法如下：

命令: _rotate

UCS 当前的正角方向: ANGDIR=逆时针 ANGBASE=0

选择对象:（选择刚复制的右边的射线）

选择对象:（回车结束选择）

指定基点:（捕捉射线与构造线的交点）

指定旋转角度，或 [复制(C)/参照(R)] <0>: 50（输入旋转角度）

然后旋转左边的射线。

命令: _rotate

UCS 当前的正角方向: ANGDIR=逆时针　ANGBASE=0

选择对象: (选择刚复制的右边的射线)

选择对象: (回车结束选择)

指定基点: (捕捉射线与构造线的交点)

指定旋转角度，或 [复制(C)/参照(R)] <0>: -50(输入旋转角度)

两条射线旋转后的效果如图 5-5(b)所示。

7. 修剪

在上面绘制的射线和构造线中，显然只需要其中的一部分，多余的部分要修剪掉。进行修剪时，可以使用修剪工具，也可以使用打断或打断于点工具然后删除。下面使用修剪工具修剪。

命令: _trim

当前设置: 投影=UCS，边=无

选择剪切边...

选择对象或 <全部选择>: (选择水平构造线)

选择对象: (回车)

选择要修剪的对象，或按住 Shift 键选择要延伸的对象，或 [栏选(F)/窗交(C)/投影(P)/边(E)/删除(R)/放弃(U)]: (选择左边斜线在构造线上边的部分)

选择要修剪的对象，或按住 Shift 键选择要延伸的对象，或 [栏选(F)/窗交(C)/投影(P)/边(E)/删除(R)/放弃(U)]: (选择右边斜线在构造线上边的部分)

选择要修剪的对象，或按住 Shift 键选择要延伸的对象，或 [栏选(F)/窗交(C)/投影(P)/边(E)/删除(R)/放弃(U)]: (回车结束命令)

修剪的结果是剪掉了两条斜线在水平构造线以上的部分，如图 5-6(a)所示。

(a) 修剪　　(b) 打断并删除　　(c) 最后修剪结果

图 5-6　修剪直线

进行修剪时也可以使用打断命令或打断于点命令，将要修剪的线打断，然后删除不需要的部分，不过在线条比较多时，这样操作起来会比较麻烦。

打断的步骤如下:

命令: _break

选择对象: (选择水平构造线)

指定第二个打断点或 [第一点(F)]: _f
指定第一个打断点：（捕捉构造线与左斜线的交点）
指定第二个打断点: @
然后使用删除命令删除打断点左边的部分，效果如图 5-6（b）所示。
继续使用修剪命令修剪掉其他不需要的线段，最后的结果如图 5-6（c）所示。

8．画圆

最后的步骤是绘制用于收缩圆形内卡的圆孔。

从图 5-1 分析，要绘制的圆与其左、上、右三边距离相等都是 1，所以可以采用下面的方法。

首先使用圆工具绘制与左、上、右三边相切的圆，选择“绘图”菜单的“圆”→“相切、相切、相切”命令，或者单击“绘图”功能面板的“相切，相切，相切”图标。

命令: _circle
指定圆的圆心或 [三点(3P)/两点(2P)/相切、相切、半径(T)]: _3p
指定圆上的第一个点: _tan 到（捕捉圆到左边斜线的切点）
指定圆上的第二个点: _tan 到（捕捉圆到上边水平线的切点）
指定圆上的第三个点: _tan 到（捕捉圆到右边竖直线的切点）
结果绘制一个与 3 边相切的圆，如图 5-7（a）所示。
然后使用偏移命令将圆向内偏移一个单位，方法如下：
命令: _offset
指定偏移距离或 [通过(T)/删除(E)/图层(L)] <1.0000>: 1（输入偏移距离）
选择要偏移的对象，或 [退出(E)/放弃(U)] <退出>:（选择圆）
指定要偏移的那一侧上的点，或 [退出(E)/多个(M)/放弃(U)] <退出>:（在圆内任意点单击）
选择要偏移的对象，或 [退出(E)/放弃(U)] <退出>:（回车结束）
偏移的结果得到一个半径为 2 的圆，如图 5-7（b）所示，然后将大圆删除。

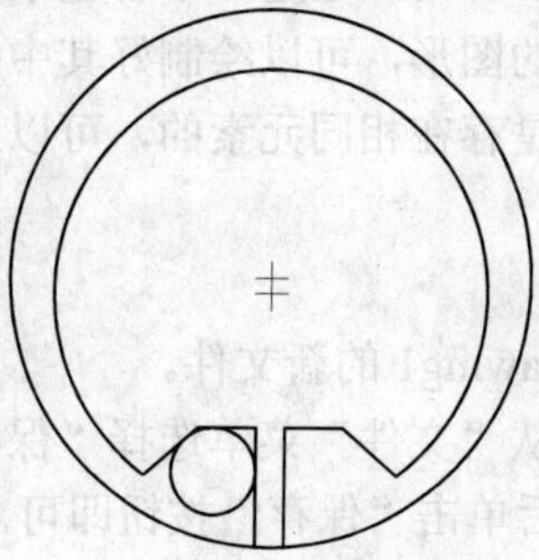
（a）绘制相切圆

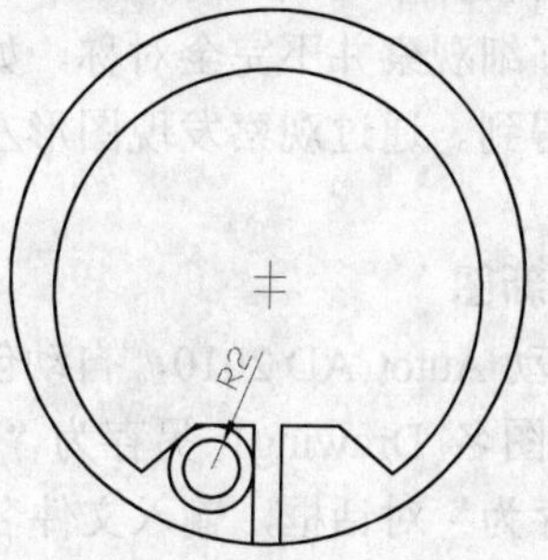

（b）偏移得到小圆

图 5-7　绘制并偏移圆

这里也可以直接绘制一个圆心为 2 的圆，不过需要计算出圆的圆心，而使用偏移的方法不需要计算出圆的圆心。

命令: _circle
指定圆的圆心或 [三点(3P)/两点(2P)/切点、切点、半径(T)]: -4,-13（输入圆心坐标）

指定圆的半径或 [直径(D)] <2.9326>: 2（输入半径）

直接绘制的圆如图 5-8（a）所示。

最后使用镜像工具复制另一个圆，方法如下：

命令: _mirror

选择对象: 找到 1 个（选择圆）

选择对象:（回车结束选择）

指定镜像线的第一点:（捕捉外圆的圆心）

指定镜像线的第二点:（捕捉内圆的圆心）

要删除源对象吗？[是（Y）/否（N）] <N>: n（输入 n，保留源对象）

镜像的结果，如图 5-8（b）所示。

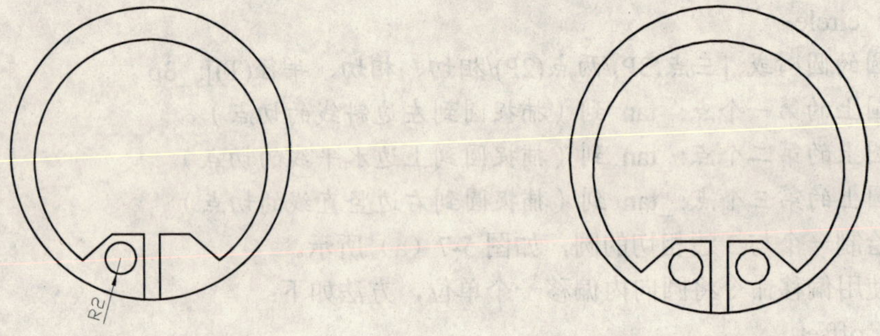

（a）指定圆心半径绘制圆　　（b）镜像复制圆

图 5-8　镜像得到最后结果

利用修剪命令，将外圆两竖线之间的部分去掉，结果如图 5-1（a）所示。

5.5.2　绘制机件平面图

要绘制的机件平面图，见图 5-1（b）。从图中可以看出，这是一个看起来像完全对称的图形，但是仔细观察并不完全对称，如果是完全对称的图形，可以绘制好其中的一半，另一半通过镜像得到。通过观察发现图形左右两半部分还是存在相同元素的，可以通过复制等操作得到。

1．建立新图

（1）启动 AutoCAD 2010，自动创建一个名为 Drawing1 的新文件。

（2）将图名 Drawing1 另存为“机件平面图”。从“文件”菜单选择“保存”选项，打开“图形另存为”对话框，输入文件名并选择好路径后单击“保存”按钮即可。

2．定义图层

为了更清楚地表达图形的线型、线宽，并且方便地管理图形对象，需要定义新的图层。本例可以按照第 1 章中介绍的常用图层进行定义。

3．绘制辅助线

根据图 5-1（b）的尺寸，绘制 4 条辅助线。

将粗实线图层设置为当前图层。

绘制辅助线，可以使用直线和射线，但在本例中，使用构造线更方便。首先绘制通过

(0,0)点的水平构造线。

打开正交模式，选择“绘图”功能面板的“构造线”工具。

命令: _xline

指定点或 [水平(H)/垂直(V)/角度(A)/二等分(B)/偏移(O)]: 0,0（输入坐标）

指定通过点:（向右移动鼠标并单击）

指定通过点:（向上移动鼠标并单击）

指定通过点:（回车结束）

结果绘制两条通过(0,0)点的相互垂直的构造线，如图 5-9（a）所示。

然后使用偏移工具，复制两条竖直的构造线。

命令: _offset

指定偏移距离或 [通过(T)/删除(E)/图层(L)] <1.0000>: 21（输入偏移距离）

选择要偏移的对象，或 [退出(E)/放弃(U)] <退出>:（选择竖直构造线）

指定要偏移的那一侧上的点，或 [退出(E)/多个(M)/放弃(U)] <退出>:（在竖直构造线右侧单击）

选择要偏移的对象，或 [退出(E)/放弃(U)] <退出>:（回车结束）

命令: _offset

指定偏移距离或 [通过(T)/删除(E)/图层(L)] <1.0000>: 25（输入偏移距离）

选择要偏移的对象，或 [退出(E)/放弃(U)] <退出>:（选择竖直构造线）

指定要偏移的那一侧上的点，或 [退出(E)/多个(M)/放弃(U)] <退出>:（在竖直构造线左侧单击）

选择要偏移的对象，或 [退出(E)/放弃(U)] <退出>:（回车结束）

结果复制了两条竖直构造线，一条在右边距中间 21，另一条在左边距中间 25，如图 5-9（b）所示。

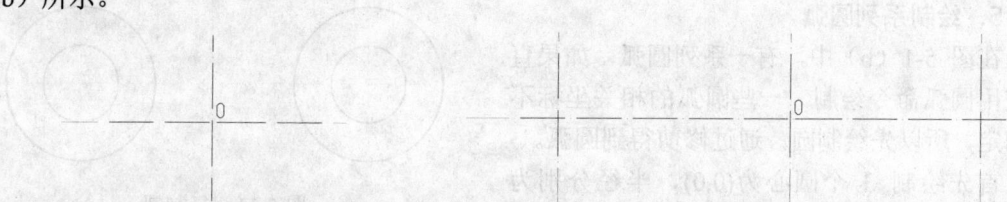

（a）绘制辅助线　　（b）偏移辅助线

图 5-9　绘制十字辅助线

4．绘制系列圆

首先绘制在图 5-10（b）中可见的两端的小圆。打开对象捕捉，设置粗实线图层为当前图层。

命令: _circle

指定圆的圆心或 [三点(3P)/两点(2P)/切点、切点、半径(T)]:（捕捉右边辅助线交点）

指定圆的半径或 [直径(D)]: 6（输入半径）

绘制的小圆如图 5-10（a）所示。然后使用偏移命令复制大圆。

命令: _offset

指定偏移距离或 [通过(T)/删除(E)/图层(L)] <1.0000>: 6（输入偏移距离）

选择要偏移的对象，或 [退出(E)/放弃(U)] <退出>:（选择刚绘制的圆）

指定要偏移的那一侧上的点，或[退出(E)/多个(M)/放弃(U)]<退出>:（在圆的外面单击）

选择要偏移的对象，或 [退出(E)/放弃(U)] <退出>:（回车退出）

偏移的结果得到一个与小圆同心的半径为 12 的圆，如图 5-10（b）所示。

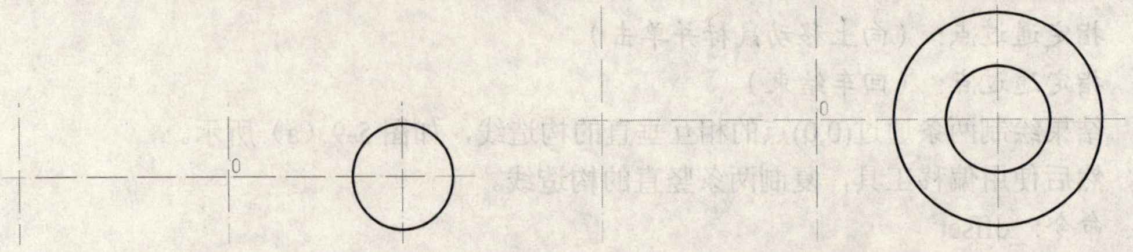

（a）小圆　　　　（b）偏移得到大圆

图 5-10　绘制并偏移圆

在图形的左侧，也有两个与右侧一样大小的圆，这里通过复制右边的两个圆得到左边的两个圆。虽然可以使用镜像工具，但是镜像的中心线不好确定。

命令: _copy

选择对象:（选择大圆一条射线）

选择对象:（选择小圆）

选择对象:（回车结束选择）

指定基点或 [位移(D)/模式(O)] <位移>:（捕捉圆的圆心）

指定第二个点或 <使用第一个点作为位移>:（捕捉左边辅助线的交点）

复制的结果如图 5-11 所示。这里左右圆的圆心都容易确定，所以选用复制命令比镜像或者偏移工具都方便。

5．绘制系列圆弧

在图 5-1（b）中，有一系列圆弧，如果直接使用圆弧命令绘制，一些圆弧的相关坐标不好确定，所以先绘制圆，通过修剪得到圆弧。

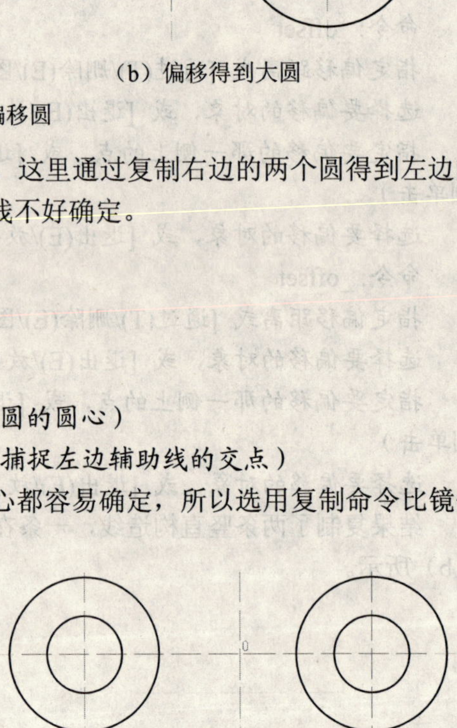

图 5-11　复制圆

首先绘制 3 个圆心为(0,0)，半径分别为 43、53 和 60 的圆。步骤如下：

命令: _circle

指定圆的圆心或 [三点(3P)/两点(2P)/切点、切点、半径(T)]:（捕捉中间辅助线交点）

指定圆的半径或 [直径(D)] <20.0000>: 43（输入半径）

命令: _circle

指定圆的圆心或 [三点(3P)/两点(2P)/切点、切点、半径(T)]:（捕捉中间辅助线交点）

指定圆的半径或 [直径(D)] <48.0000>: 53（输入半径）

命令: _circle

指定圆的圆心或 [三点(3P)/两点(2P)/切点、切点、半径(T)]:（捕捉中间辅助线交点）

指定圆的半径或 [直径(D)] <53.0000>: 60（输入半径）

然后绘制半径为 20 的圆，该圆圆心不在(0,0)点，而是稍微偏左，为(-2,0)。

命令: _circle

指定圆的圆心或 [三点(3P)/两点(2P)/切点、切点、半径(T)]: -2,0（输入圆心坐标）

指定圆的半径或 [直径(D)] <6.0000>: 20（输入半径）

绘制的 3 个同心圆和另一个半径为 20 的圆如图 5-12 所示。

接下来绘制两条斜线以确定修剪的边界。

首先打开极轴追踪，并设置追踪角度的增量为 30°，如图 5-13 所示。

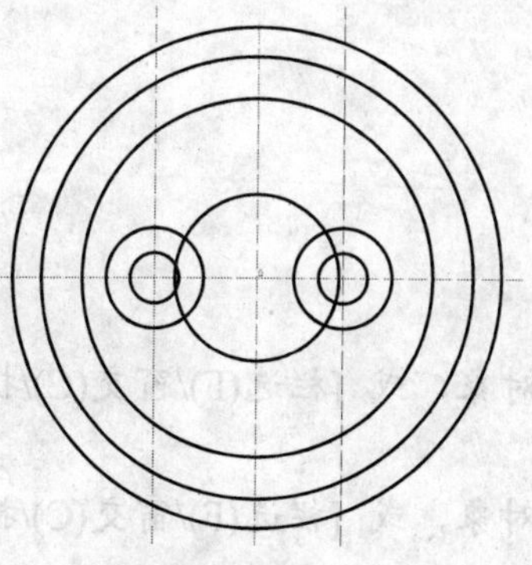

图 5-12 绘制系列圆

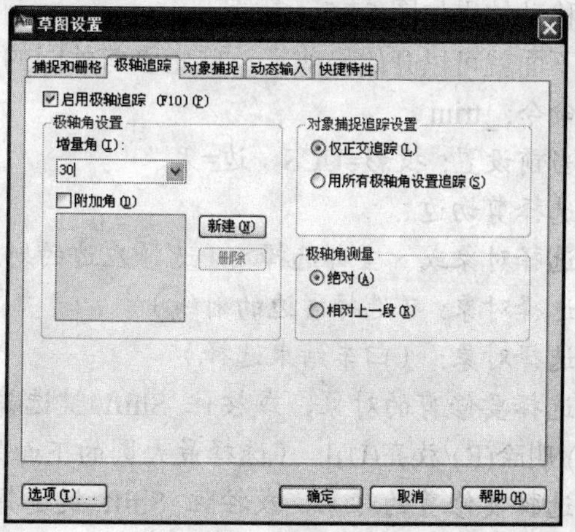

图 5-13 设置增量角

然后绘制两条射线，选择“绘图”菜单的“射线”命令，或单击“绘图”功能面板的“射线”图标。

命令: _ray

指定起点:（捕捉中间的辅助线交点）

指定通过点:（向右上方移动鼠标，当系统提示为 60°时单击）

指定通过点:（继续向左移动鼠标，当系统提示为 120°时单击）

指定通过点:（回车结束）

绘制的结果如图 5-14 所示。

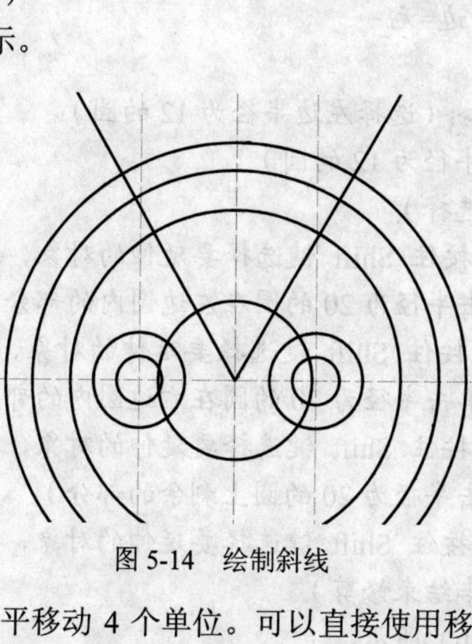

图 5-14 绘制斜线

左边的斜线还需要向左水平移动 4 个单位。可以直接使用移动命令，也可以使用偏移命令复制，然后删除源对象。这里使用移动命令。

命令: _move

选择对象:（选择左边的射线）

选择对象:（回车结束选择）

指定基点或 [位移(D)] <位移>:（捕捉射线端点）

指定第二个点或 <使用第一个点作为位移>: -4,0（输入坐标）

移动结果如图 5-15（a）所示。

下面就可以开始修剪了。首先修剪外围的大圆。

命令: _trim

当前设置: 投影=UCS，边=无

选择剪切边...

选择对象或 <全部选择>:（选择左边的射线）

选择对象:（选择右边的射线）

选择对象:（回车结束选择）

选择要修剪的对象，或按住 Shift 键选择要延伸的对象，或 [栏选(F)/窗交(C)/投影(P)/边(E)/删除(R)/放弃(U)]:（选择最大圆的下面的部分）

选择要修剪的对象，或按住 Shift 键选择要延伸的对象，或 [栏选(F)/窗交(C)/投影(P)/边(E)/删除(R)/放弃(U)]:（选择次大圆的下面的部分）

选择要修剪的对象，或按住 Shift 键选择要延伸的对象，或 [栏选(F)/窗交(C)/投影(P)/边(E)/删除(R)/放弃(U)]:（选择第三大圆的下面的部分）

选择要修剪的对象，或按住 Shift 键选择要延伸的对象，或 [栏选(F)/窗交(C)/投影(P)/边(E)/删除(R)/放弃(U)]:（回车结束修剪）

修剪的结果如图 5-15（a）所示。

然后修剪半径为 20 的圆。

命令: _trim

当前设置: 投影=UCS，边=无

选择剪切边...

选择对象或 <全部选择>:（选择左边半径为 12 的圆）

选择对象:（选择左边半径为 12 的圆）

选择对象:（回车结束选择）

选择要修剪的对象，或按住 Shift 键选择要延伸的对象，或[栏选(F)/窗交(C)/投影(P)/边(E)/删除(R)/放弃(U)]:（单击半径为 20 的圆在左边圆内的部分）

选择要修剪的对象，或按住 Shift 键选择要延伸的对象，或 [栏选(F)/窗交(C)/投影(P)/边(E)/删除(R)/放弃(U)]:（单击半径为 20 的圆在右边圆内的部分）

选择要修剪的对象，或按住 Shift 键选择要延伸的对象，或[栏选(F)/窗交(C)/投影(P)/边(E)/删除(R)/放弃(U)]:（单击半径为 20 的圆上剩余的部分）

选择要修剪的对象，或按住 Shift 键选择要延伸的对象，或[栏选(F)/窗交(C)/投影(P)/边(E)/删除(R)/放弃(U)]:（回车结束修剪）

修剪的结果如图 5-15（b）所示。

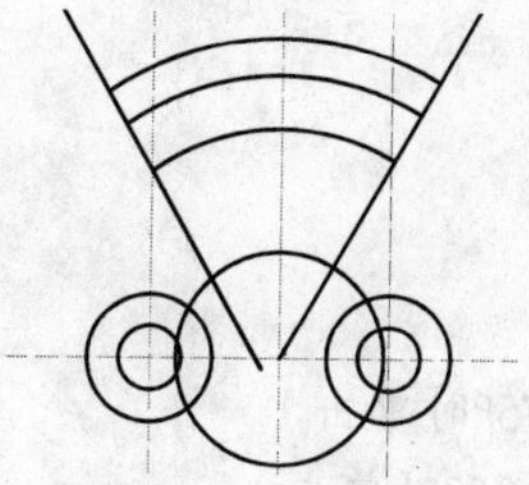

（a）修剪外围圆

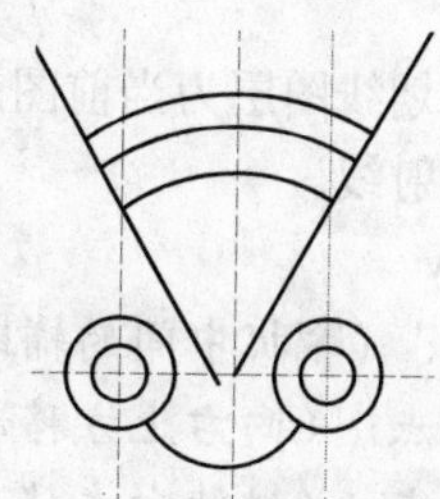

（b）修剪下部圆

图 5-15　修剪圆弧

6．倒圆角

接下来的工作就是倒圆角，首先对上边的弧线与射线进行圆角处理，步骤如下：

命令: _fillet

当前设置: 模式 = 修剪，半径 = 10.0000

选择第一个对象或 [放弃(U)/多段线(P)/半径(R)/修剪(T)/多个(M)]: r（选择半径）

指定圆角半径 <10.0000>: 5（输入半径）

选择第一个对象或 [放弃(U)/多段线(P)/半径(R)/修剪(T)/多个(M)]: （选择左边的射线）

选择第二个对象，或按住 Shift 键选择要应用角点的对象:（选择最上边的弧线）

同样的方法对右边的射线与上弧线进行圆角处理，结果如图 5-16（a）所示。

然后对斜线与圆进行圆角处理，步骤如下：

命令: _fillet

当前设置: 模式 = 修剪，半径 = 5.0000

选择第一个对象或 [放弃(U)/多段线(P)/半径(R)/修剪(T)/多个(M)]: r（选择半径）

指定圆角半径 <5.0000>: 8（输入半径）

选择第一个对象或 [放弃(U)/多段线(P)/半径(R)/修剪(T)/多个(M)]: （选择左边的斜线）

选择第二个对象，或按住 Shift 键选择要应用角点的对象:（选择左边的大圆）

同样的方法对右边的斜线与大圆线进行圆角处理，结果如图 5-16（b）所示。

对下边的弧线与大圆也进行圆角处理，圆角的半径为 8，结果如图 5-16（c）所示。

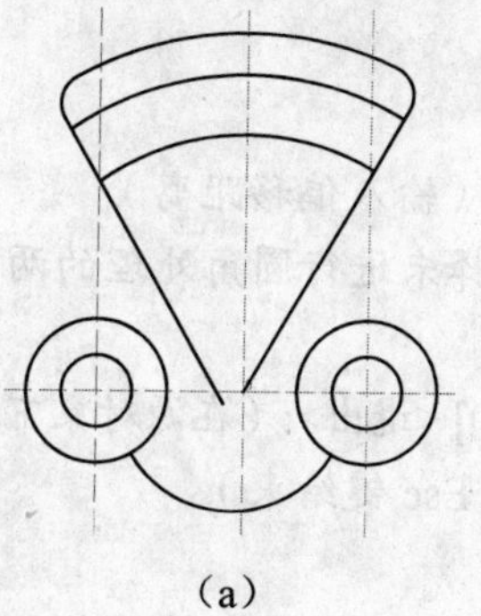

（a）

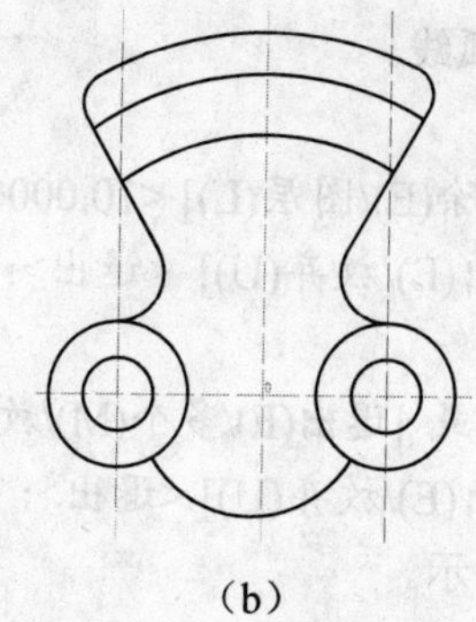

（b）

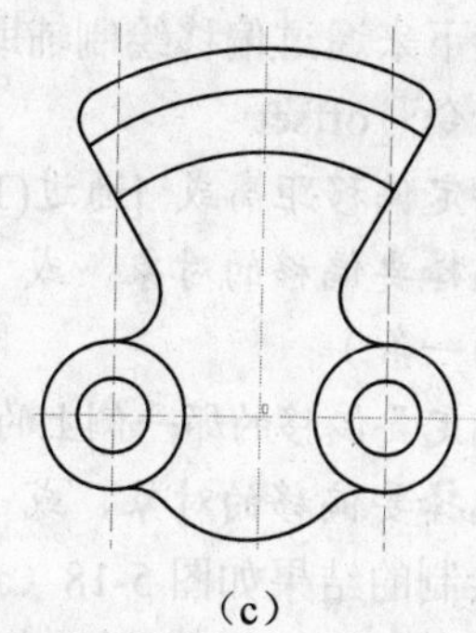

（c）

图 5-16　圆角

7．绘制内部弧线

首先打开极轴追踪，并设置追踪角度的增量为 15°。

设置细点划线图层为当前图层。

绘制两条射线。

命令: _ray

指定起点: （捕捉中间的辅助线交点）

指定通过点: （向右上方移动鼠标，当系统提示为 75°时单击）

指定通过点: （继续向左移动鼠标，当系统提示为 105°时单击）

指定通过点: （回车结束）

绘制的结果如图 5-17（a）所示。

左边的斜线还需要向左水平移动 4 个单位。可以直接使用移动命令，也可以使用偏移命令复制，然后删除源对象。

命令: _offset

指定偏移距离或 [通过(T)/删除(E)/图层(L)] <10.0000>: 4（输入偏移距离）

选择要偏移的对象，或 [退出(E)/放弃(U)] <退出>:（选择左边的斜射线）

指定要偏移的那一侧上的点，或 [退出(E)/多个(M)/放弃(U)] <退出>:（在其左侧单击）

选择要偏移的对象，或 [退出(E)/放弃(U)] <退出>:（回车结束命令）

偏移的结果如图 5-17（b）所示。然后将偏移的源对象删除。

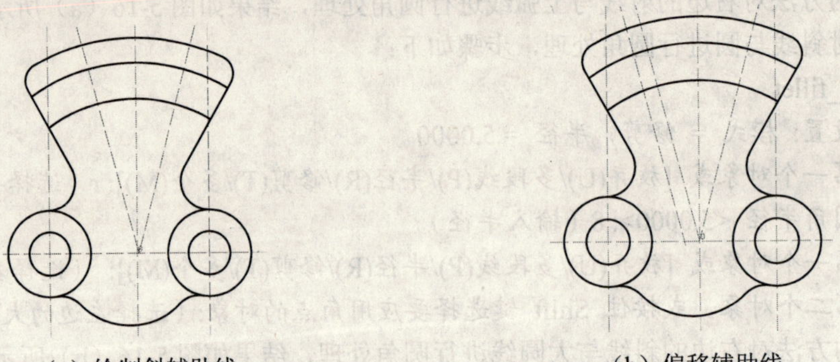

（a）绘制斜辅助线　　（b）偏移辅助线

图 5-17　绘制两条辅助线

接下来通过偏移绘制辅助圆弧线。

命令: _offset

指定偏移距离或 [通过(T)/删除(E)/图层(L)] <10.0000>: 5（输入偏移距离）

选择要偏移的对象，或 [退出(E)/放弃(U)] <退出>:（选择未进行圆角处理的两条圆弧的上边的一条）

指定要偏移的那一侧上的点，或 [退出(E)/多个(M)/放弃(U)] <退出>:（在源对象下边单击）

选择要偏移的对象，或 [退出(E)/放弃(U)] <退出>: （按 Esc 键结束）

绘制的结果如图 5-18（a）所示。

然后将偏移得到的圆弧改变线型。选择该圆弧，在“图层”功能面板中选择细点划线图层，即将该线放置在该图层，该线也变为细点划线，结果如图 5-18（b）所示。

最后绘制两端半径为 5 的圆弧，可以直接绘制圆弧，也可以先绘制圆，然后通过修剪得到圆弧。

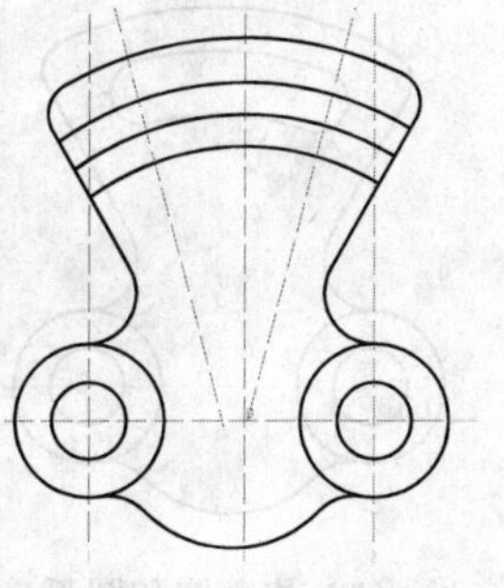

（a）偏移圆弧

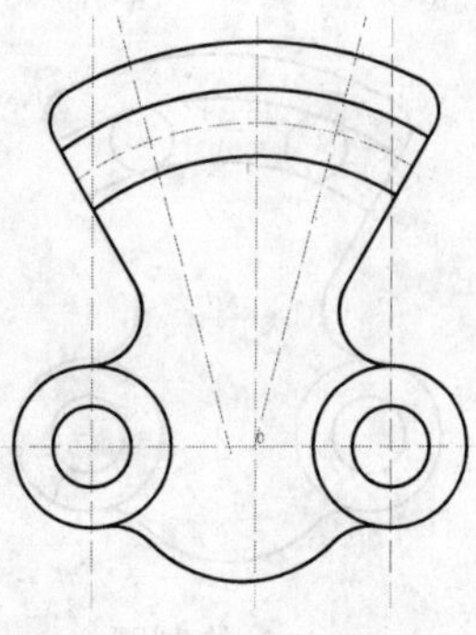

（b）改变线型

图 5-18　复制圆弧

首先绘制一个圆。

命令: _circle

指定圆的圆心或 [三点(3P)/两点(2P)/切点、切点、半径(T)]:（捕捉左侧射线与辅助圆弧的交点）

指定圆的半径或 [直径(D)] <5.0000>: 5（输入半径）

用同样的方法绘制右边的圆。绘制的半径为 5 的两个圆如图 5-19（a）所示。

然后进行修剪，剪去多余的半圆。

命令: _trim

当前设置: 投影=UCS，边=无

选择剪切边...

选择对象或 <全部选择>:（选择左边的斜辅助线）

选择对象:（选择左边的斜辅助线）

选择对象:（回车结束选择）

选择要修剪的对象，或按住 Shift 键选择要延伸的对象，或 [栏选(F)/窗交(C)/投影(P)/边(E)/删除(R)/放弃(U)]:（选择左边的圆的右半部分）

选择要修剪的对象，或按住 Shift 键选择要延伸的对象，或 [栏选(F)/窗交(C)/投影(P)/边(E)/删除(R)/放弃(U)]:（选择右边的圆的左半部分）

选择要修剪的对象，或按住 Shift 键选择要延伸的对象，或 [栏选(F)/窗交(C)/投影(P)/边(E)/删除(R)/放弃(U)]:（选择上边圆弧的左端）

选择要修剪的对象，或按住 Shift 键选择要延伸的对象，或 [栏选(F)/窗交(C)/投影(P)/边(E)/删除(R)/放弃(U)]:（选择下边圆弧的左端）

选择要修剪的对象，或按住 Shift 键选择要延伸的对象，或 [栏选(F)/窗交(C)/投影(P)/边(E)/删除(R)/放弃(U)]:（选择上边圆弧的右端）

选择要修剪的对象，或按住 Shift 键选择要延伸的对象，或 [栏选(F)/窗交(C)/投影(P)/边(E)/删除(R)/放弃(U)]:（选择下边圆弧的右端）

修剪的结果如图 5-19（b）所示。

本例中也可以直接绘制圆弧，但是要先修剪掉上、下弧线的多余部分，修剪的结果如图 5-20（a）所示。

然后使用圆弧工具绘制圆弧。

（a）绘制圆　　　　　　　　　　　（b）修剪圆和圆弧

图 5-19　修剪得到圆弧

命令: _arc

指定圆弧的起点或 [圆心（C）]: c（选择圆心方式）

指定圆弧的圆心: （捕捉辅助圆弧与左斜线的交点）

指定圆弧的起点: （捕捉上边圆弧的左端点）

指定圆弧的端点或 [角度(A)/弦长（L）]: （捕捉下边圆弧的左端点）

绘制的结果如图 5-20（b）所示。

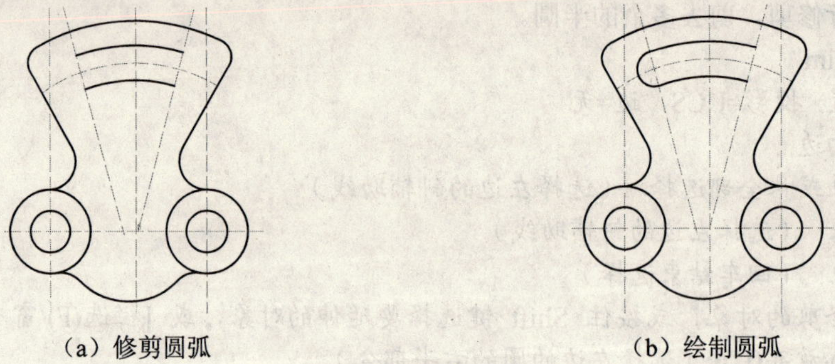

（a）修剪圆弧　　　　　　　　　　　（b）绘制圆弧

图 5-20　直接绘制圆弧

同样绘制右边的圆弧。

8. 修剪中心线

在前面绘图过程中绘制的辅助线，不是射线就是构造线，而最后只是需要保留其中的一部分作为中心线，所以要把多余的部分修剪掉。

这里可以使用“打断于点”工具。首先将辅助线打断，然后删除不需要的部分即可。例如对于水平辅助线的右边部分进行处理，步骤如下：

命令: _break

选择对象: （选择水平中心线）

指定第二个打断点或 [第一点（F）]: （在其右边半径为 12 的圆的外侧适当处单击）

即将水平辅助线分为两部分，然后使用删除工具将右边的部分删除，结果如图 5-21（a）所示。

然后使用同样的方法将水平辅助线左边的部分删除。同样对其他辅助线进行相应的处理，最终保留的中心线的结果如图 5-21（b）所示。

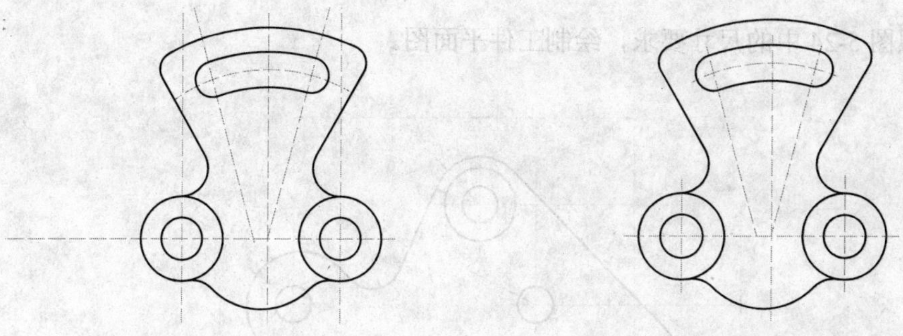

（a）修剪水平中心线　　　　（b）修剪其他中心线

图 5-21　修剪中心线

5.6　课后练习

1．按照图 5-22 中的尺寸，绘制圆形外卡图形。

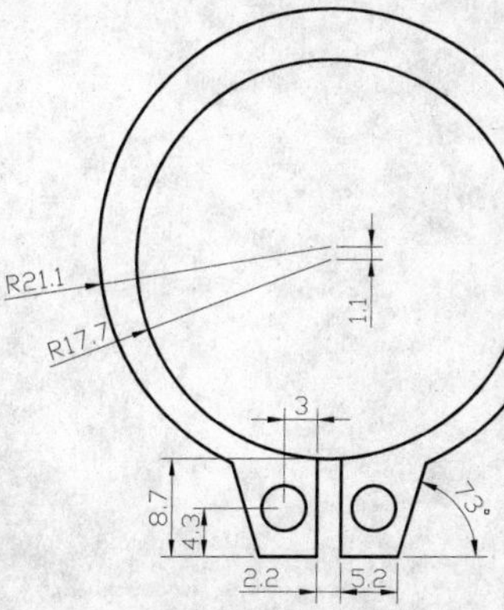

图 5-22　圆形外卡图

2．按照图 5-23 中的尺寸要求，绘制吊钩图。

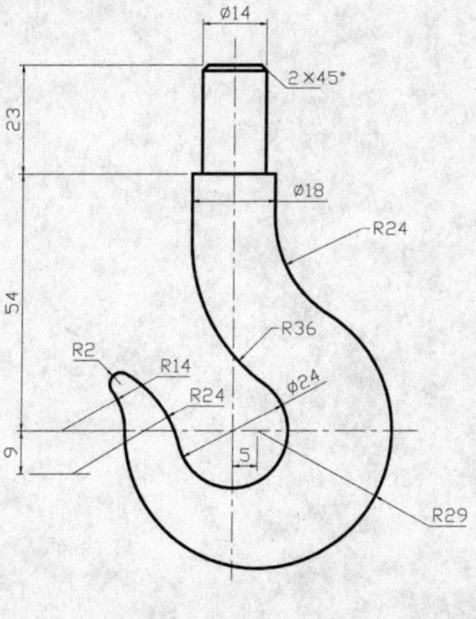

图 5-23　吊钩图

3．按照图 5-24 中的尺寸要求，绘制工件平面图。

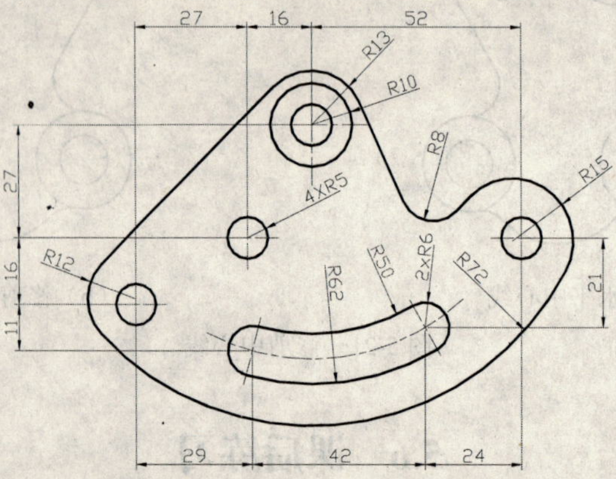

图 5-24　工件平面图

第 6 章　编辑并填充图形

6.1　实验目的

本章通过轴套主视图和剖视图的绘制，练习常用绘图工具和编辑工具的使用，学习编辑图形和填充的基本方法，掌握在 AutoCAD 2010 中编辑图形的常用方法，通过对比方式，练习使用不同工具处理同一问题。

（1）熟悉绘图和修改功能面板中的工具。

（2）进一步掌握直线、射线、圆等常用绘图工具的用法。

（3）掌握偏移、镜像、阵列、打断、修剪等修改工具及夹点编辑方法。

（4）巩固正交、对象捕捉、极轴追踪等绘图方式。

（5）熟悉倒直角方法。

（6）掌握图案填充的方法。

（7）理解通过投影法绘制多视图的过程。

（8）理解主视图和剖视图的画法。

6.2　实验要求

（1）按照图中所示的尺寸 1:1 画图。

（2）在绘制过程中，比较使用不同的工具处理相同问题的方法。

6.3　实验准备工作

（1）阅读教材相关章节内容。

（2）复习直线、射线、圆等绘图命令。

（3）复习偏移、镜像、阵列、打断、修剪等编辑命令。

（4）复习极轴追踪、对象捕捉、正交等辅助功能。

（5）复习图案填充的应用。

（6）复习图层、线型、颜色等的设置和修改方法。

（7）复习夹点概念及夹点编辑方法。

6.4　实验说明

（1）绘制图形时，要很好地表现实物的面貌，往往要绘制多个视图以便从不同的方向表现物体，如三视图、剖视图等。

（2）本例通过绘制主视图和全剖视图表现其内外部结构。

（3）绘制多视图图形时，一种视图的位置关系往往可以通过投影从另外一种视图得到，这是绘制多视图图形常用的方法。

本章中的图层可采用第 1 章中的设置。

6.5 实验指导

6.5.1 绘制轴套主视图

轴套主视图及其具体尺寸如图 6-1 所示。

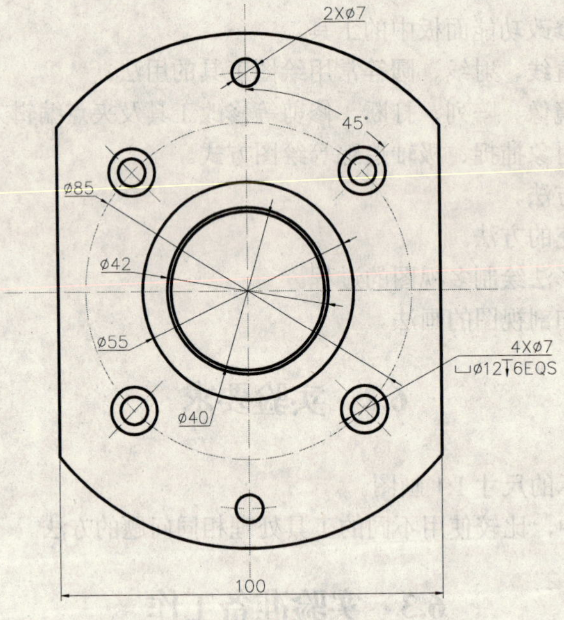

图 6-1 轴套主视图

轴套主视图主要由同心圆和其他规律分布的圆构成。绘图时可以先绘制同心圆，再确定小圆圆心并绘制小圆。鉴于图形中小圆的对称分布，可以使用阵列工具，也可以使用镜像工具。

1．建立新图，并命名为“轴套视图”

2．定义图层

按照第 1 章中介绍的常用图层进行定义。

3．绘制中心线

使用“图层”功能面板，设置细点划线图层为当前图层。

绘制中心线：打开正交模式，绘制两条相互垂直的构造线直线，作为中心线（最后再进行修剪）。

选择“绘图”功能面板中的“构造线”按钮，系统提示：

命令: _xline

指定点或 [水平(H)/垂直(V)/角度(A)/二等分(B)/偏移(O)]: 0,0（输入坐标）

指定通过点:（向右移动鼠标并单击）

指定通过点:（向上移动鼠标并单击）

指定通过点:（回车结束）

结果绘制两条通过(0,0)点的相互垂直的构造线，如图 6-2 所示。选择(0,0)点作为中心线交点的目的是方便确定其他点的位置。

4．绘制同心圆

（1）绘制第一个圆。

下面开始绘制 5 个同心圆。首先绘制直径为 40 的圆 A。

使用“图层”功能面板，设置细点划线图层为当前图层。打开对象捕捉方式。

选择圆工具，命令行提示如下：

命令: _circle

指定圆的圆心或 [三点(3P)/两点(2P)/切点、切点、半径(T)]: 0,0（捕捉中心线交点）

指定圆的半径或 [直径(D)]: d（直径方式）

指定圆的直径: 40（输入直径 40，回车，完成圆的绘制）

以新原点为中心，以 40 为直径绘制的圆 A 如图 6-3 所示。

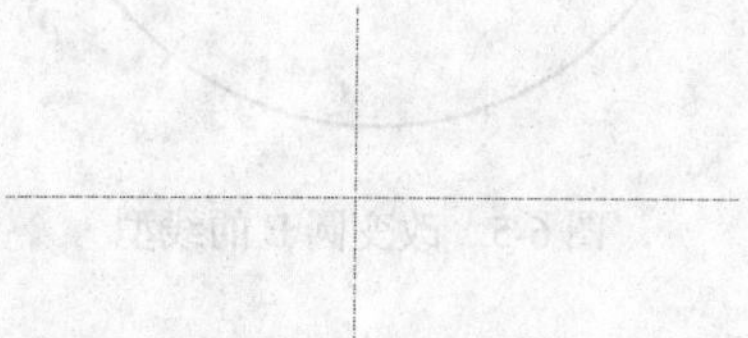

图 6-2　绘制中心线

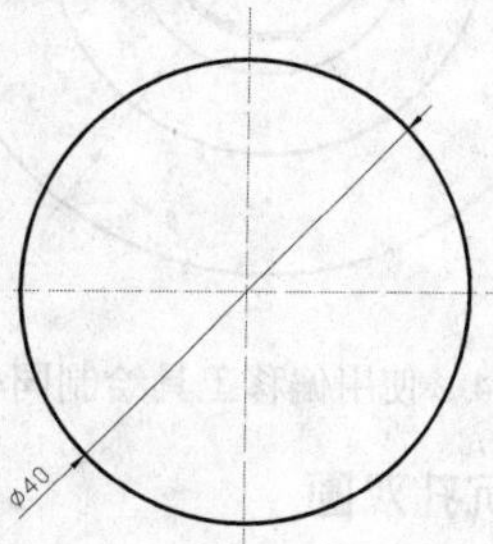

图 6-3　绘制圆 A

（2）绘制其他同心圆。

依次绘制其他 4 个同心圆，直径分别为 42、55、130 和 85。可以采用与圆 A 同样的方法。这里采用偏移工具绘制其他 3 个同心圆，相对于圆 A 偏移的距离分别为 1、7.5、45 和 22.5。

使用偏移工具，命令行提示如下：

命令: _offset

指定偏移距离或 [通过(T)/删除(E)/图层(L)] <通过>:1（输入偏移距离）

选择要偏移的对象，或 [退出(E)/放弃(U)] <退出>:（选择圆 A）

指定要偏移的那一侧上的点，或 [退出(E)/多个(M)/放弃(U)] <退出>:（在圆 A 外单击，得到圆 B）

选择要偏移的对象，或 [退出(E)/放弃(U)] <退出>:（回车，结束偏移）

回车，继续执行偏移命令。

命令: OFFSET

指定偏移距离或 [通过(T)/删除(E)/图层(L)] <通过>: 7.5（输入偏移距离）

选择要偏移的对象，或 [退出(E)/放弃(U)] <退出>:（选择圆 A）

指定要偏移的那一侧上的点，或 [退出(E)/多个(M)/放弃(U)] <退出>（在圆 A 外单击，得到圆 C）

选择要偏移的对象，或 [退出(E)/放弃(U)] <退出>:（回车，结束偏移）

回车，继续执行偏移命令绘制另外两个同心圆。

偏移得到圆 B、圆 C、圆 D 和圆 E，如图 6-4 所示。

接下来需要改变圆 E 的线型。通过偏移得到的圆 E 只是一个参考圆，其线型应该为细点划线。但是偏移得到的目标对象与源对象的特性是一样的，所以需要改变其线型。首先选择圆 E，然后在“图层”功能面板的“图层控制”下拉列表中选择细点划线图层，则圆 E 的线型变为细点划线，颜色也改变为细点划线图层的颜色，如图 6-5 所示。

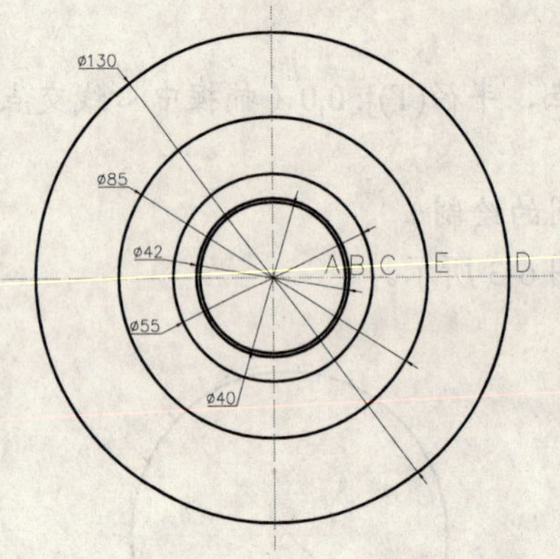

图 6-4 使用偏移工具绘制同心圆

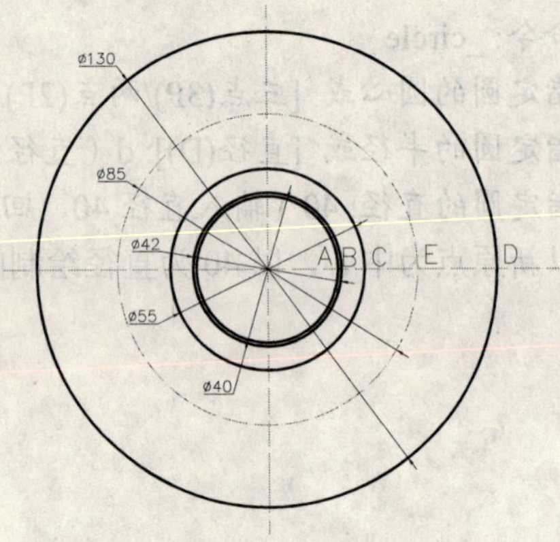

图 6-5 改变圆 E 的线型

5. 绘制沉孔双圆

（1）绘制辅助线。

要绘制的 4 对小圆，其圆心与原点的连线与水平方向夹角为 45°。圆心坐标不好定位，可以通过辅助线定位其圆心。绘制通过中心线交点，与垂直和水平方向分别成 45°角的两条斜线，这两条斜线与圆 E 的交点就是要确定的小圆圆心。

绘制 45°斜线的方式有多种，下面先使用极轴追踪的方式绘制。

首先设置极轴角的增量量角为 45°。

使用直线工具，捕捉中心线交点作为一点，沿与水平线成 45°的方向移动鼠标到圆 D，系统提示“极轴：交点”，单击选取端点，回车，结束直线的绘制，结果如图 6-6 所示。

（2）绘制沉孔同心双圆。

下面绘制沉孔的同心圆。

命令: _circle

指定圆的圆心或 [三点(3P)/两点(2P)/切点、切点、半径(T)]: 0,0（捕捉辅助线与圆 E 的交点）

指定圆的半径或 [直径(D)]: d（直径方式）

指定圆的直径: 7（输入直径 7，回车，完成圆的绘制）

同样绘制直径为 12 的圆，绘制的两个同心圆如图 6-7 所示。

（3）复制另外的 3 对沉孔圆。

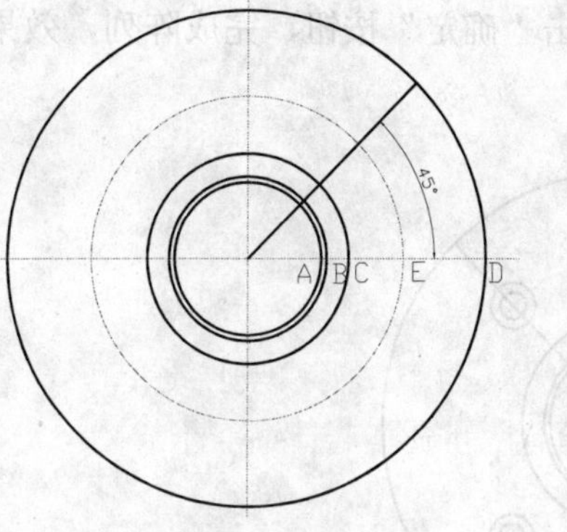

图 6-6　极轴追踪方式绘制 45°斜线

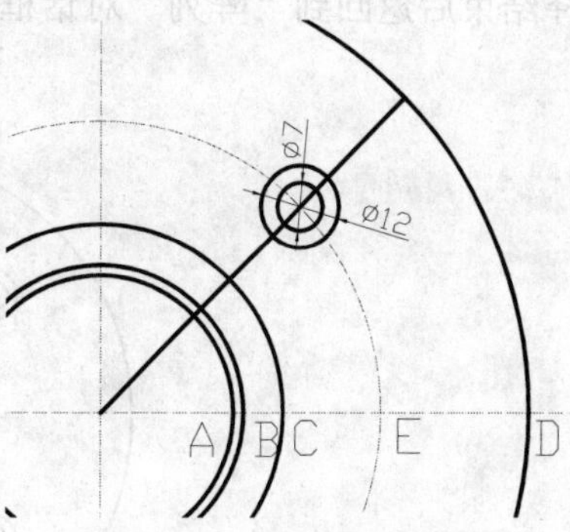

图 6-7　绘制沉孔同心圆

要复制另外 3 处的沉孔双圆，可以使用复制工具或偏移工具，但是另外 3 处圆心不好确定，操作也比较麻烦。

从图 6-1 可以看出，这 4 对沉孔圆均匀分布，可以考虑采用阵列工具。

选择“修改”功能面板的“阵列”按钮，打开“阵列”对话框，如图 6-8 所示。

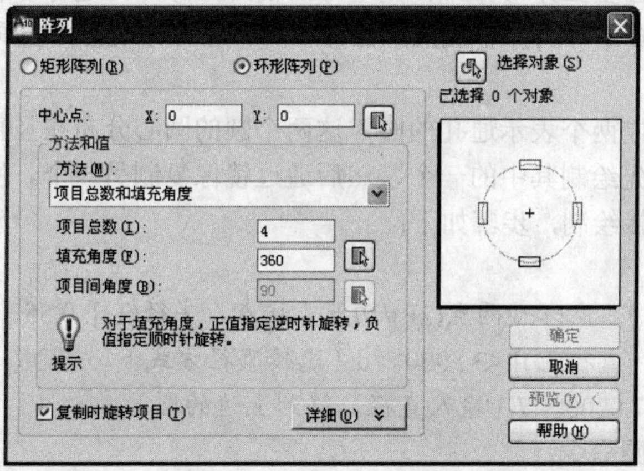

图 6-8　“阵列”对话框

在“阵列”对话框中，选中“环形阵列”，单击“拾取中心点”按钮，返回到绘图区域，捕捉中心线的交点，返回到“阵列”对话框。也可以在“中心点”坐标输入栏中直接输入坐标。

设置“项目总数”为 4，“填充角度”为 360°。“复制时旋转项目”可选择也可以不选择，因为要阵列的对象是圆。

在“阵列”对话框中，单击“选择对象”按钮，返回到绘图区，选择对象，系统提示如下：

命令: _array
指定阵列中心点：（捕捉中心线交点即原点）
选择对象：（选择沉孔小圆）
选择对象：（选择沉孔大圆）
选择对象：（回车结束选择）

选择结束后返回到“阵列”对话框，这时单击“确定”按钮，完成阵列，效果如图 6-9 所示。

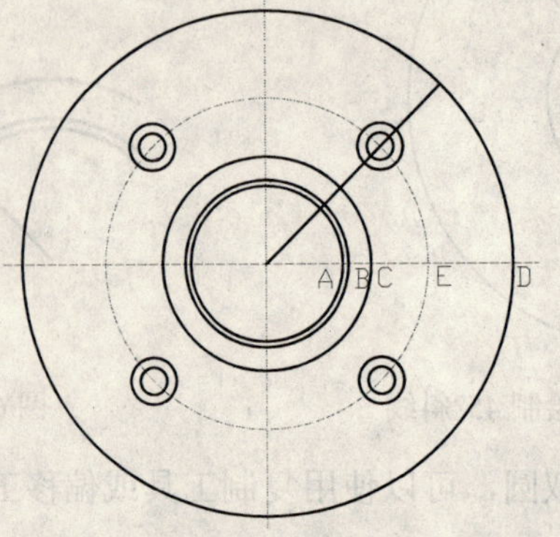

图 6-9 阵列效果

完成阵列后，将辅助线删除即可。

思考：4 对沉孔圆呈正方形分布，完全可以使用矩形阵列进行复制，这里却没有采用矩形阵列，而是采用了环形阵列。如果采用矩形阵列，在哪方面会比较麻烦？

6. 绘制通孔圆

在图中还需要绘制两个表示通孔的圆，这两个圆的圆心分布在竖直中心线上，上下与水平中心线对称，可以先绘制其中的一个，然后通过镜像复制另一个。但是这里两个圆的圆心很容易确定，可以直接绘制，步骤如下：

命令: _circle

指定圆的圆心或 [三点(3P)/两点(2P)/切点、切点、半径(T)]: 0,55（输入上圆圆心）

指定圆的半径或 [直径(D)] <3.5000>: d（选择直径方式）

指定圆的直径 <7.0000>: 7（输入直径，得到上边的圆）

回车，继续执行圆命令：

命令: CIRCLE

指定圆的圆心或 [三点(3P)/两点(2P)/切点、切点、半径(T)]: 0,-55（输入下边圆的圆心）

指定圆的半径或[直径(D)] <3.5000>: d（选择直径方式）

指定圆的直径 <7.0000>: 7（输入直径，得到下圆）

绘制的两个通孔圆如图 6-10 所示。

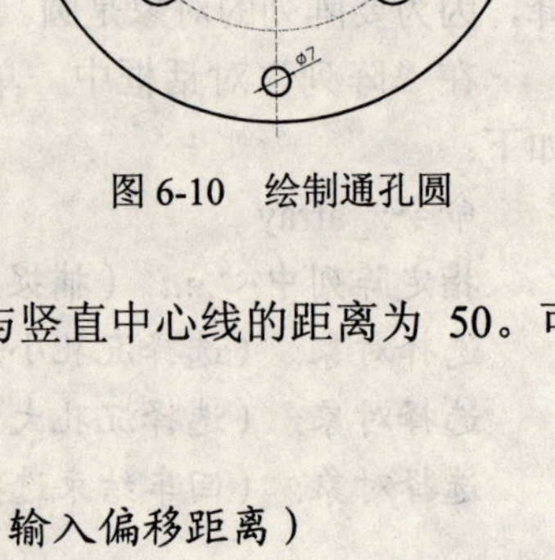

图 6-10 绘制通孔圆

7. 修剪轮廓线

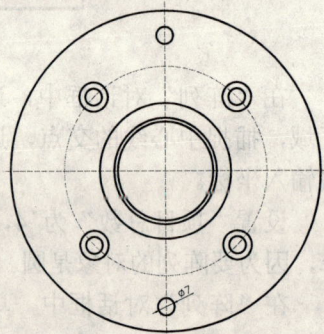

轴套的外围轮廓并不是完整的圆，所以需要对目前的图形进行进一步处理。

（1）绘制辅助线。

首先绘制两条竖直辅助线，以确定两边的直线边界，其与竖直中心线的距离为 50。可以使用偏移工具绘制，步骤如下：

命令: _offset

指定偏移距离或 [通过(T)/删除(E)/图层(L)] <5.0000>: 50（输入偏移距离）

选择要偏移的对象，或 [退出(E)/放弃(U)] <退出>:（选择竖直中心线）

指定要偏移的那一侧上的点，或 [退出(E)/多个(M)/放弃(U)] <退出>:（在竖直中心线左侧单击，得到左边的竖直辅助线）

选择要偏移的对象，或 [退出(E)/放弃(U)] <退出>:（选择竖直中心线）

指定要偏移的那一侧上的点，或 [退出(E)/多个(M)/放弃(U)] <退出>:（在竖直中心线右侧单击，得到右边的竖直辅助线）

选择要偏移的对象，或 [退出(E)/放弃(U)] <退出>:（回车结束偏移）

偏移的结果绘制了两条与竖直中心线平行、相距 50 的辅助线，如图 6-11 所示。其线型与竖直中心线保持一致，所以还要改变其线型。

选择要改变线型的两条辅助线，然后在“图层”功能面板的“图层控制”下拉列表中选择粗实线图层，则两条线的线型变为粗实线，颜色也改变为粗实线图层的颜色，如图 6-12 所示。

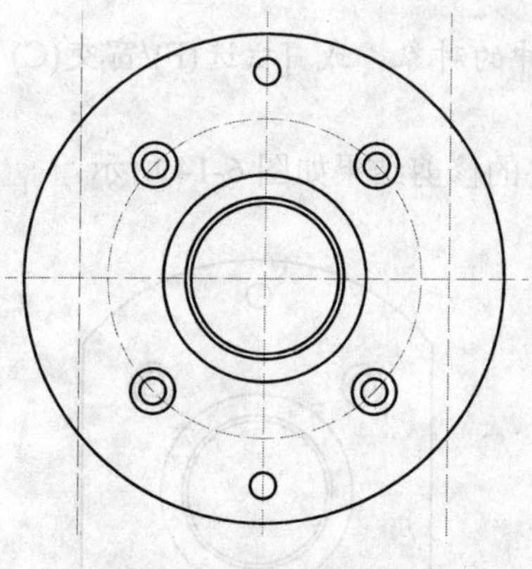

图 6-11　绘制辅助线

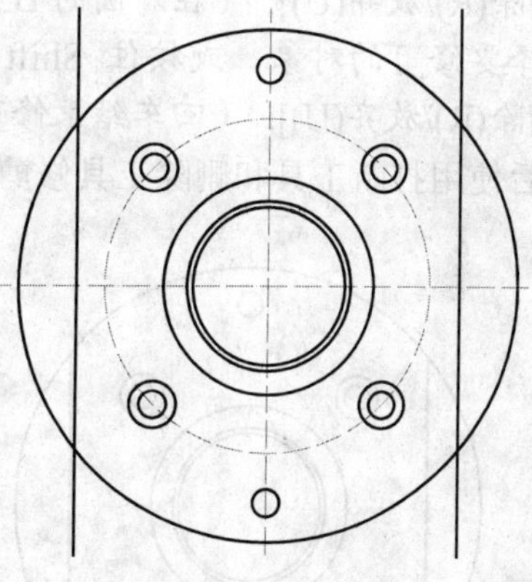

图 6-12　改变线型

（2）修剪。

最后的工作是对图形进行修剪，修剪掉多余的直线和弧线。首先修剪直线，步骤如下：

命令: _trim

当前设置: 投影=UCS，边=无

选择剪切边...

选择对象或 <全部选择>:（选择在最外面的圆）

选择对象:（回车结束选择）

选择要修剪的对象，或按住 Shift 键选择要延伸的对象，或 [栏选(F)/窗交(C)/投影(P)/边(E)/删除(R)/放弃(U)]:（在左边的辅助线上方外圆外的任意部分单击）

选择要修剪的对象，或按住 Shift 键选择要延伸的对象，或 [栏选(F)/窗交(C)/投影(P)/边(E)/删除(R)/放弃(U)]:（在左边的辅助线下方外圆外的任意部分单击）

选择要修剪的对象，或按住 Shift 键选择要延伸的对象，或 [栏选(F)/窗交(C)/投影(P)/边(E)/删除(R)/放弃(U)]:（在右边的辅助线上方外圆外的任意部分单击）

选择要修剪的对象，或按住 Shift 键选择要延伸的对象，或 [栏选(F)/窗交(C)/投影(P)/边(E)/删除(R)/放弃(U)]:（在右边的辅助线下方外圆外的任意部分单击）

选择要修剪的对象，或按住 Shift 键选择要延伸的对象，或 [栏选(F)/窗交(C)/投影(P)/边(E)/删除(R)/放弃(U)]:（回车结束修剪）

修剪的结果剪去了两条线在圆外的部分，如图 6-13 所示。

接着对外圆进行修剪。

命令: _trim

当前设置: 投影=UCS，边=无

选择剪切边...

选择对象或 <全部选择>:（选择刚刚修剪得到的左边的线）

选择对象:（选择刚刚修剪得到的右边的线）

选择对象:（回车结束选择）

选择要修剪的对象，或按住 Shift 键选择要延伸的对象，或 [栏选(F)/窗交(C)/投影(P)/边(E)/删除(R)/放弃(U)]:（在外圆的 A 处单击）

选择要修剪的对象，或按住 Shift 键选择要延伸的对象，或 [栏选(F)/窗交(C)/投影(P)/边(E)/删除(R)/放弃(U)]:（在外圆的 B 处单击）

选择要修剪的对象，或按住 Shift 键选择要延伸的对象，或 [栏选(F)/窗交(C)/投影(P)/边(E)/删除(R)/放弃(U)]:（回车结束修剪）

最后使用打断工具和删除工具修剪中心线。最终的修剪结果如图 6-14 所示。

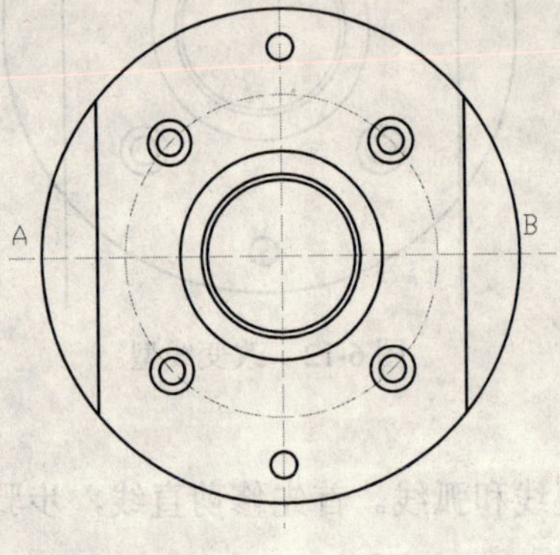

图 6-13　修剪直线

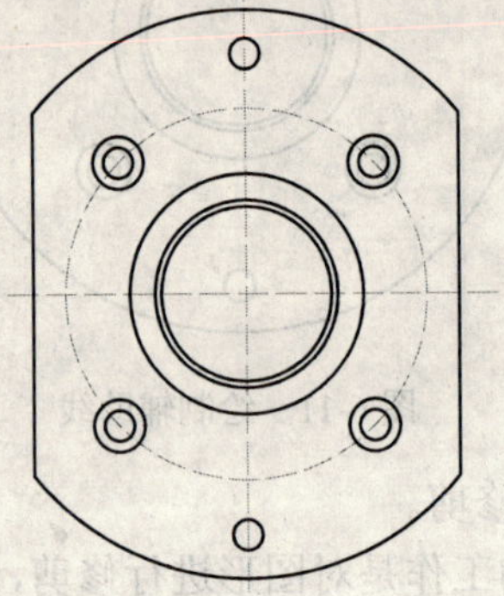

图 6-14　修剪圆弧

8．修订云线和删除

绘制好上面的图形之后，可以使用修订云线，突出显示图形中的某一细节，或者进行一些必要的提示，这样可以提高工作效率。特别是对于比较复杂的图，在进行了修改后，使用修订云线可以使审校者快速找到目标。

使用修订云线工具，可以单击一个起点，围绕要显示细节的部分追踪，并在靠近起点处单击，结束绘制。

也可以将一个圆、椭圆或闭合的多段线或样条曲线转换为修订云线。这两种方法都可以绘制修订云线，并可以设置最大、最小弧长等参数。

（1）直接绘制修订云线。

下面在右下角的沉孔圆及其标注周围直接绘制修订云线。

选择“绘图”面板中的“修订云线”按钮，命令行提示如下：

命令: _revcloud

最小弧长: 5　最大弧长: 10　　样式:　普通

指定起点或 [弧长(A)/对象(O)/样式(S)] <对象>: a（指定弧长）
指定最小弧长 <5>: 6（输入最小弧长）
指定最大弧长 <6>: 12（输入最大弧长）
指定起点或 [弧长(A)/对象(O)/样式(S)] <对象>:（在沉孔圆及其标注周围任一点单击）
沿云线路径引导十字光标...（沿沉孔圆及其标注周围移动十字光标，当十字光标移动到起点时修订云线自动闭合）
反转方向 [是(Y)/否(N)] <否>:（回车，否定）
修订云线完成。

绘制的修订云线如图 6-15 所示。

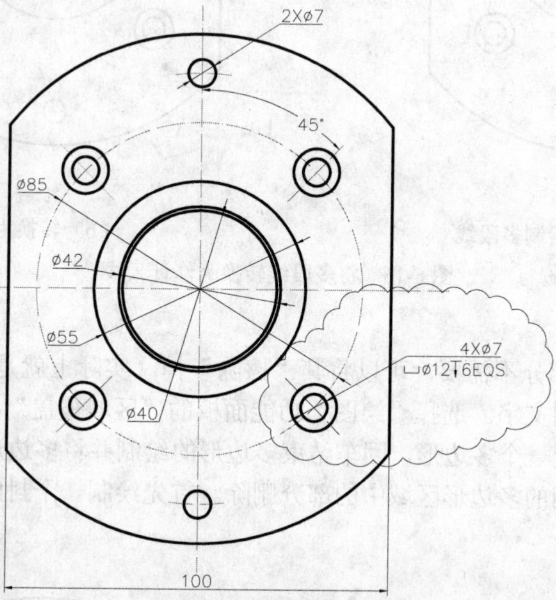

图 6-15　直接绘制修订云线

（2）将多段线转换为修订云线。

也可以通过转换多段线的方式绘制修订云线。首先使用多段线工具绘制一条闭合的多段线，如图 6-16（a）所示。

选择“绘图”面板中的“修订云线”按钮，命令行提示如下：
命令: _revcloud
最小弧长: 6　最大弧长: 12
指定起点或 [弧长(A)/对象(O)/样式(S)] <对象>: a（输入 a，回车，修改弧长）
指定最小弧长 <15>: 10（输入最小弧长）
指定最大弧长 <10>: 20（输入最大弧长）
指定起点或 [弧长(A)/对象(O)/样式(S)] <对象>: o（指定要转换的对象）
选择对象:（选择多段线）
反转方向 [是（Y）/否（N）] <否>: Y（选择反转方向，完成转换）
修订云线完成。

转换后的修订云线如图 6-16（b）所示。

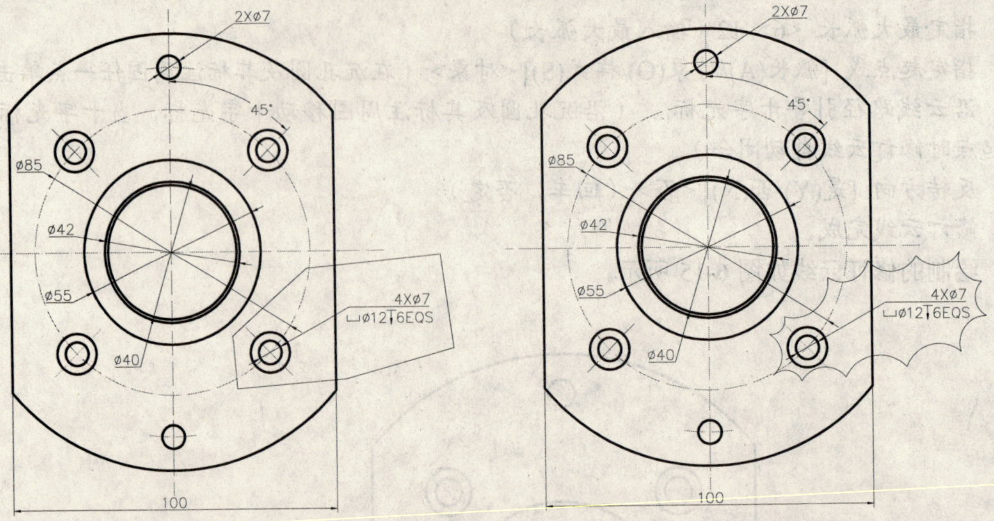

（a）绘制多段线　　（b）转换为修订云线

图 6-16　将多段线转换为修订云线

（3）擦除。

如果图形的某一部分不需要，可以将其“擦除”掉（实际上就是用空白区挡住），以留下更多的空间书写说明文字。选择“绘图”功能面板的“区域覆盖”按钮，然后在需要擦除的位置连续单击，构造一个多边形，回车结束多边形的绘制并将多边形内的图样擦除。

也可以将一个封闭的多边形区域中的部分删除。首先绘制一个封闭的多段线，如图 6-17（a）所示。

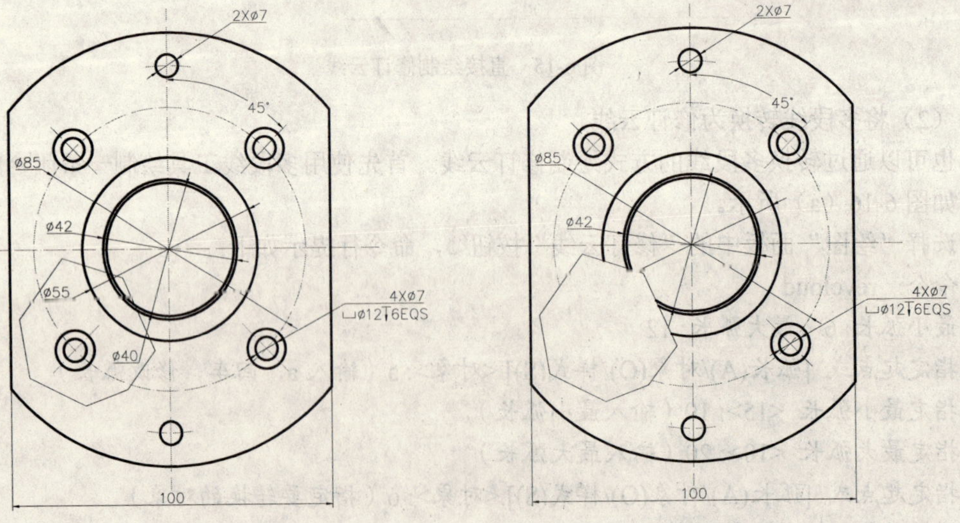

（a）绘制多段线　　（b）转换为擦除

图 6-17　将多段线转换为擦除

选择“绘图”面板中的“区域覆盖”按钮，命令行提示如下：

命令: _wipeout

指定第一点或 [边框（F）/多段线（P）] <多段线>: p（选择多段线方式）

选择闭合多段线: （选择刚绘制的多段线）

是否要删除多段线？[是（Y）/否（N）] <否>: （回车，执行擦除）

擦除的效果如图 6-17（b）所示，可看到在图中删除了多段线中的内容，保留了多段线。

其实，区域覆盖只是绘制了一个不透明的区域，将该区域下面的对象遮挡住了，并没有真正删除这些对象，还可以继续选中这些被遮挡的对象进行操作。

6.5.2 绘制轴套剖视图

为了表达轴套内部空与实的关系，更明显地反映其结构形状，下面绘制轴套的全剖视图。

一般的剖视图可采用单一剖切面进行剖切，对于本例中的轴套，如果采用单一剖切面不能完全表现其内部结构，所以采用两个相交的剖切面进行剖切，即绘制 A-A 向剖视图，最终的效果如图 6-18 所示。

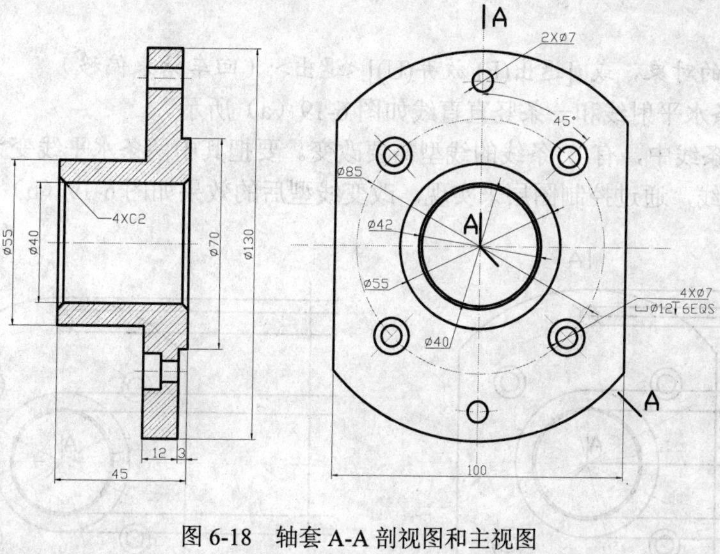

图 6-18　轴套 A-A 剖视图和主视图

1. 绘制辅助线

首先依据投影关系在轴套主视图中绘制一些水平辅助线，以帮助确定剖视图的部分尺寸。这是绘制多视图常用的方法。

绘制辅助线，可以使用直线工具，也可以使用射线工具。比较起来使用射线工具比较方便，因为一些线的位置还没有确定，如果绘制的直线长度不够，还要进行延伸，所以直接绘制为射线，最后进行修剪。

打开对象捕捉和正交模式，捕捉轴套主视图中竖直中心线与系列圆的交点为起点，向左移动鼠标并单击，绘制 10 条水平方向的射线。

命令: _ray

指定起点: <对象捕捉 开>（捕捉一个交点）

指定通过点: <正交 开>（向左移动鼠标并单击）

指定通过点：（回车结束，绘制第一条射线）

按回车键继续执行射线命令，绘制另外的射线。

命令: RAY

指定起点：（捕捉第二个交点）

指定通过点：（向左移动鼠标并单击）

指定通过点：（回车结束，绘制第二条射线）

……

然后使用偏移命令，将轴套主视图中的竖直中心线向其左边大约 100 单位的地方进行复制，以确定剖视图右边的边线。这里的 100 只是一个大致的距离，可根据图形在图纸上的分布具体调整。

命令: _offset

指定偏移距离或 [通过(T)/删除(E)/图层(L)] <通过>: 100（输入距离）

选择要偏移的对象，或 [退出(E)/放弃(U)] <退出>:（选择主视图的竖直中心线）

指定要偏移的那一侧上的点，或 [退出(E)/多个(M)/放弃(U)] <退出>:（在该线左侧单击）

选择要偏移的对象，或 [退出(E)/放弃(U)] <退出>:（回车结束偏移）

绘制的 10 条水平射线和一条竖直直线如图 6-19（a）所示。

绘制的 11 条线中，有 3 条线的线型需要改变。要把其中两条水平线变为细点划线，把竖直线变为粗实线，通过控制图层来实现。改变线型后的效果如图 6-19（b）所示。

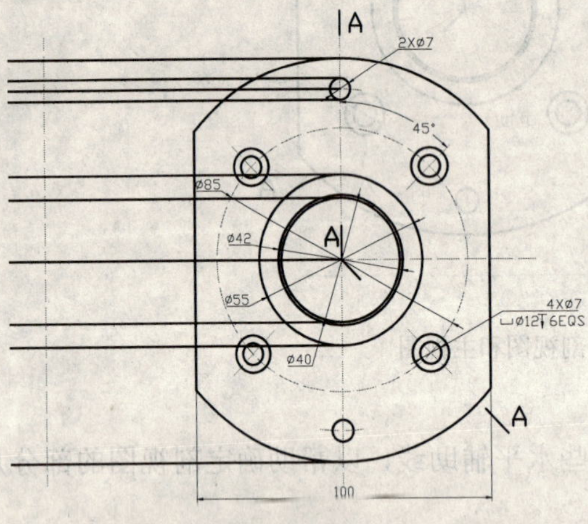

（a）绘制辅助线

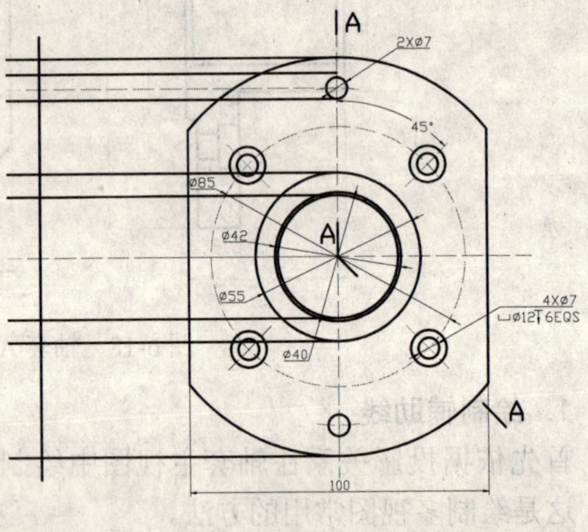

（b）改变线型

图 6-19 绘制辅助线

2. 绘制剖视图系列竖直线

（1）修剪辅助线。

上面绘制的系列水平线，是根据投影关系由主视图得到的，其中的部分线段是不需要的。为了方便绘图，首先对绘制的 10 条水平线进行修剪，步骤如下：

命令: _trim

当前设置: 投影=UCS，边=无

选择剪切边...

选择对象或 <全部选择>:（选择刚绘制的竖直线）

选择对象:（回车结束选择）

选择要修剪的对象，或按住 Shift 键选择要延伸的对象，或[栏选(F)/窗交(C)/投影(P)/边(E)/删除(R)/放弃(U)]:（选择最上面水平线在竖直线右侧的一端）

……

选择要修剪的对象，或按住 Shift 键选择要延伸的对象，或 [栏选(F)/窗交(C)/投影(P)/边(E)/删除(R)/放弃(U)]:（选择最下面水平线在竖直线右侧的一端）

选择要修剪的对象，或按住 Shift 键选择要延伸的对象，或 [栏选(F)/窗交(C)/投影(P)/边(E)/删除(R)/放弃(U)]:（回车，结束修剪）

这样看起来这些线就与主视图“脱离”了联系，也使绘图界面相对清晰，效果如图 6-20 所示。

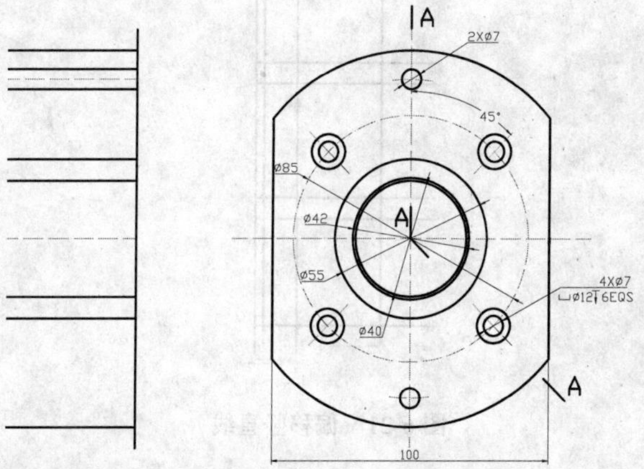

图 6-20 修剪水平线后的效果

（2）绘制系列竖直线。

根据剖视图的尺寸，绘制系列竖直线，这里使用偏移命令。以第一条竖直直线为源对象，向左复制 3 条直线，其与右边第一条直线的距离分别为 3、15、45，步骤如下：

命令: _offset

指定偏移距离或 [通过(T)/删除(E)/图层(L)] <通过>: 3（输入左边第一条竖线的偏移距离）

选择要偏移的对象，或 [退出(E)/放弃(U)] <退出>:（选择右边的竖线）

指定要偏移的那一侧上的点，或 [退出(E)/多个(M)/放弃(U)] <退出>:（在源对象左侧任意位置单击）

选择要偏移的对象，或 [退出(E)/放弃(U)] <退出>:（回车结束偏移）

按回车键继续执行偏移命令：

命令: OFFSET

指定偏移距离或 [通过(T)/删除(E)/图层(L)] <通过>: 15（输入左边第一条竖线的偏移距离）

选择要偏移的对象，或 [退出(E)/放弃(U)] <退出>:（选择源对象）

指定要偏移的那一侧上的点，或 [退出(E)/多个(M)/放弃(U)] <退出>:（在源对象左侧任

意位置单击）

选择要偏移的对象，或 [退出(E)/放弃(U)] <退出>:（回车结束偏移）

按回车键继续执行偏移命令：

命令: OFFSET

指定偏移距离或 [通过(T)/删除(E)/图层(L)] <通过>: 45（输入左边第一条竖线的偏移距离）

选择要偏移的对象，或 [退出(E)/放弃(U)] <退出>:（选择源对象）

指定要偏移的那一侧上的点，或 [退出(E)/多个(M)/放弃(U)] <退出>:（在源对象左侧任意位置单击）

选择要偏移的对象，或 [退出(E)/放弃(U)] <退出>:（回车结束偏移）

偏移绘制的 3 条竖直线如图 6-21 所示。

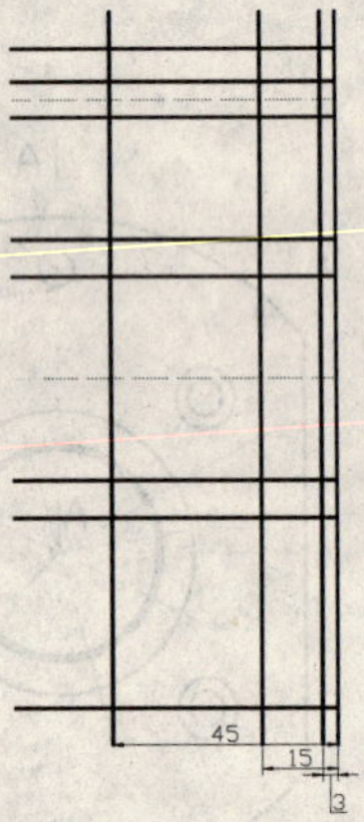

图 6-21 偏移竖直线

3. 绘制剖视图轮廓

（1）修剪。

首先以中间的两条竖直线为剪切边进行修剪，修剪后的效果如图 6-22（a）所示。然后经过系列修剪和删除，得到图 6-22（b）所示的图形并最终得到图 6-22（c）所示的效果。

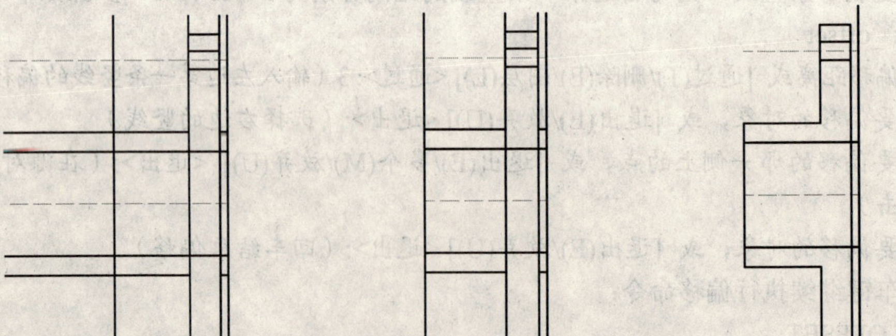

（a）初次修剪　　（b）中间过程　　（c）最终效果

图 6-22 进行系列修剪

（2）绘制底部台阶。

底部台阶轮廓在主视图中是不可见的，所以在按照投影绘制水平辅助线时没有其轮廓线，需要根据尺寸进行绘制。可以使用偏移命令绘制。

命令: _offset

指定偏移距离或 [通过(T)/删除(E)/图层(L)] <通过>: 35（输入偏移距离）

选择要偏移的对象，或 [退出(E)/放弃(U)] <退出>:（选择水平中心线）

指定要偏移的那一侧上的点，或 [退出(E)/多个(M)/放弃(U)] <退出>:（在中心线上边单击）

选择要偏移的对象，或 [退出(E)/放弃(U)] <退出>:（选择水平中心线）

指定要偏移的那一侧上的点，或 [退出(E)/多个(M)/放弃(U)] <退出>:（在中心线下边单击）

选择要偏移的对象，或 [退出(E)/放弃(U)] <退出>:（回车退出偏移）

这样就以水平中心线为源对象绘制了两条水平直线，但是其线型与中心线一致，如图 6-23（a）所示。

选择刚通过偏移得到的两条水平线，改变其线型为粗实线，如图 6-23（b）所示。

然后使用修剪工具进行修剪，得到剖视图的最终外围轮廓，如图 6-23（c）所示。

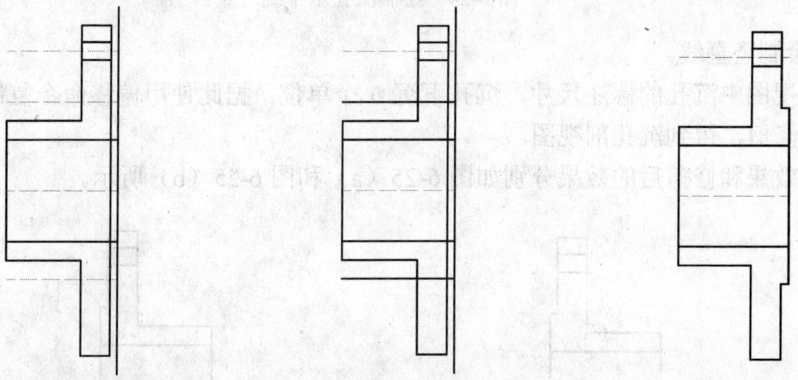

（a）偏移复制　（b）改变线型　（c）修剪

图 6-23　修剪得到最终剖视图轮廓

4．绘制沉孔

因为该剖视图是由两个剖切面剖切得到的，一个剖面是竖直平面，另一个是与水平面成 45°角的平面，而沉孔就在这个剖切面上，所以不能直接由主视图投影得到，需要单独绘制。

（1）确定沉孔中心线。

以通孔的中心线为源对象，偏移得到沉孔的中心线，偏移的距离为 55+42.5，步骤如下：

命令: _offset

指定偏移距离或 [通过(T)/删除(E)/图层(L)] <通过>: 97.5（输入偏移距离）

选择要偏移的对象，或 [退出(E)/放弃(U)] <退出>:（选择通孔中心线）

指定要偏移的那一侧上的点，或 [退出(E)/多个(M)/放弃(U)] <退出>:（在通孔中心线下方单击）

选择要偏移的对象，或 [退出(E)/放弃(U)] <退出>:（回车结束偏移）

偏移的结果如图 6-24（a）所示。

（2）绘制水平线。

以刚偏移得到的沉孔中心线为源对象，分别向其两侧偏移 3.5 和 6，得到 4 条水平线，选中这 4 条水平线，将其线型改变为粗实线，效果如图 6-24（b）所示。

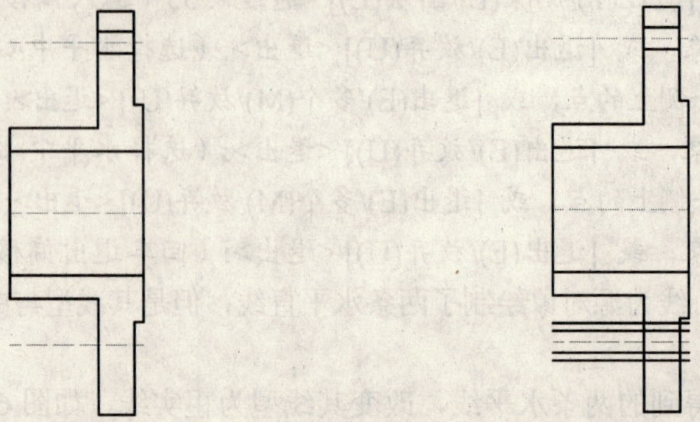

（a）偏移中心线　　（b）绘制水平线

图 6-24　绘制沉孔水平线

（3）绘制竖直线。

根据主视图中沉孔的标注尺寸，沉孔下沉 6 个单位，据此使用偏移命令复制竖直线，然后进行系列修剪，得到沉孔剖视图。

偏移的效果和修剪后的效果分别如图 6-25（a）和图 6-25（b）所示。

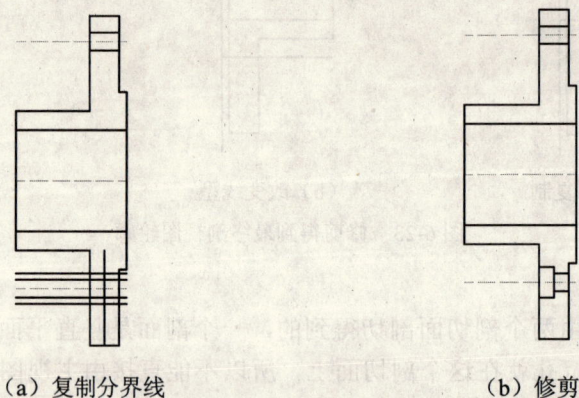

（a）复制分界线　　（b）修剪

图 6-25　绘制沉孔

5. 轴孔倒角

（1）倒直角。

现在给轴套的轴孔入口处绘制退刀槽，就是两端 45°的倒直角。操作如下：

命令: _chamfer

（“修剪”模式）当前倒角距离 1 = 1.0000，距离 2 = 1.0000

选择第一条直线或 [放弃(U)/多段线(P)/距离(D)/角度(A)/修剪(T)/方式(E)/多个(M)]: a（选择角度模式）

指定第一条直线的倒角长度 <0.0000>: 2（输入第一条直线倒角长度）

指定第一条直线的倒角角度 <0>: 45（输入倒角角度）

选择第一条直线或 [放弃(U)/多段线(P)/距离(D)/角度(A)/修剪(T)/方式(E)/多个(M)]: t（选择修剪模式）

输入修剪模式选项 [修剪(T)/不修剪(N)] <修剪>: n（不修剪）

选择第一条直线或 [放弃(U)/多段线(P)/距离(D)/角度(A)/修剪(T)/方式(E)/多个(M)]:（在水平线 A 处单击）

选择第二条直线，或按住 Shift 键选择要应用角点的直线:（在竖直线 B 处单击）

也可以使用距离模式倒角，操作如下：

命令: _chamfer

（“修剪”模式）当前倒角距离 1 = 1.0000，距离 2 = 1.0000

选择第一条直线或 [放弃(U)/多段线(P)/距离(D)/角度(A)/修剪(T)/方式(E)/多个(M)]: d（选择距离模式）

指定第一个倒角距离 <1.0000>: 2（输入第一倒角距离）

指定第二个倒角距离 <2.0000>: （回车，确认第二倒角距离）

选择第一条直线或 [放弃(U)/多段线(P)/距离(D)/角度(A)/修剪(T)/方式(E)/多个(M)]: t（选择修剪模式）

输入修剪模式选项 [修剪(T)/不修剪(N)] <修剪>: n（不修剪）

选择第一条直线或 [放弃(U)/多段线(P)/距离(D)/角度(A)/修剪(T)/方式(E)/多个(M)]: （在水平线 A 处单击）

选择第二条直线，或按住 Shift 键选择要应用角点的直线: （在竖直线 B 处单击）

倒角的效果如图 6-26（a）所示。

然后使用同样的方法为其他三处倒直角，效果如图 6-26（b）所示。

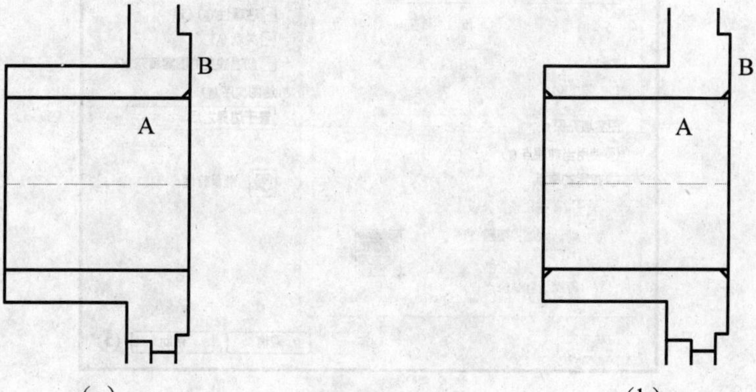

（a）　（b）

图 6-26　倒角

（2）绘制倒角线。

下面打开对象捕捉模式，绘制轴孔倒角处的倒角线。绘制结果如图 6-27（a）所示。

然后使用修剪工具修剪倒角处不需要的线段，效果如图 6-27（b）所示。

6. 填充剖面

设置细实线图层为当前图层，使用填充工具，为轴套填充剖面线。在“绘图”功能面板上选择“图案填充”按钮，打开“图案填充和渐变色”对话框，如图 6-28 所示。

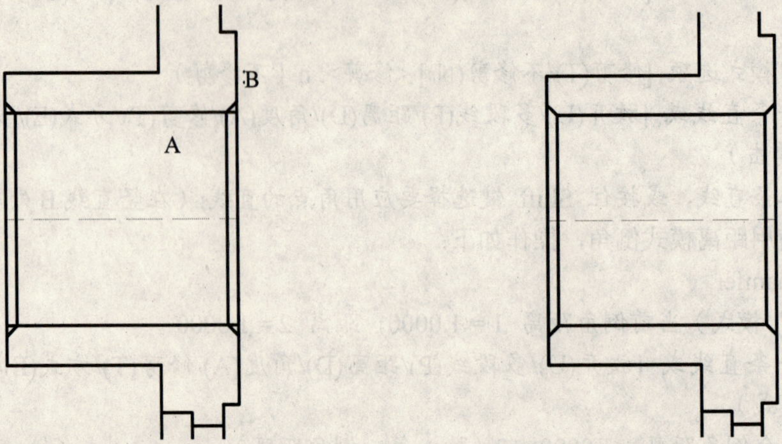

（a）绘制倒角线　　　　（b）修剪不需要线段

图 6-27　绘制倒角线图

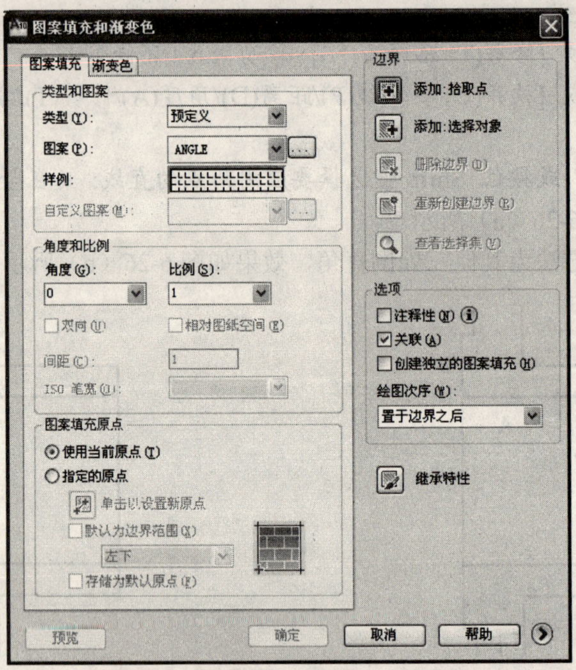

图 6-28　“图案填充和渐变色”对话框

选择填充“类型”为 ANSI31，填充“比例”先设置为 1，其他按照默认设置。单击“添加：拾取点”按钮，转到绘图区，先后在要填充的上、下 4 个区域内部拾取任一点，回车，结束点的拾取，转到“图案填充和渐变色”对话框，单击“预览”按钮，观察填充效果，发现填充线过于密集，如图 6-29（a）所示。将填充“比例”设置为 10，再次预览，效果比较好。

单击“确定”按钮完成填充。填充好的效果如图 6-29（b）所示。

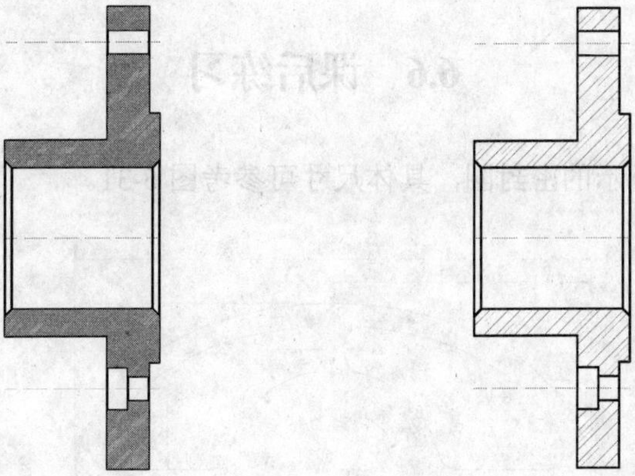

（a）预览效果　　　　（b）填充结果

图 6-29　填充剖面线

7．处理细节

至此剖面图绘制基本完毕，但是还有一些细节需要处理，就是中心线的长度。在前面的处理中，没有过多考虑中心线的长度。从图 6-29 中可以看出，中间的中心线没有伸出到边界之外，而上下两条中心线又太长了，所以要对它们进行长度调整。

这里采用夹点编辑的方法改变中心线的长度。

打开正交模式，关闭对象捕捉。

首先单击选中下面的中心线，可以看到夹点出现于线的两端且中点处为蓝色方块，如图 6-30（a）所示。

将鼠标移动到左边的夹点，按下鼠标左键，这时该夹点变为红色方块（见图 6-30（a）），不要松开鼠标，向右拖动鼠标到合适的位置，松开鼠标，完成操作，结果如图 6-30（b）所示。

按两次 Esc 键，取消对象的选择和夹点。然后对另外两条中心线进行长度调整，最后结果如图 6-30（c）所示。

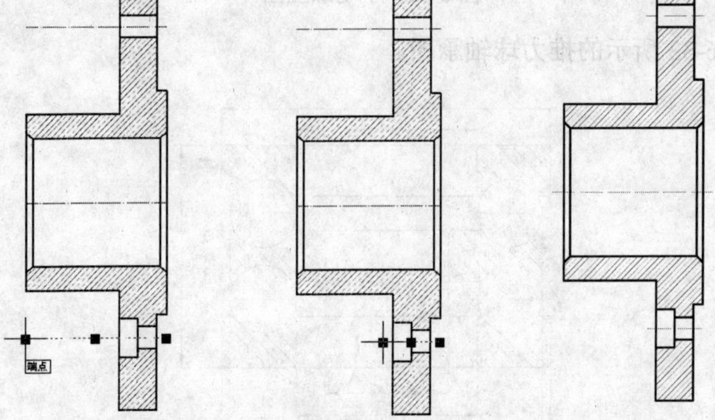

（a）选中夹点　　　　（b）改变长度　　　　（c）最后效果

图 6-30　调整中心线长度

6.6 课后练习

1．绘制如图 6-31 所示的密封圈，具体尺寸可参考图 6-31。

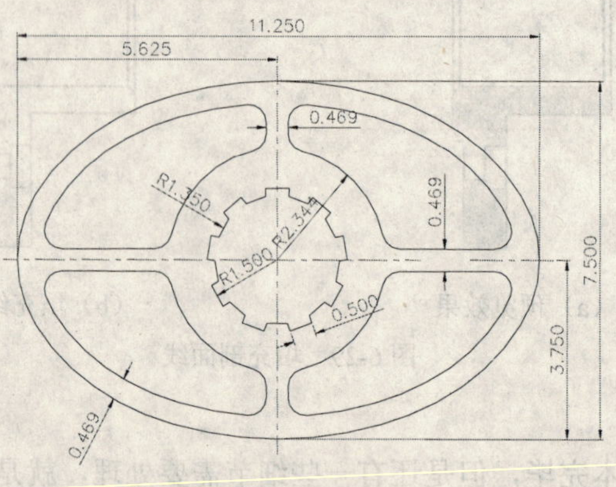

图 6-31　密封圈图

2．绘制如图 6-32 所示的手动螺丝图。

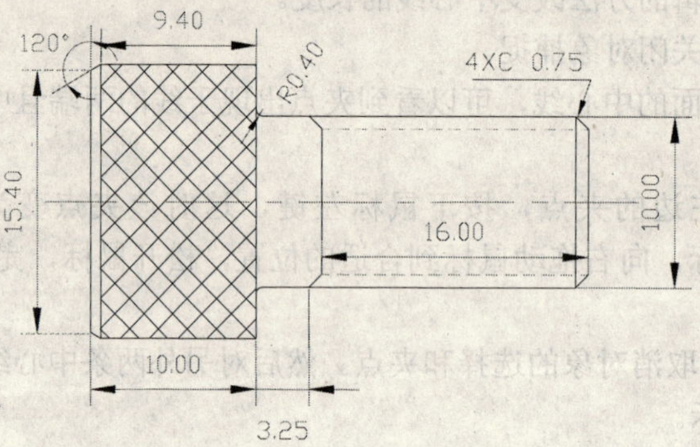

图 6-32　手动螺丝图

3．绘制如图 6-33 所示的推力球轴承图。

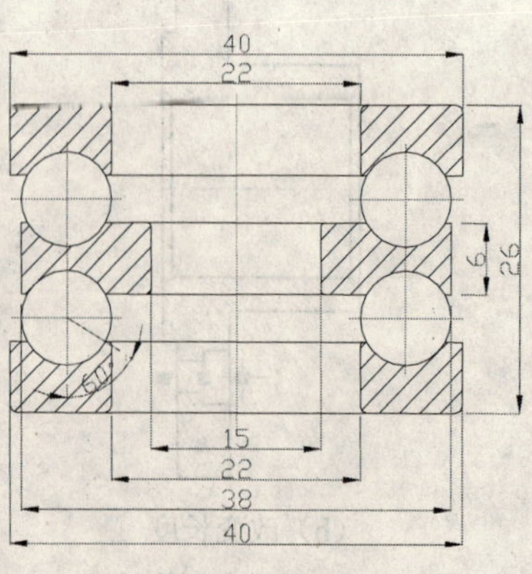

图 6-33　推力球轴承图

4. 绘制如图 6-34 所示的连杆零件图。

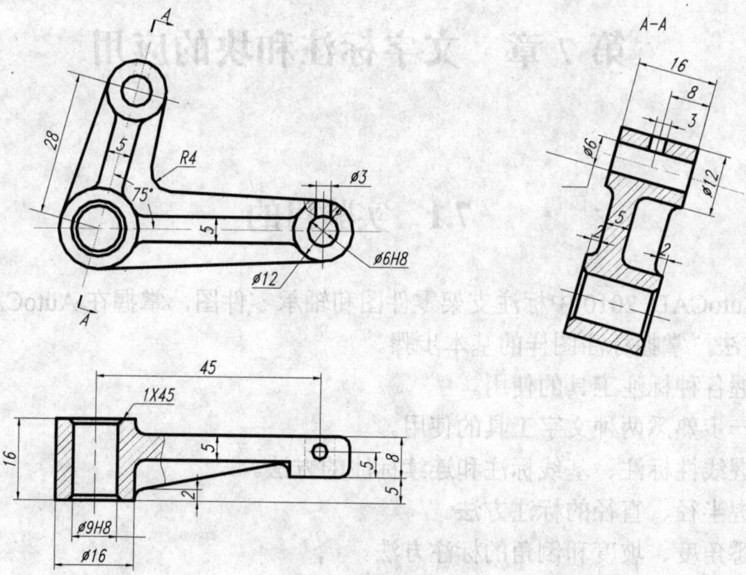

图 6-34　连杆零件图

第 7 章　文字标注和块的应用

7.1　实验目的

通过在 AutoCAD 2010 中标注支架零件图和轴承零件图，掌握在 AutoCAD 2010 中标注工具的使用方法，掌握标注图样的基本步骤。

（1）掌握各种标注工具的使用。

（2）进一步熟悉两种文字工具的使用。

（3）掌握线性标注、基线标注和连续标注的方法。

（4）掌握半径、直径的标注方法。

（5）熟悉角度、坡度和倒角的标注方法。

（6）掌握单行、多行文字的处理方法。

（7）熟悉引线标注和快速标注的方法。

（8）巩固块的概念和使用方法。

（9）掌握块的定义和插入。

7.2　实验要求

（1）按照要求标注支架零件图和轴零件图。

（2）标注过程中注意采用不同的方法处理同一问题。

（3）标注时注意处理好各个标注之间的位置关系。

7.3　实验准备工作

（1）阅读教材相关章节内容。

（2）复习图层的设置和修改方法。

（3）复习线性标注、快速标注等命令。

（4）复习基线标注、连续标注等命令。

（5）复习半径、直径标注等命令。

（6）复习偏差和公差标注方法。

（7）复习文字和标注样式的定义和修改方法。

（8）复习文字的编辑方法。

（9）复习标注特性的修改方法。

（10）复习块的概念和创建以及块的插入方法。

7.4 实验说明

按照工程制图要求，标注零件图时，要考虑设计要求和工艺要求，注意一些基本原则：

（1）分析好零件的功能要求、直接标注全部功能尺寸。

（2）与相关零件的尺寸要协调。

（3）按加工顺序标注尺寸。

（4）当零件需要经过多道工序加工时，同一工序中所用尺寸应尽可能集中标注。

在 AutoCAD 2010 中，进行尺寸标注时，一般应遵循下面的原则：

（1）为尺寸标注创建一个独立的图层。

（2）为尺寸标注文本建立专用的文本类型和标注样式。

（3）使用标注工具进行标注。

（4）充分利用对象捕捉方式，以便快速拾取定义点。

每张图纸都必须经过标注以后才能投放使用，或者说才有使用价值。本章中的两个例子主要涉及线性标注、连续标注、基线标注、直径标注、角度标注和半径标注，另外还包含角度标注、坡度标注、粗糙度标注、形位公差标注等，其中还涉及到一些复杂的线性标注，需要进行大量文字的处理。

7.5 实验指导

7.5.1 标注支架零件图

本例要标注的支架零件图，如图 7-1 所示，其中（a）为支架轴测图，（b）为标注好的支架零件图。

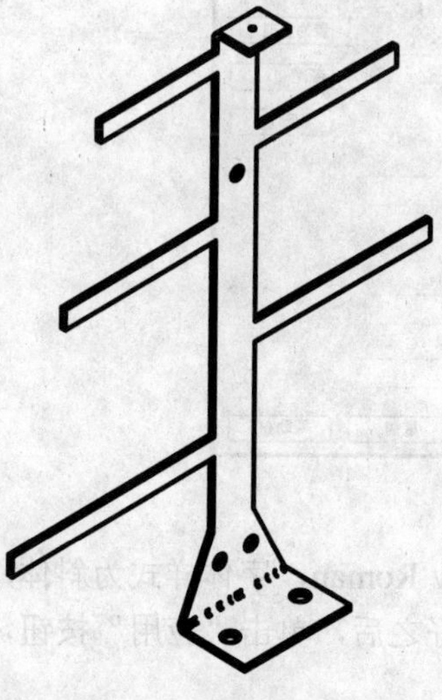

（a）支架轴测图

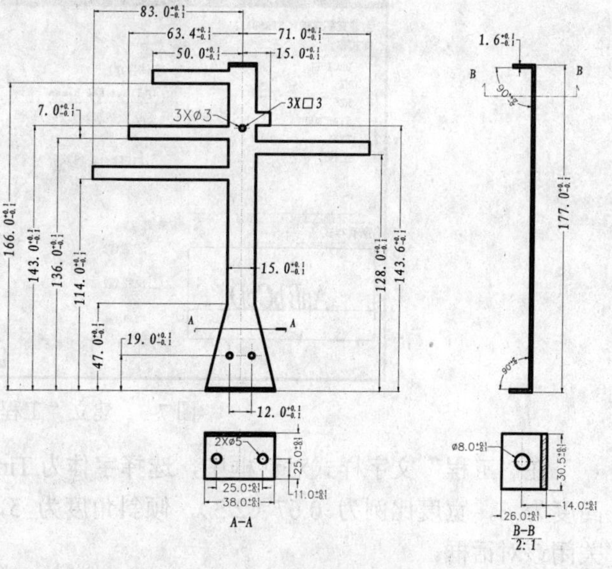

（b）标注好的支架零件图

图 7-1 标注支架图

1．打开支架零件图

打开已绘制好的支架零件图。

2．定义图层

为了更清楚地标示图形的尺寸，控制对象的显示特性，需定义新的图层——标注层。为标注尺寸建立新的图层，这对于复杂的图形来说很有必要。

设置尺寸线图层为当前图层。

3．进行试标注

单击“注释”选项卡，打开“标注”功能面板。

按照系统默认的文字样式和标注样式，选择一条直线进行试标注。如果文字样式和标注样式都比较合适，就不需要进行文字样式和标注样式的设置，否则，需要进行必要的设置。

4．创建新文字样式和标注样式

从上一步试标注可以看出，系统默认的文字和标注样式对于本图来说不太合适，为了更好地进行标注，最好创建专用的文字样式和标注样式。

（1）创建新文字样式。

选择“格式”菜单的“文字样式”选项，或者选择“注释”选项卡下“文字”功能面板中的“文字样式”下拉列表中的“管理文字样式”选项，打开“文字样式”对话框。

在“文字样式”对话框中单击“新建”按钮，打开“新建文字样式”对话框，如图7-2所示。

在“新建文字样式”对话框的“样式名”文本框中输入“工程”，单击“确定”按钮，建立新的文字样式，如图7-3所示。

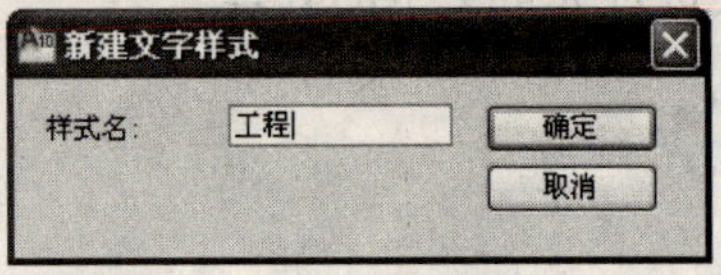

图7-2 “新建文字样式”对话框

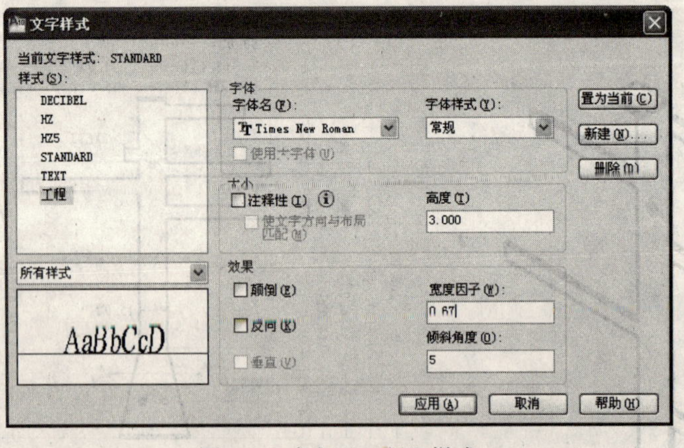

图7-3 建立“工程”样式

在“工程”文字样式对话框中，选择字体为Times New Roman，字体样式为斜体，设置高度为3，宽度比例为0.67（2/3），倾斜角度为5，设置好之后，单击“应用”按钮，然后关闭该对话框。

（2）创建标注样式。

选择“格式”菜单的“标注样式”选项，或者选择“常用”选项卡下“注释”功能面板中的“标注样式”按钮，打开“标注样式管理器”对话框，如图 7-4 所示。

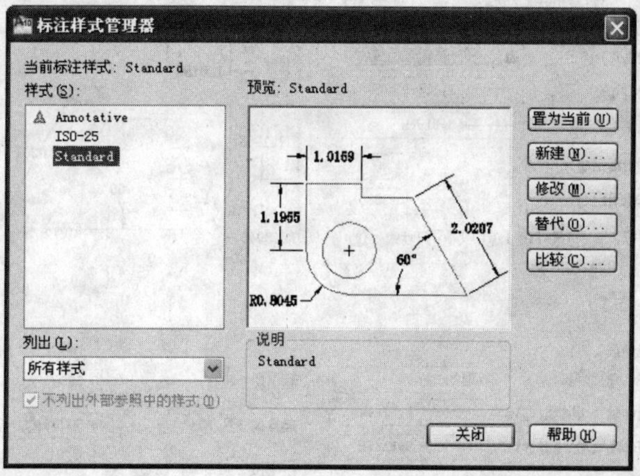

图 7-4 “标注样式管理器”对话框

在“标注样式管理器”对话框中单击“新建”按钮，打开“创建新标注样式”对话框，如图 7-5 所示。

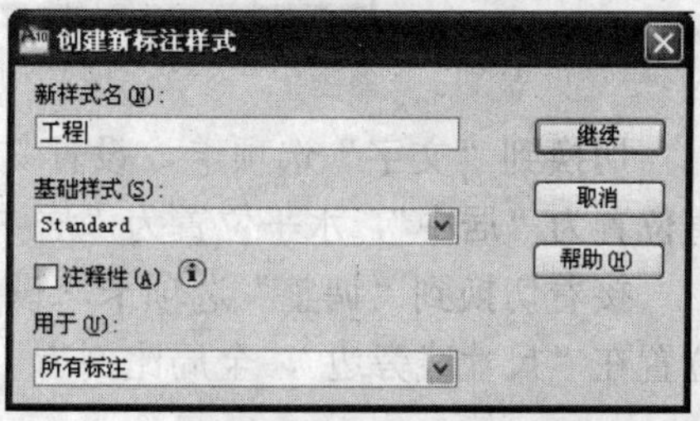

图 7-5 “创建新标注样式”对话框

在“创建新标注样式”对话框的“新样式名”文本框中输入“工程”，然后单击“继续”按钮，建立“工程”标注样式。用户可以进一步进行修改和设置。

首先在“符号和箭头”选项卡中，设置箭头大小为 1.2，圆心标记大小为 0.090，如图 7-6 所示。切换到“线”选项卡，将尺寸线和尺寸界线（延伸线）颜色设为随层颜色，且超出尺寸线和起点偏移量均为 0.500，如图 7-7 所示。

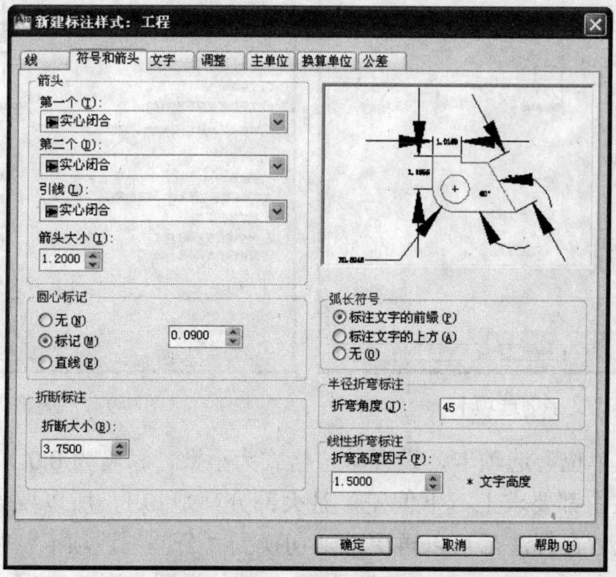

图 7-6 “符号和箭头”选项卡

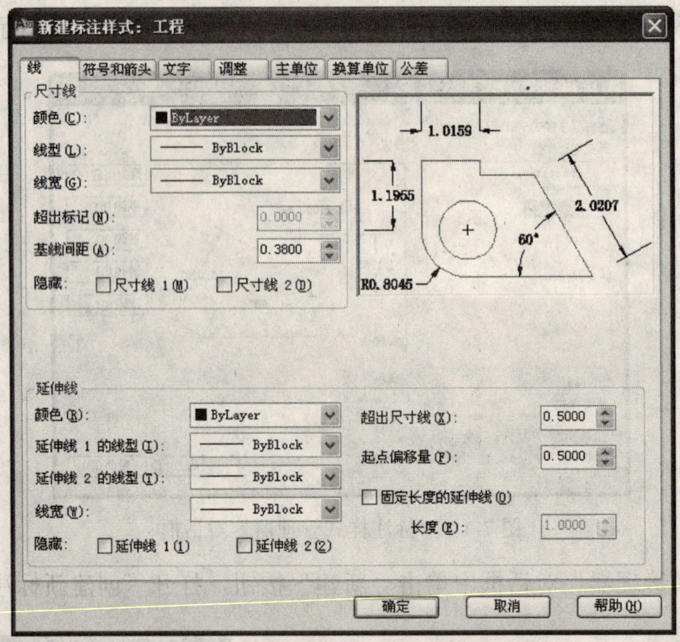

图 7-7 “线”选项卡

切换到“文字”选项卡，设置文字样式为“工程”，文字对齐方式为 Standard，文字垂直位置为“居中”，水平位置为“居中”。其他设置如图 7-8 所示。

接着切换到“调整”选项卡，设置箭头的调整选项为“文字或箭头（最佳效果)”，文字位置在“尺寸线旁边”，全局比例为 1。其他设置如图 7-9 所示。

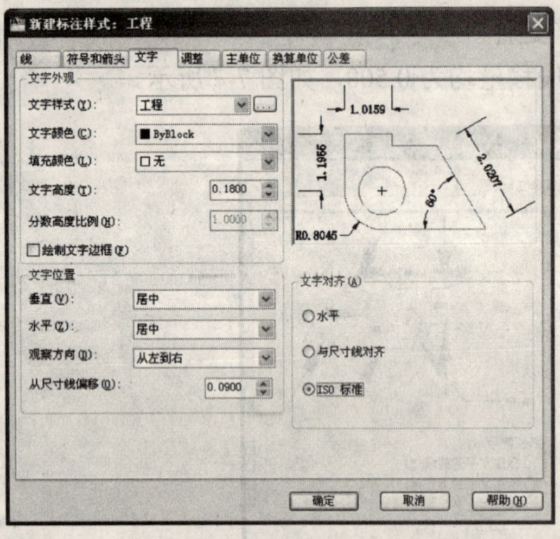

图 7-8 “文字”选项卡

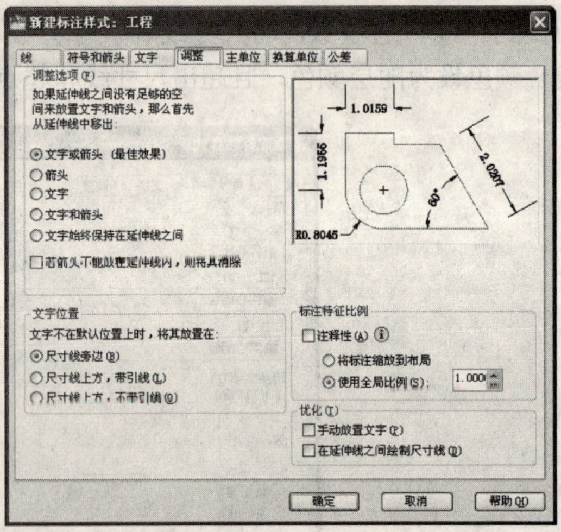

图 7-9 “调整”选项卡

然后切换到“主单位”选项卡，设置单位格式为小数，精度为 0.0。

因为大部分标注中都要求上、下偏差，且大部分都是 0.1，所以要设置公差。对于部分不要求极限偏差的尺寸在标注后可以再更改。切换到“公差”选项卡，将公差格式的方式设置为极限偏差，精度为 0.0，上、下偏差都是 0.1。其他设置如图 7-10 所示。

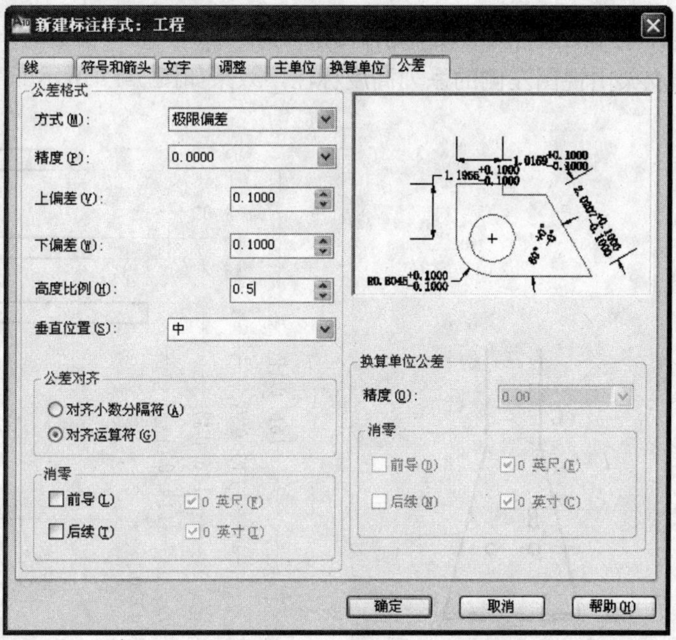

图 7-10 “公差”选项卡

5. 标注主视图

（1）标注线性尺寸。

使用线性标注工具，命令行提示如下：

命令: _dimlinear

指定第一条延伸线原点或 <选择对象>:（捕捉主视图下部端点 A）

指定第二条延伸线原点:（指定第二个原点）

指定尺寸线位置或

[多行文字(M)/文字(T)/角度(A)/水平(H)/垂直(V)/旋转(R)]:（捕捉圆心 B，向左移动鼠标，确定好标注线位置，单击鼠标左键，按照系统测定的尺寸完成标注）

标注文字 =19.0

标注的第一个尺寸如图 7-11 所示，包含上下极限偏差。

这里系统自动测量的尺寸就是需要标注的尺寸，直接确认即可。如果需要修改尺寸值或者输入其他文字，可以在捕捉到第二点后，在命令行输入 m 或 t，再输入文字。

进行标注时（比如直线的长度、圆的半径等）也可以使用快速标注工具进行标注。快速标注工具的使用与线性标注工具的使用方法相似，只是只能选择几何对象进行标注。这里不能使用快速标注，因为要标注的是某点到圆心的距离，不是对象的尺寸。

使用基线标注工具，继续标注其他点的高度，命令行提示如下：

命令: _dimbaseline

指定第二条延伸线原点或 [放弃(U)/选择(S)] <选择>:（捕捉斜线上端点 C，向左下移动鼠标，确定好标注线位置单击，按照系统测定的尺寸完成标注）

标注文字 =47.0

……

指定第二条延伸线原点或 [放弃(U)/选择(S)] <选择>:（回车结束标注）

这样就完成了支架主视图左侧的系列高度标注，效果如图 7-12 所示。

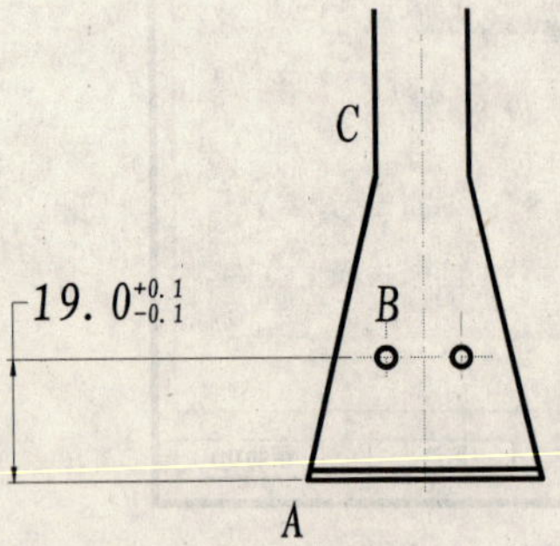

图 7-11 标注距离

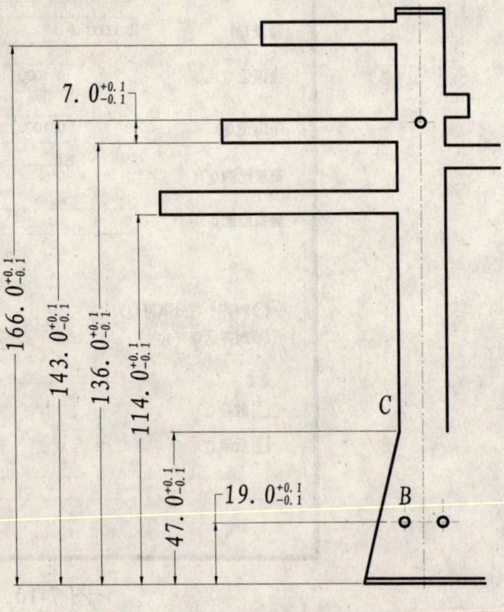

图 7-12 完成主视图左侧线性标注

继续进行线性标注，完成主视图右侧和上部的线性标注，效果如图 7-13 所示。

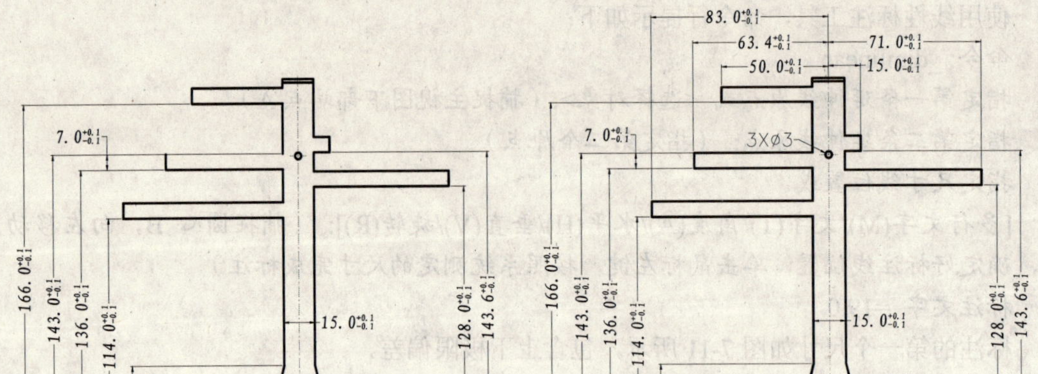

（a） （b）

图 7-13 标注主视图右侧和上部的线性尺寸

（2）标注圆的直径。

使用直径标注工具，命令提示如下：

命令: _dimdiameter

选择圆弧或圆:（选择主视图上边的圆）

标注文字 =3.0

指定尺寸线位置或 [多行文字(M)/文字(T)/角度(A)]:（移动鼠标确定好标注线位置，单击鼠标左键完成标注）

直径标注的结果如图 7-14 所示。

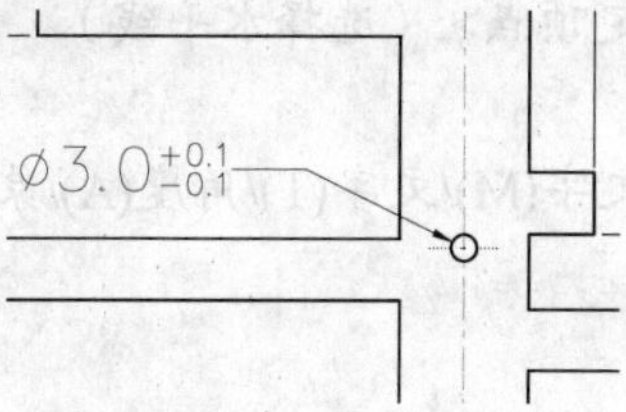

图 7-14　标注圆直径

上面直接进行圆的直径标注时，同时标注了圆的上下偏差，但是这里不需要标注其极限偏差。同时主视图中共有 3 个圆，可以分别标注其直径，但是这样比较麻烦，可以采用简化标注，即将刚才标注的大圆直径的文字改为 3×Φ3，表示图中有 3 个直径为 3 的圆。

在刚标注好的圆标注上双击，弹出“直径标注”特性选项板，如图 7-15 所示。在“文字替代”文本框中输入 3x%%c3，然后回车，则圆直径的标注文字被改为 3×Φ3。结果如图 7-16 所示。

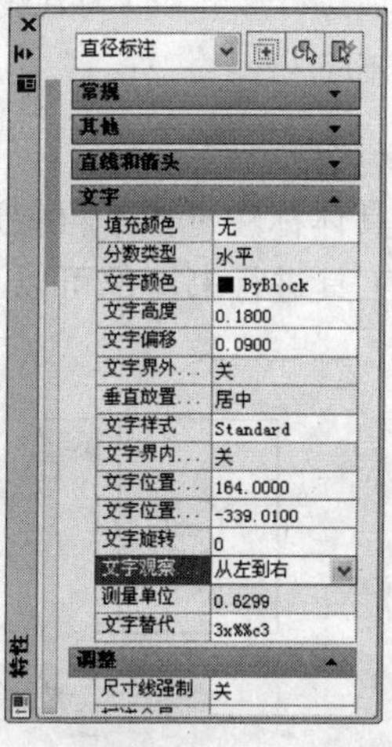

图 7-15　“直径标注”特性选项板

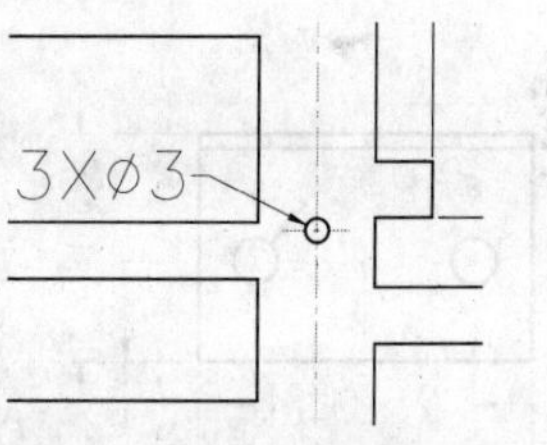

图 7-16　修改圆的标注文字

也可以在标注时直接更改标注文字，方法如下：

命令: _dimdiameter

选择圆弧或圆:（选择主视图上边的圆）

标注文字 =3.0

指定尺寸线位置或 [多行文字(M)/文字(T)/角度(A)]:t（选择输入文字）

输入标注文字 <3.0>: 3x%%c3（输入文字）

指定尺寸线位置或 [多行文字(M)/文字(T)/角度(A)]:（移动鼠标确定好标注线位置，单击完成标注）

6．标注右视图

右视图中包含两个线性标注和两个角度标注，按照前面的方法标注线性尺寸即可，下面主要介绍角度标注。

使用角度工具标注角度，命令行提示如下：

命令: _dimangular

选择圆弧、圆、直线或 <指定顶点>:（选择水平线）

选择第二条直线:（竖直线）

指定标注弧线位置或 [多行文字(M)/文字(T)/角度(A)/象限点(Q)]:（向左移动鼠标到适当位置单击，完成标注）

标注文字 =90

标注的结果如图 7-17（a）所示。进行角度标注时，标注位置选择的不同，得到的效果也不同，本例中，如果向左移动的距离比较小，得到的将是如图 7-17（b）所示的结果。如果向右移动鼠标，得到的将是如图 7-17（c）所示的结果。

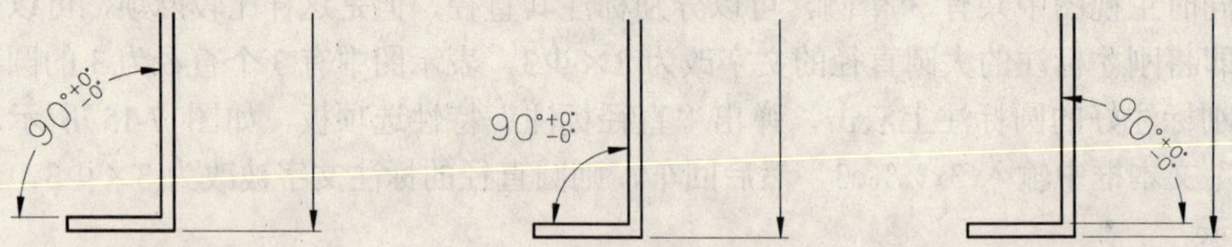

（a）标注线在左方　　（b）标注线在左方　　（c）标注线在右方

图 7-17　不同的方位标注效果也不同

7．标注 A-A 向和 B-B 向视图

A-A 向和 B-B 向视图包括线性尺寸标注和直径标注，具体标注过程不再叙述。在下方还有说明文字，说明视图名称和比例，使用单行和多行文字工具进行书写都可以。标注的结果如图 7-18（a）和图 7-18（b）所示。

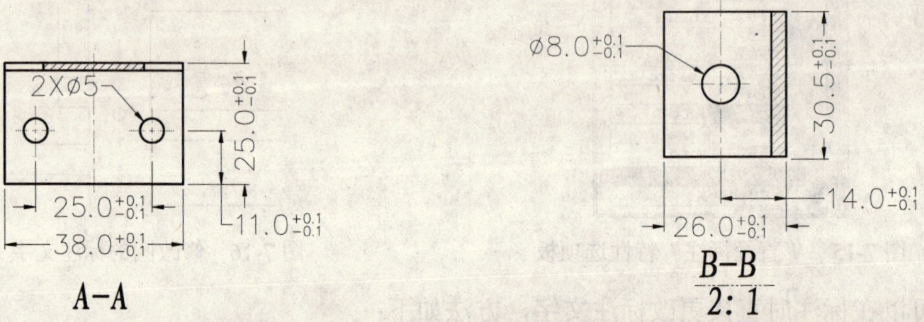

（a）A-A 向视图　　（b）B-B 向视图

图 7-18　标注 A-A 向和 B-B 向视图

7.5.2　标注轴零件图

标注轴零件图，如图 7-19 所示。

轴零件图的标注比较复杂，既包含线性标注、半径标注，还包含粗糙度标注、形位公差标注等，还涉及到一些复杂的线性标注，需要进行大量文字的处理。下面介绍标注的大致过程。

1．打开轴零件图

打开已绘制好的轴零件图。

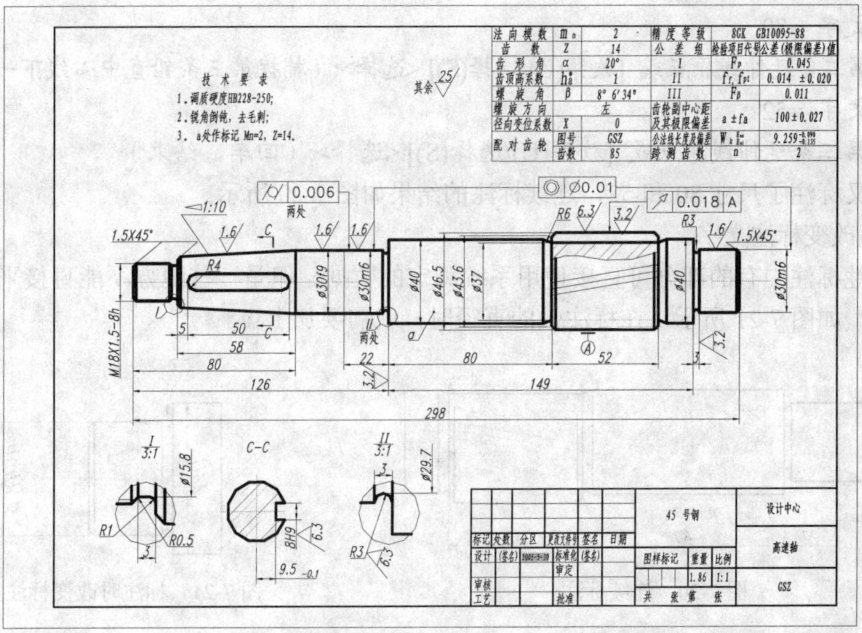

图 7-19　轴零件图

2．定义图层

定义标注图层和文字图层。

3．进行试标注

设置尺寸线图层为当前图层。

按照系统默认的文字样式和标注样式，选择一条直线进行试标注。此时发现文字和箭头等的大小都不合适，需要创建新的样式，或对现有样式进行调整。具体过程略。

4．标注线性尺寸

（1）连续标注。

使用线性、对齐、基线、连续标注工具标注图中线性尺寸，具体过程不再叙述。下面仅介绍一下连续标注的方法。

首先使用线性标注工具，命令行提示如下：

命令: _dimlinear

指定第一条延伸线原点或 <选择对象>:（捕捉左边的第一个端点）

指定第二条延伸线原点:（捕捉第二个端点）

指定尺寸线位置或

[多行文字(M)/文字(T)/角度(A)/水平(H)/垂直(V)/旋转(R)]: （捕捉下一个端点，向下移动鼠标，确定好标注线位置单击，按照系统测定的尺寸完成标注）

标注文字 =22

完成第一个尺寸 22 的标注。

使用连续标注工具，继续标注其他点的高度，命令行提示如下：

命令: _dimcontinue

指定第二条延伸线原点或 [放弃(U)/选择(S)] <选择>:（捕捉下一个端点）

标注文字 =80

指定第二条延伸线原点或 [放弃(U)/选择(S)] <选择>:（捕捉第三条铅直中心线下一个端点）

标注文字 =52

指定第二条延伸线原点或 [放弃(U)/选择(S)] <选择>:（回车，结束）

结果又标注了尺寸 80 和 52，连续标注的结果如图 7-20 所示。

（2）改变标注文字。

在线性标注中有的部分可直接使用系统测定的数据，但是一些地方不能直接采用系统测定的数据。如图 7-21 所示，在标注轴的直径时，就需要加上Φ。

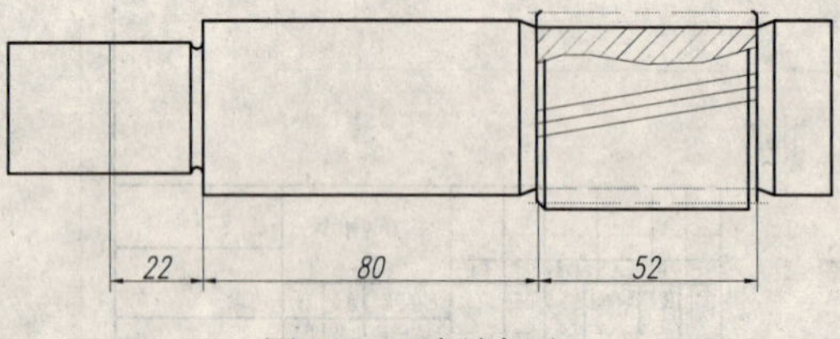

图 7-20　连续标注

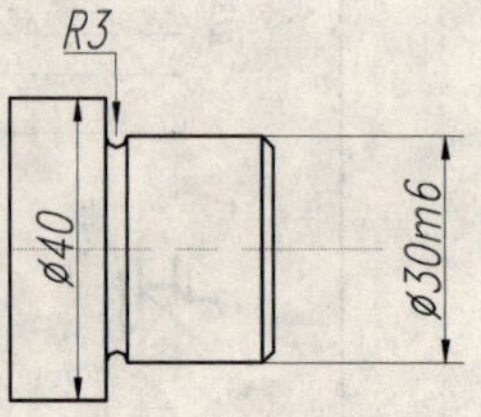

图 7-21　标注时改变标注文字

这样的标注可以在标注时通过输入文字的方式进行。

选择线性标注，命令行提示如下：

命令: _dimlinear

指定第一条延伸线原点或 <选择对象>:（捕捉第一点）

指定第二条延伸线原点:（捕捉第二点）

指定尺寸线位置或[多行文字(M)/文字(T)/角度(A)/水平(H)/垂直(V)/旋转(R)]:t（输入 t，回车，确定输入文字）

输入标注文字 <40>: %%c40（输入%%c40，回车）

指定尺寸线位置或[多行文字(M)/文字(T)/角度(A)/水平(H)/垂直(V)/旋转(R)]:（回车，结束标注）

标注文字 =40

标注的结果，输入的“%%c”显示为符号“Φ”，如图 7-20 所示。其他的地方参照此方法进行标注。如图 7-21 右边的标注Φ30m6，在系统提示输入文字时输入“%%c30m6”即可。

（3）改变偏差格式。

有的线性尺寸需要标注偏差，可以通过“公差”选项卡进行设置，偏差标注如图 7-22 所示。

但是采用这种方法进行标注，当偏差为零时，0 仍然显示出来。在新的制图标准中，这样的 0 是不需要显示的。所以要进行进一步的处理。

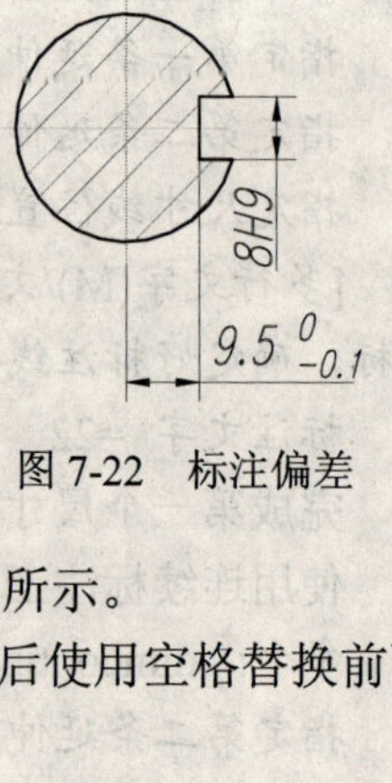

图 7-22　标注偏差

在该标注上单击选中该标注，使用分解工具将标注的文字部分分解为多行文字，双击公差文字，打开“堆叠特性”对话框，如图 7-23 所示。

选中要改变格式的文字部分，单击“文字”选项组的“上”栏，然后使用空格替换前面的 0。单击“确定”按钮，标注变为需要的格式，如图 7-24 所示。

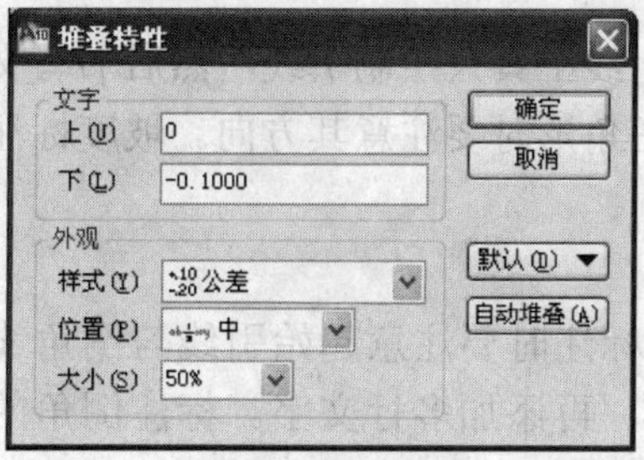

图 7-23　通过堆叠特性改变偏差

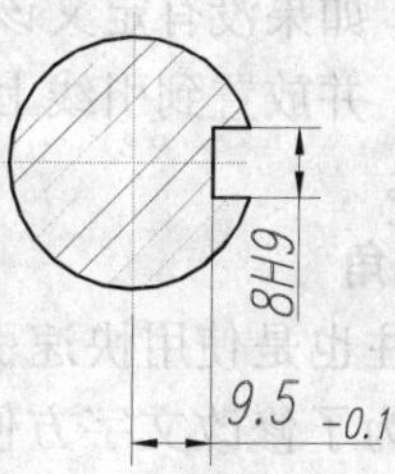

图 7-24　改变标注格式

标注好所有的线性标注之后的主视图效果如图 7-25 所示。

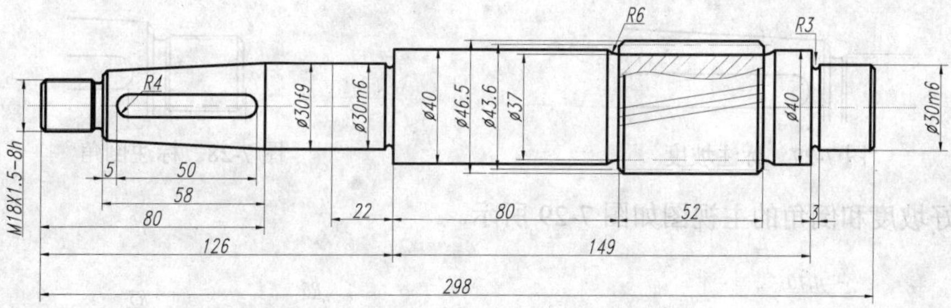

图 7-25　完成线性标注的主视图

（4）改变线性标注格式。

在局部放大图中，有的线性标注只需要其中一边的尺寸界线和箭头，如图 7-26（a）所示。对这样的标注，在“线”和“符号和箭头”选项卡中，设置隐藏一边的尺寸界线并设置该边的箭头为无即可，具体设置如图 7-26（b）和（c）所示。或者通过“特性”选项板进行修改。

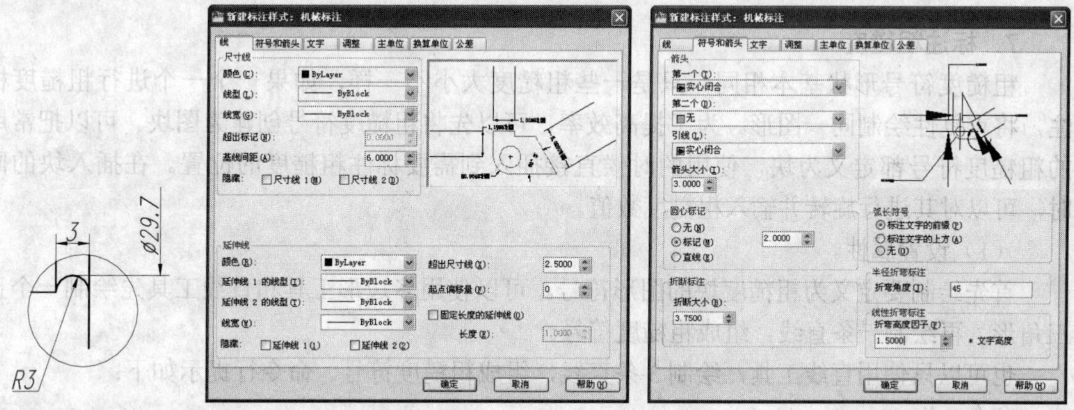

（a）显示效果　　（b）直线设置情况　　（c）箭头设置情况

图 7-26　只显示一边的尺寸界线和箭头

5. 标注坡度

标注好线性尺寸后，需要标注坡度值，下面简要介绍坡度标注的方法。

坡度的标注，需要使用坡度符号（等腰三角形）。如果以前定义好了表示坡度的块，可以直接插进来；如果没有定义该块，可以使用快速引线工具只绘制引线，然后书写文字，绘制等腰三角形，并放置到引线上方即可。绘制等腰三角形时要注意其方向。坡度标注的结果如图 7-27 所示。

6．标注倒角

倒角的标注也是使用快速引线工具来完成的。标注时要注意起始引线与倒角线要在同一条直线上。为了修改文字方便，可以只绘制引线，再添加多行文字。标注倒角的效果如图 7-28 所示。

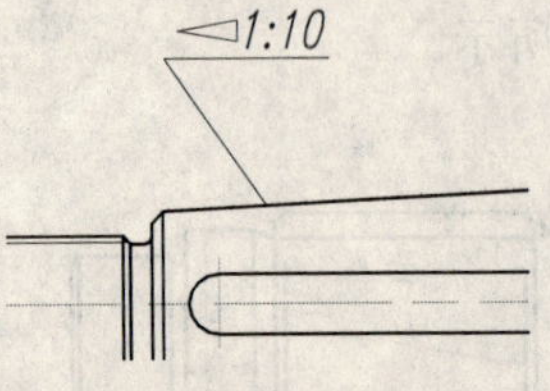

图 7-27 标注坡度

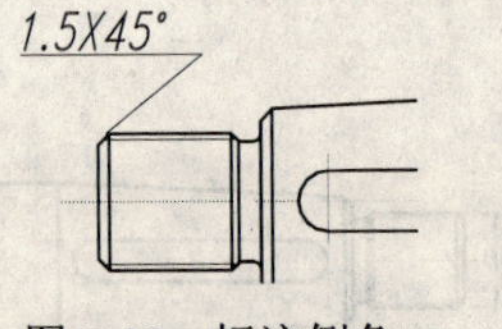

图 7-28 标注倒角

标注好坡度和倒角的主视图如图 7-29 所示。

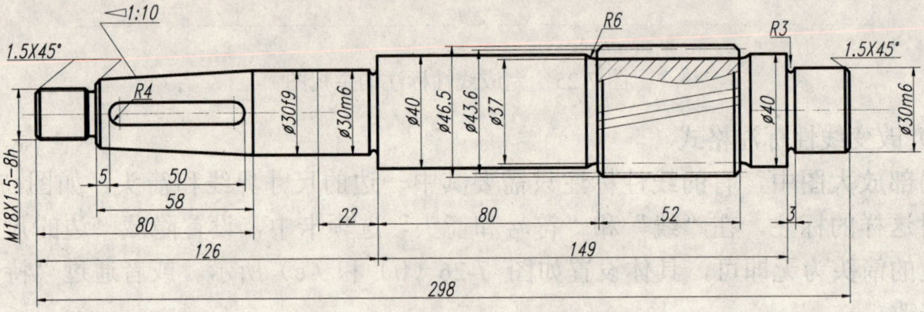

图 7-29 标注好坡度和倒角的主视图

7．标注粗糙度

粗糙度符号形状基本相同，只是一些粗糙度大小不一样，如果一个一个进行粗糙度标注，将重复性绘制同一图形。为了提高效率，可以先将粗糙度符号创建为图块。可以把常用的粗糙度符号都定义为块，使用的时候直接插入到需要标注粗糙度的位置。在插入块的同时，可以对其进行旋转并输入粗糙度数值。

（1）设置属性。

首先绘制要定义为粗糙度块的图形符号。可以使用多边形工具和直线工具先绘制一个正三角形，再绘制一条直线，组成粗糙度符号。

也可以只使用直线工具，绘制 3 条直线，组成粗糙度符号。命令行提示如下：

命令: _line

指定第一点：（捕捉任意一点）

指定下一点或 [放弃(U)]: 8（移动鼠标到第一点左边，输入 8，回车，绘制长为 8 的水平直线）

指定下一点或 [放弃(U)]: @8<-60（输入下一点相对极坐标，回车）

指定下一点或 [闭合(C)/放弃(U)]: @16<60（输入最后一点相对极坐标，回车）

指定下一点或 [闭合(C)/放弃(U)]:（回车，结束绘制）

然后设置块属性。选择“常用”选项卡下“块”功能面板中“定义属性”按钮，打开“属性定义”对话框，如图 7-30（a）所示。

在“属性定义”对话框的“模式”选项组中，选中“验证”复选框，这样在插入块时要求用户进行验证，用户可以输入相关的参数。在“属性”选项组设置标记为 CCD（标记不能为空），提示为“请输入粗糙度”，值为空。

在“插入点”选项组单击“在屏幕上指定”复选框，根据需要设置其他属性。设置好后单击“确定”按钮，切换到绘图区，在绘图界面拾取文字的插入点。这里在粗糙度三角形的左顶点处拾取一点。也可以直接输入插入点的 X、Y、Z 坐标值，则标记显示在指定的位置，效果如图 7-30（b）所示。

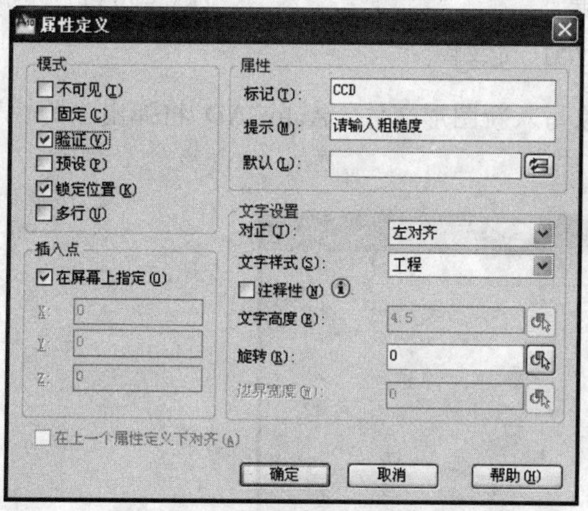

（a）“属性定义”对话框

（b）显示标记

图 7-30　设置块属性

（2）定义粗糙度块。

设置好块属性后，就可以定义块了。

选择“绘图”菜单中“块”的“创建”项，也可以直接在命令行输入 Block，或在“常用”选项卡中单击“块”功能面板的“创建”图标，打开“块定义”对话框，如图 7-31（a）所示。

在“块定义”对话框的“名称”框中输入块名称 CCD，单击“选择对象”按钮，切换到绘图区，选择刚定义的属性和 3 条直线。回车，结束选择，返回到“块定义”对话框。单击“拾取点”按钮，切换到绘图区，捕捉三角形下边的顶点，返回到“块定义”对话框。

在“说明”框中输入说明信息“粗糙度”。设置完毕，单击“确定”按钮，打开“编辑属性”对话框。在“编辑属性”对话框中，可以修改属性值，比如设置属性值为 6.3。设置好属性值后，单击“确定”按钮，关闭“编辑属性”对话框，完成图块的定义，并且在块的相应位置显示设置的属性值，结果如图 7-31（b）所示。

（3）写块。

现在已经定义好了块，但是该块只能在该图形文件中使用，或者通过设计中心在本机中使用，如果想拿到另外的计算机上使用，就需要把块创建为一个单独的 dwg 文件，方法如下：

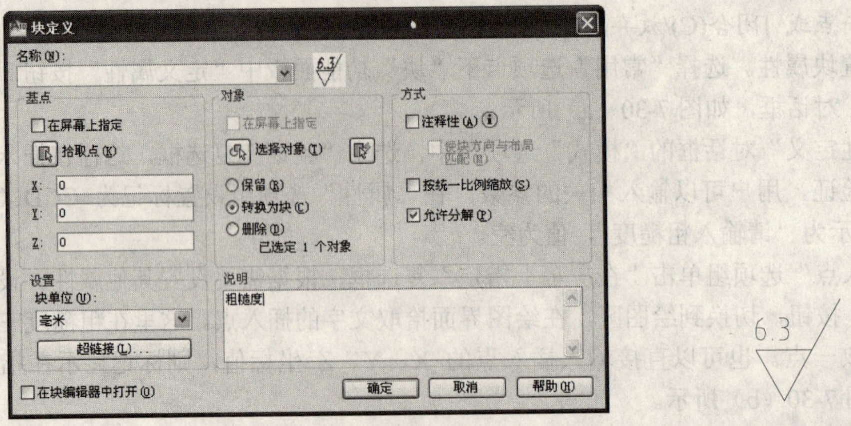

（a）“块定义”对话框　　　　（b）定义块

图 7-31　定义块

在命令行直接输入 Wblock，将块对象写入新图形文件。AutoCAD 将弹出“写块”对话框，如图 7-32 所示。

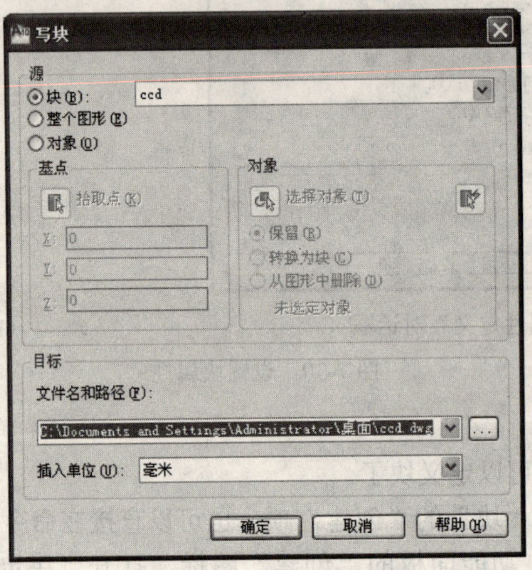

图 7-32　“写块”对话框

在“写块”对话框中，在“源”选项组选择“块”选项，选择 CCD 块，在“文件名和路径”输入框中输入文件名和路径，在“插入单位”列表中选择“毫米”。设置完毕，单击“确定”按钮，此时在相应文件夹中产生了一个文件名为 CCD.dwg 的图形文件。它可以提供给其他图形文件使用。

（4）插入粗糙度块。

将块定义好之后，就可以将块插入到图形中的适当位置了。选择“常用”选项卡下“块”功能面板中的“插入”按钮，打开“插入”对话框，如图 7-33 所示。

插入块时，可以选择在屏幕上指定插入点、缩放比例和旋转角度，也可以在对话框中设定精确的插入点位置、缩放比例和旋转角度。

在“插入”对话框的“名称”列表中选择刚定义的块 CCD，在“插入点”选项组中，选中“在屏幕上指定”复选框。缩放比例均设置为 1，旋转角度设置为 0，其他按照图 7-33 进行设置。

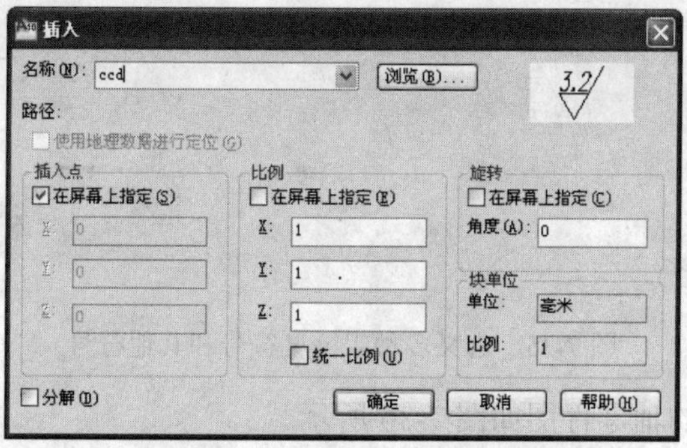

图 7-33 “插入”对话框

这里的缩放比例是经过试验后确定的，如果比例为 1 不合适，可以经试验确定比较合适的比例。

设置完毕，单击“确定”按钮，命令行提示如下：

命令: _insert

指定插入点或 [基点(B)/比例(S)/X/Y/Z/旋转(R)]:（拾取标注界线上一点）

指定旋转角度 <0>:（回车）

输入属性值

请输入粗糙度: 3.2（输入 3.2，回车）

验证属性值

请输入粗糙度 <3.2>: （回车，确认粗糙度）

如果要插入的粗糙度的值与块属性中设置的标记不一致，可以在“插入”对话框中选中“分解”复选框，则插入时将块分解，用户可以改变粗糙度文字及文字方向。

对于一些比较特殊的粗糙度标注符号，比如它既不是水平的，也不是垂直的。可以先插入一个水平或垂直的粗糙度符号，然后通过旋转得到。如果粗糙度符号倾斜的角度容易确定，可以在插入块的时候直接输入旋转的角度。

本例中不同的位置包含多种粗糙度标注，如图 7-34 所示。

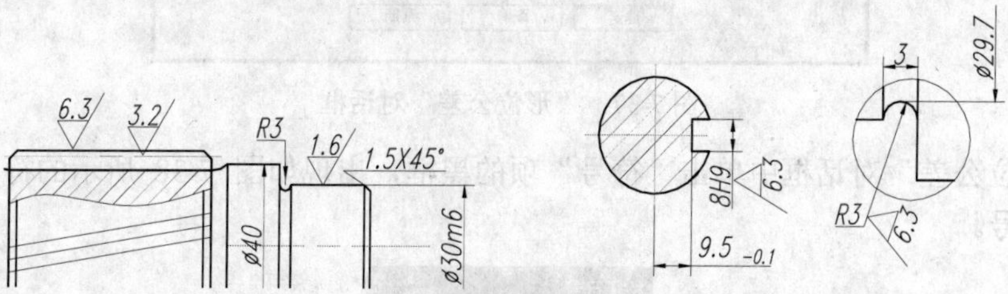

图 7-34 不同位置的粗糙度标注

对于这种情况，可以将各种不同角度的粗糙度符号定义为不同的块，插入时选择需要的块即可。

绘制好一个粗糙度符号后，可以使用复制、偏移或阵列工具进行复制，然后再进行旋转、修改文字等，形成不同方向的粗糙度符号。还可以绘制其他类型的粗糙度符号或位置标志并将其定义为块，如图 7-35 所示。

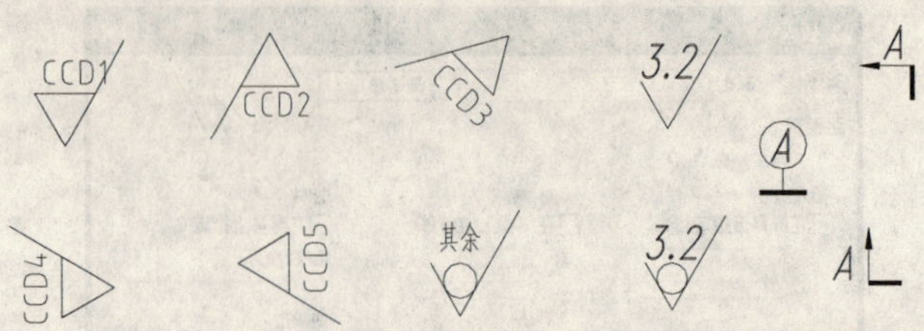

图 7-35　定义多种粗糙度符号和其他符号

标注好粗糙度符号的轴零件图如图 7-36 所示。

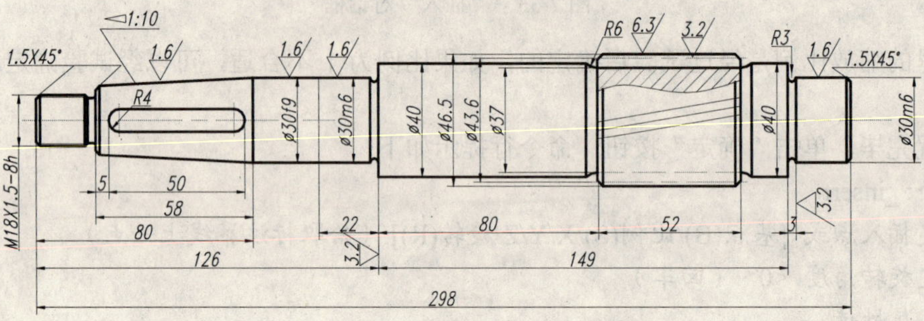

图 7-36　标注粗糙度后的轴主视图

8．标注形位公差

最后进行形位公差的标注。

选择“标注”功能面板中的“公差”标注工具，打开“形位公差”对话框，如图 7-37 所示。

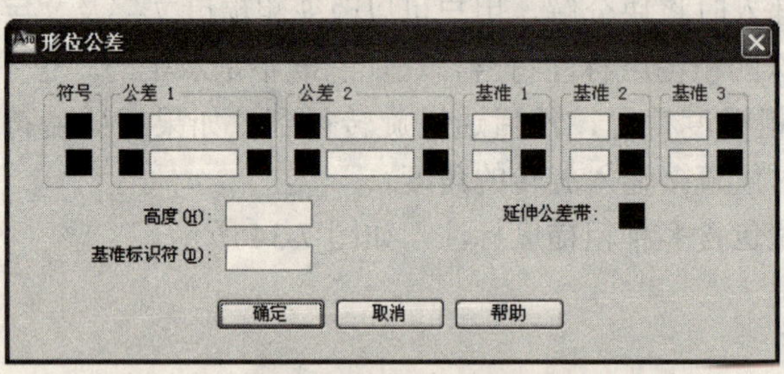

图 7-37　“形位公差”对话框

在“形位公差”对话框中单击“符号”项的黑框，出现如图 7-38 所示的符号框，选择所需要的符号。

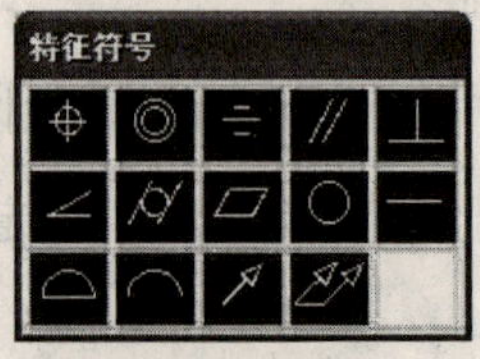

图 7-38　选择公差符号

在“形位公差”对话框的“公差 1”中输入公差值 0.018，在“基准 1”中输入 A，输入好后单击“确定”按钮，关闭“形位公差”对话框。在绘图区移动鼠标，定位好形位公差的位置后单击，完成公差的放置。

然后使用快速引线工具绘制引线，完成形位公差标注。最后在修改公差的对应位置处绘制相应标记，标注好的形位公差如图 7-39 所示。

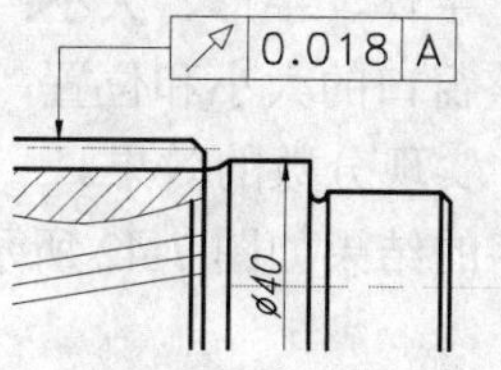

图 7-39　形位公差

标注好所有形位公差的轴如图 7-40 所示。

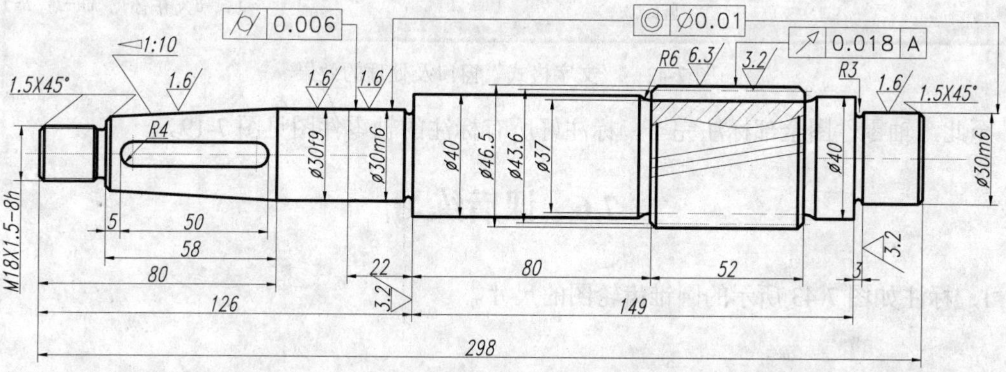

图 7-40　标注好形位公差的轴主视图

9．标注说明文字

最后在需要进行文字说明的地方书写文字，为了修改方便，建议使用多行文字进行书写。有的地方还需要绘制引线或圆，比如局部放大图对应的位置。标注好说明文字的轴的主视图如图 7-41 所示。

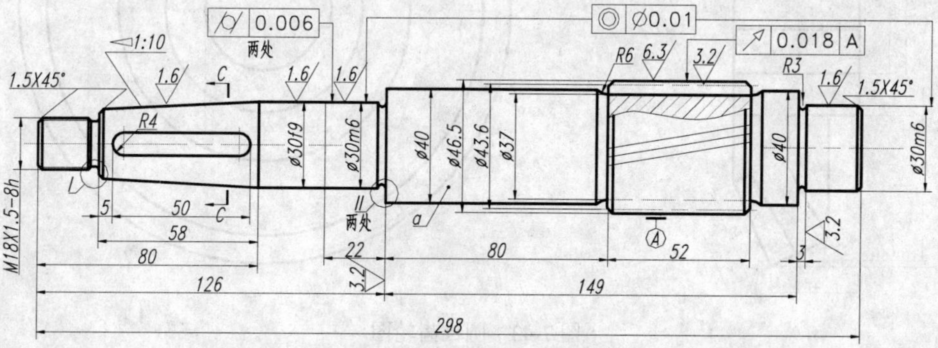

图 7-41　标注说明文字后的轴主视图

10．填写标题栏、书写说明文字

最后填写标题栏、书写其他说明文字。书写文字有两种工具，单行文字和多行文字，建议使用多行文字工具书写。

选择多行文字工具，在需要书写文字的地方拖动一个方框，打开“文字编辑器”窗口。用户可以在输入窗口中输入多行文字，这比单行文字方便。并且，用户可以在“文字编辑器”窗口的工具栏中选择文字样式、字体、字形、大小；可以通过标尺设置左右边距，选择首行缩进、左缩进等格式；可以调整窗口的大小和位置，使用起来非常方便。还有值得一提的地方，就是可以进行文字的堆叠，实现分数的效果。

“文字编辑器”窗口及处理文字的结果如图 7-42 所示。

图 7-42 “文字格式”窗口及处理的效果

至此，轴零件图全部标注完毕，标注好所有标注的轴零件图见图 7-19。

7.6 课后练习

1．标注如图 7-43 所示的圆锥齿轮图的尺寸。

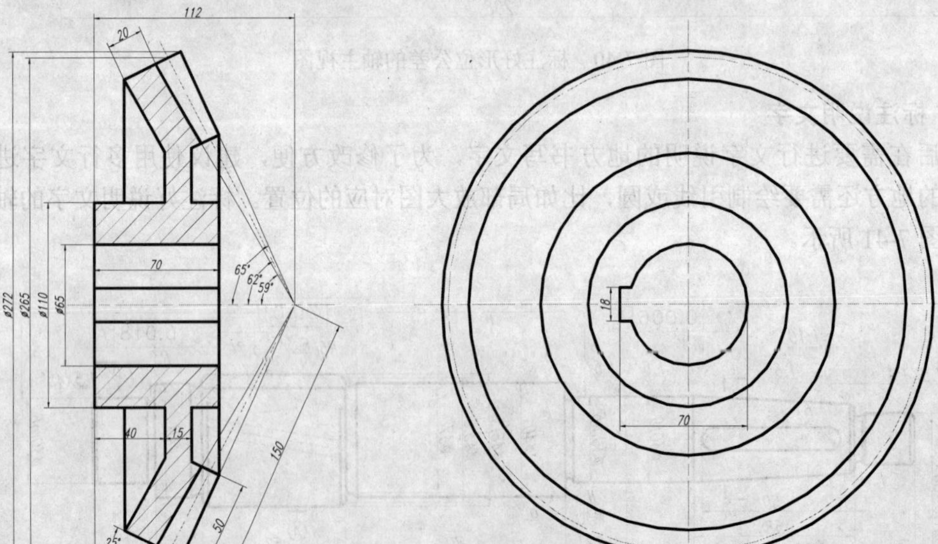

图 7-43 圆锥齿轮图

2．对图 7-44 所示的中间轴零件图进行标注。

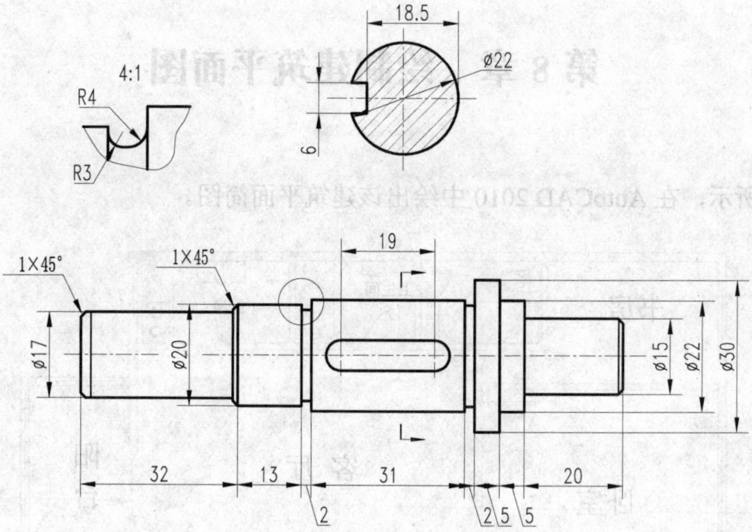

图 7-44　标注中间轴

3．标注如图 7-45 所示的圆柱齿轮零件图，并按要求填写标题栏、明细表和说明文字。

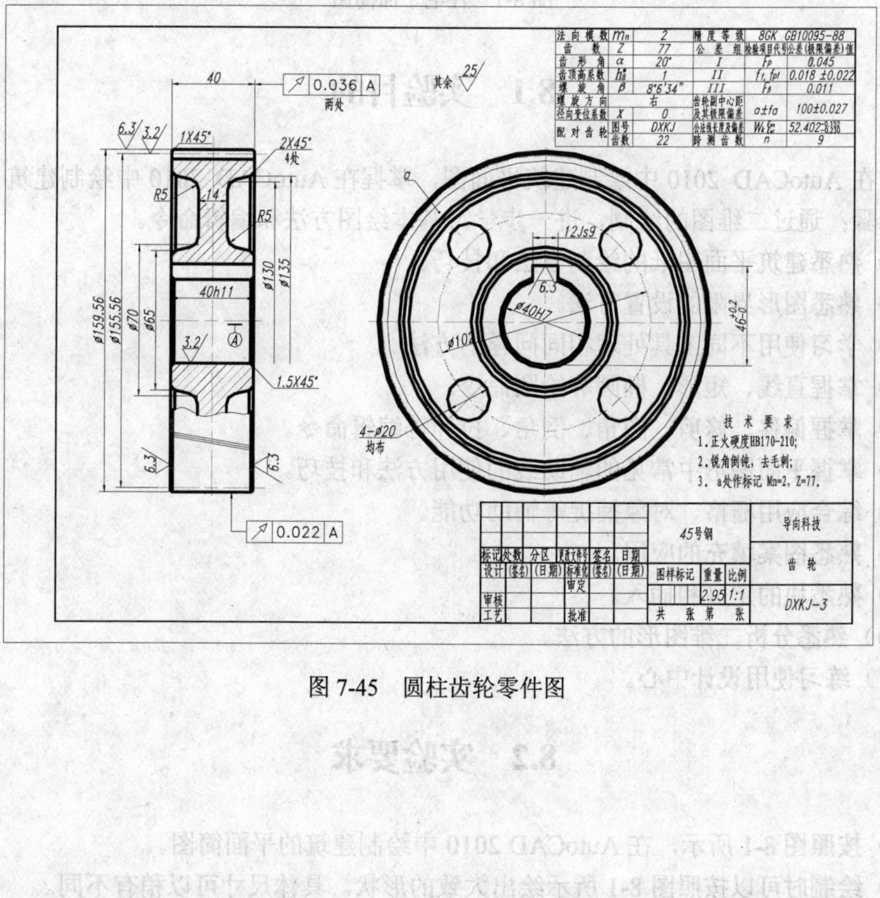

图 7-45　圆柱齿轮零件图

第 8 章　绘制建筑平面图

如图 8-1 所示，在 AutoCAD 2010 中绘出该建筑平面简图。

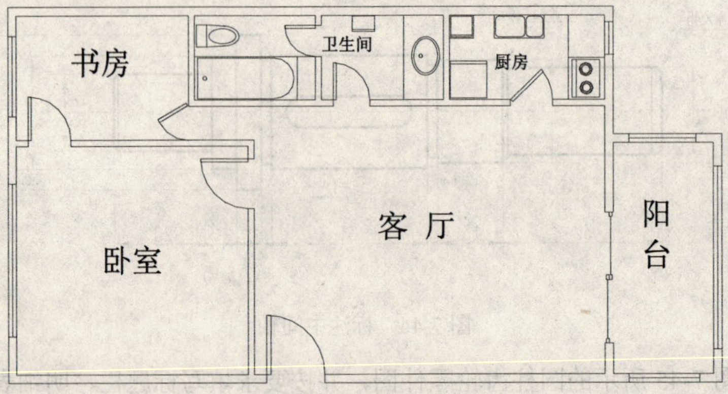

图 8-1　住宅平面简图

8.1　实验目的

通过在 AutoCAD 2010 中绘制建筑平面图，掌握在 AutoCAD 2010 中绘制建筑平面图样的基本步骤；通过二维图的绘制，进一步学习基本绘图方法和编辑命令。

（1）熟悉建筑平面图纸的绘制方法和技巧。

（2）熟悉图形界限的设置方法。

（3）学习使用不同工具处理相同问题的方法。

（4）掌握直线、矩形、椭圆等绘图命令。

（5）掌握偏移、修剪、圆角、倒角、拉伸等编辑命令。

（6）掌握平面图形中常见的辅助线的使用方法和技巧。

（7）综合应用栅格、对象捕捉等辅助功能。

（8）熟悉图案填充的应用。

（9）熟悉块的定义和插入。

（10）熟悉分析二维图形的方法。

（11）练习使用设计中心。

8.2　实验要求

（1）按照图 8-1 所示，在 AutoCAD 2010 中绘制建筑的平面简图。

（2）绘制时可以按照图 8-1 所示绘出大致的形状，具体尺寸可以稍有不同。

（3）要求采用不同方法解决同样的问题，如修剪时，可以使用“圆角”或“修剪”工具。

8.3 实验准备工作

（1）阅读教材相关章节内容。
（2）复习图层、线型、颜色等的设置和修改方法。
（3）复习直线、矩形、椭圆等绘图命令。
（4）复习偏移、修剪、圆角、拉伸等编辑命令。
（5）复习栅格、对象捕捉、正交等辅助功能。
（6）复习图案填充的应用。
（7）复习块的定义、插入和属性等的用法。
（8）复习图形界限、显示缩放等辅助命令的用法。
（9）复习查询面积的方法。
（10）复习设计中心的应用。

8.4 实验说明

（1）本例将绘制一个建筑的平面简图。该住宅包括客厅、卧室、书房、厨房、卫生间以及阳台。因为绘制的是简图，没有对住宅的细节进行更详细的描绘，例如没有标注各种尺寸等，但该图基本上反映了住宅的建筑结构和布局。

（2）绘制该图时，首先绘制内外墙壁，在墙壁上需要安装门的地方开口，在开口处绘制各房间的门。然后绘制厨房和卫生间的设施，最后在墙上安窗。

（3）该实验主要体会绘制建筑平面图的方法和步骤，对一些操作没有进行详细说明，只给出了基本方法。为了说明绘制图形时方法的多样性，其中一些方法不一定是最好的方法，但给出了可以使用的其他方法。

（4）绘制好平面图后，可以通过 AutoCAD 2010 的 Area 命令计算出建筑面积和使用面积。

（5）可以插入桌子、椅子和植物等，并可以对房间进行布置，由建筑平面图变成室内平面图。而这些桌子、椅子和植物等，可以通过设计中心，由其他图形库中得到。

8.5 实验指导

8.5.1 设定绘图环境

为了更方便绘图，首先要设定绘图的环境，比如设置绘图的单位，设定栅格的大小等。根据绘图的具体要求设置相应的绘图环境，可以大大提高绘图效率。

（1）启动 AutoCAD 2010，创建一个新文件，将文件保存为“建筑平面图”。

（2）设置绘图单位。在命令行中输入 units 命令，打开“图形单位”对话框，如图 8-2 所示。在“图形单位”对话框中，设置长度的类型为“小数”，长度的精度为 0.00。设置角度的类型为“十进制度数”，角度精度为 0.00。其他的按照默认状态设置。

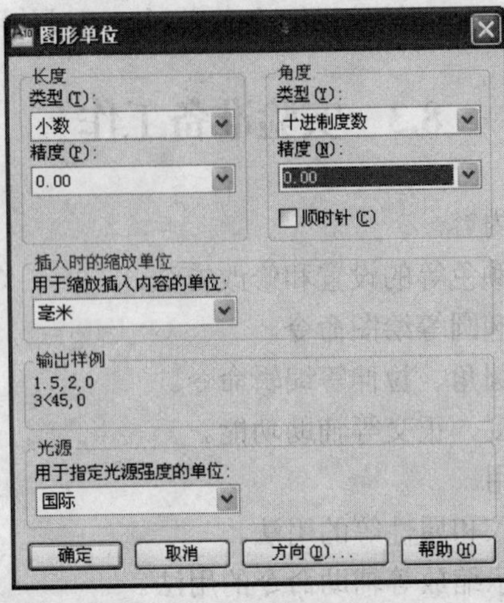

图 8-2 “图形单位”对话框

（3）关闭用户坐标系。在设置栅格前，要关闭用户坐标系统的图标。选择“视图”菜单中“显示”子菜单的“UCS 图标”命令，在打开的子菜单中单击“开”，去掉“开”前面的“√”，或者在“视图”选项卡的“坐标”功能区中选择“隐藏 UCS 图标”选项 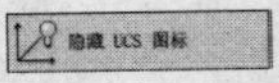，即可关闭 UCS 图标。

（4）显示栅格。栅格可以帮助用户绘图。单击状态栏上的“栅格”按钮▦，则在绘图区显示栅格。栅格所覆盖的区域由图形界限决定。

（5）设置图形界限。通过改变图形界限，可以改变图形的尺寸。在命令行进行以下操作：

命令：limits

重新设置模型空间界限：

指定左下角点或 [开(ON)/关(OFF)] <0.00,0.00>:（回车设置左下角点为“0.00,0.00”）

指定右上角点 <420.00,297.00>: 1300,900（设置右上角为“1300,900”）

（6）设置栅格。设置好图形尺寸后，设置栅格的大小。打开“草图设置”对话框，如图 8-3 所示。

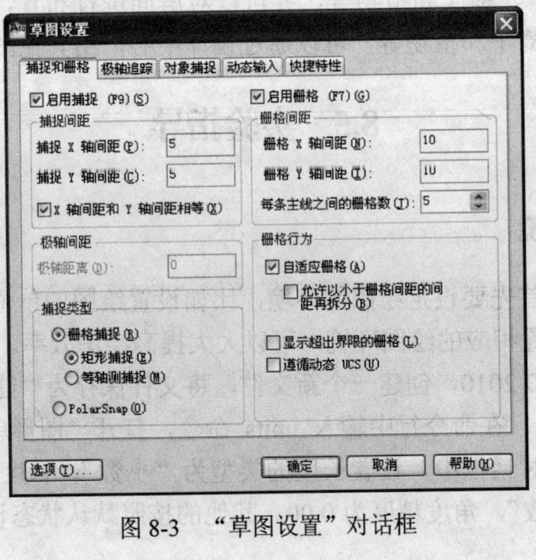

图 8-3 “草图设置”对话框

在“草图设置”对话框的“捕捉和栅格”选项卡中，设置“捕捉 X 轴间距”和“捕捉 Y 轴间距”为 5，选中“启用捕捉”和“启用栅格”复选框，其他设置按照系统默认状态设置。

8.5.2 管理图层

在绘制图形时，如果绘制的图形对象比较简单，可以不考虑进行分层管理。如果绘制的图形对象比较多，把所有的对象都放在一层中，不但不利于操作，还容易引起混乱，给管理带来比较多的麻烦。建议最好进行分层管理，将不同类型的图形放在不同的层中。

为了管理方便，把墙线放置在一个图层，把门放置在一个图层，把各种器具放置在一个图层，再把窗放置在另一个图层。

打开“图层特性管理器”对话框，如图 8-4 所示。

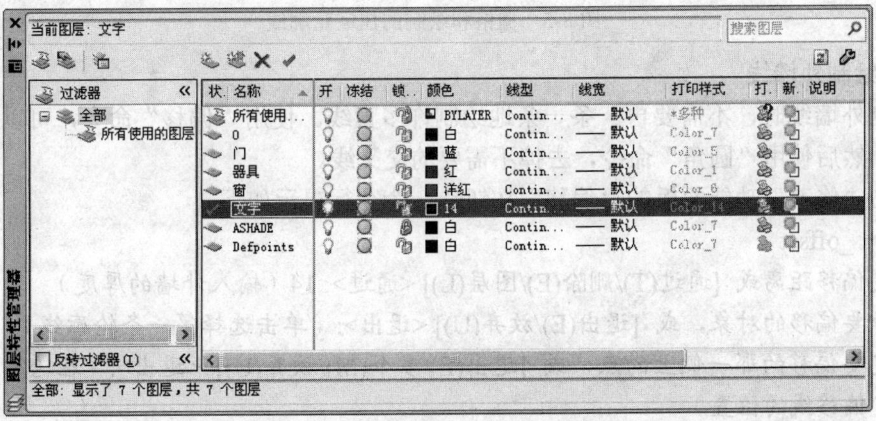

图 8-4 “图层特性管理器”对话框

在“图层特性管理器”对话框中，新创建 4 个图层，分别命令为“门”、“器具”、“窗”和“文字”，分别用来放置门、器具、窗和文字等。并对新创建的 4 个图层设定 4 种不同颜色。

8.5.3 绘制墙线

要绘制住宅墙线，先要绘制住宅的轮廓线，然后使用偏移命令绘制墙线。住宅的墙壁分为外墙和内墙，一般外墙（外部轮廓墙）和内墙（分隔内部空间的墙）的厚度是不一样的，所以要分别绘制。

1. 绘制房屋轮廓线

在“绘图”功能面板中单击“直线”按钮，绘制住宅的轮廓。这时命令行提示如下：

命令: _line

指定第一点:（用鼠标在图形界限边缘处指定住宅轮廓的起点）

指定下一点或 [放弃(U)]:（指定第一条直线的另一个端点）

指定下一点或 [放弃(U)]:（指定第二条直线的端点）

指定下一点或 [闭合(C)/放弃(U)]:（指定第三条直线的端点）

指定下一点或 [闭合(C)/放弃(U)]: C（闭合直线）

绘制的轮廓线如图 8-5 所示。

然后单击状态栏的“捕捉模式”和“栅格”按钮，暂时关闭捕捉和栅格功能。

图 8-5 栅格和绘制的住宅轮廓线

2．绘制外墙线

绘制外墙线时，不需要再一条一条地绘制许多直线。使用“偏移”命令，可以精确地绘制墙线，然后使用“圆角”命令，去掉不需要的交叉线。

单击“修改”功能面板的“偏移”按钮，命令行提示如下：

命令: _offset

指定偏移距离或 [通过(T)/删除(E)/图层(L)] <通过>: 14（输入外墙的厚度）

选择要偏移的对象，或 [退出(E)/放弃(U)] <退出>:（单击选择第一条轮廓线）

指定要偏移的那一侧上的点，或 [退出(E)/多个(M)/放弃(U)] <退出>:（在轮廓线内侧单击，确定偏移线的位置）

选择要偏移的对象，或 [退出(E)/放弃(U)] <退出>:（单击选择第二条轮廓线）

指定要偏移的那一侧上的点，或 [退出(E)/多个(M)/放弃(U)] <退出>:（在轮廓线内侧单击，确定偏移线的位置）

选择要偏移的对象，或 [退出(E)/放弃(U)] <退出>:（单击选择第三条轮廓线）

指定要偏移的那一侧上的点，或 [退出(E)/多个(M)/放弃(U)] <退出>:（在轮廓线内侧单击，确定偏移线的位置）

选择要偏移的对象，或 [退出(E)/放弃(U)] <退出>:（单击选择第四条轮廓线）

指定要偏移的那一侧上的点，或 [退出(E)/多个(M)/放弃(U)] <退出>:（在轮廓线内侧单击，确定偏移线的位置）

选择要偏移的对象，或 [退出(E)/放弃(U)] <退出>:（回车）

绘制的结果如图 8-6 所示。

然后使用“圆角”命令去掉墙线多余的交叉部分。

在“修改”功能面板中单击“圆角”按钮，命令行提示如下：

命令: _fillet

当前设置: 模式 = 修剪，半径 =33.00

选择第一个对象或 [放弃(U)/多段线(P)/半径(R)/修剪(T)/多个(M)]:r（设置倒角半径）

指定圆角半径 <33.00>: 0（设置倒角半径为 0，即对交叉线进行垂直修剪）

选择第一个对象或 [放弃(U)/多段线(P)/半径(R)/修剪(T)/多个(M)]: （选择使用偏移命令

得到的第一条线）

选择第二个对象，或按住 Shift 键选择要应用角点的对象:（选择与之交叉的线）

两条交叉线交叉以外的部分被修剪掉。使用同样的方法修剪其他交叉线。圆角处理后的结果如图 8-7 所示。

图 8-6 未修剪的外墙线图

图 8-7 进行圆角处理的外墙线

提示 进行修剪时，也可以使用“倒角”命令，设置倒角距离为 0 即可。或者使用修剪命令进行修剪。

绘制轮廓线和外墙线时，也可以使用矩形工具，但是这时绘制的 4 条线是一个整体，要想对其中的某一条线进行单独处理，需要使用分解工具将其分解为 4 条独立的线。

3．绘制内部墙线

在“修改”功能面板中单击“偏移”按钮，命令行提示如下：

命令: _offset

指定偏移距离或 [通过(T)/删除(E)/图层(L)] <14.0000>: 400

选择要偏移的对象，或 [退出(E)/放弃(U)] <退出>:（选择左边的外墙线）

指定要偏移的那一侧上的点，或 [退出(E)/多个(M)/放弃(U)] <退出>:（在左边外墙线右边单击）

选择要偏移的对象，或 [退出(E)/放弃(U)] <退出>:（回车）

绘制的第一条内墙线如图 8-8 所示。

继续执行“偏移”命令，绘制其他内墙线。

命令: _offset

指定偏移距离或 [通过(T)/删除(E)/图层(L)] <14.0000>: 10

选择要偏移的对象，或 [退出(E)/放弃(U)] <退出>:

定要偏移的那一侧上的点，或 [退出(E)/多个(M)/放弃(U)] <退出>:

命令: _offset

指定偏移距离或 [通过(T)/删除(E)/图层(L)] <14.0000>: 200

选择要偏移的对象，或 [退出(E)/放弃(U)] <退出>:

指定要偏移的那一侧上的点，或 [退出(E)/多个(M)/放弃(U)] <退出>:

选择要偏移的对象，或 [退出(E)/放弃(U)] <退出>:

命令: _offset

指定偏移距离或 [通过(T)/删除(E)/图层(L)] <14.0000>: 10

选择要偏移的对象，或 [退出(E)/放弃(U)] <退出>:

指定要偏移的那一侧上的点，或 [退出(E)/多个(M)/放弃(U)] <退出>:

选择要偏移的对象，或 [退出(E)/放弃(U)] <退出>:

绘制的结果如图 8-9 所示。

图 8-8 偏移得到的第一条内墙线

图 8-9 绘制其他内墙线

然后使用“圆角”命令修剪内墙线。单击“修改”功能面板的“圆角”按钮，命令行提示如下：

命令: _fillet

当前设置: 模式 = 修剪，半径 =0.00

选择第一个对象或 [放弃(U)/多段线(P)/半径(R)/修剪(T)/多个(M)]:（选择内墙水平线中上边线）

选择第二个对象，或按住 Shift 键选择要应用角点的对象:（选择内墙竖直线中右边的线）

“圆角”的结果如图 8-10 所示。

使用“修剪”工具修剪多余的线。为了方便修剪，首先放大显示。单击“修改”功能面板的“修剪”按钮，命令行提示如下：

命令: _trim

当前设置: 投影=UCS 边=无

选择剪切边 ...

选择对象或 <全部选择>:（选择左侧垂直线并回车）

选择要修剪的对象，或按住 Shift 键选择要延伸的对象，或[栏选(F)/窗交(C)/投影(P)/边(E)/删除(R)/放弃(U)]:（选择水平线右端并回车）

命令: _trim

当前设置: 投影=UCS 边=无

选择剪切边 ...

选择对象或 <全部选择>:（选择下侧水平线并回车）

选择要修剪的对象，或按住 Shift 键选择要延伸的对象，或[栏选(F)/窗交(C)/投影(P)/边(E)/删除(R)/放弃(U)]:（选择竖直线上端）

选择要修剪的对象，或按住 Shift 键选择要延伸的对象，或[栏选(F)/窗交(C)/投影(P)/边(E)/删除(R)/放弃(U)]:（回车）

修剪的结果如图 8-11 所示。

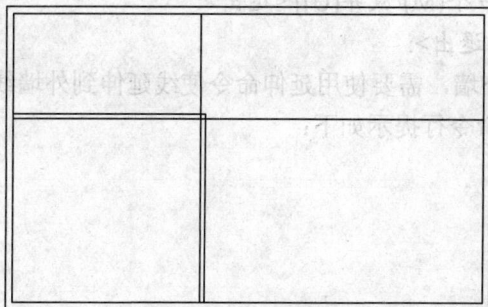

图 8-10　圆角处理的内墙线

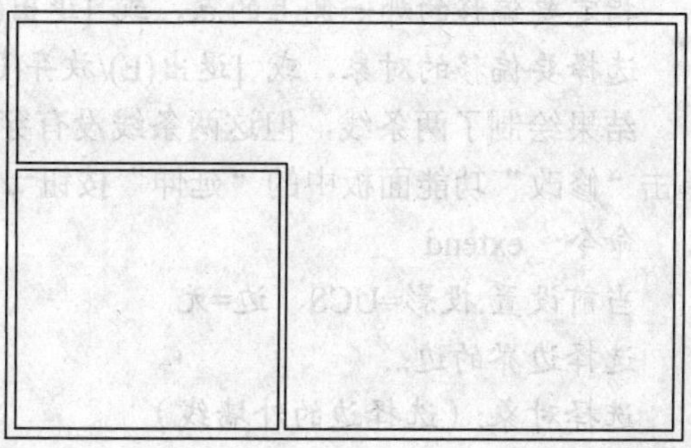

图 8-11　修剪后的内墙线

提示　要达到一种效果，有时可以采用多种方法，具体选择哪种方法，不但要看哪种方法更简洁，还要根据用户的操作习惯来确定。

采用类似的方法绘制出所有的内墙线。结果如图 8-12 所示。

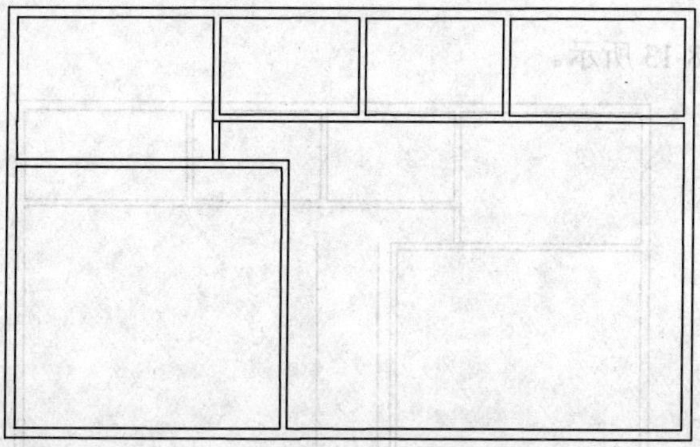

图 8-12　绘制的所有内墙线

8.5.4　在墙上开门洞

要在墙上安装门，首先要在安装门的地方开口。下面介绍如何使用偏移命令、延伸命令和修剪命令在墙上开口。墙壁分为外墙壁和内墙壁，其开口方法是一样的。

首先在外墙壁开口。开口前要确定门洞的位置，可以使用偏移命令，确定门洞的边界。

单击“修改”功能面板中的“偏移”按钮，命令行提示如下：

命令: _offset

指定偏移距离或 [通过(T)/删除(E)/图层(L)] <14.0000>: 20

选择要偏移的对象，或 [退出(E)/放弃(U)] <退出>:

指定要偏移的那一侧上的点，或 [退出(E)/多个(M)/放弃(U)] <退出>:

选择要偏移的对象，或 [退出(E)/放弃(U)] <退出>:

命令: _offset

指定偏移距离或 [通过(T)/删除(E)/图层(L)] <14.0000>: 95

选择要偏移的对象，或 [退出(E)/放弃(U)] <退出>:

指定要偏移的那一侧上的点，或 [退出(E)/多个(M)/放弃(U)] <退出>:

选择要偏移的对象，或 [退出(E)/放弃(U)] <退出>:

结果绘制了两条线，但这两条线没有穿透外墙，需要使用延伸命令使线延伸到外墙线。单击“修改”功能面板中的“延伸”按钮--/，命令行提示如下：

命令: _extend

当前设置:投影=UCS，边=无

选择边界的边...

选择对象:（选择边的外墙线）

选择对象:（回车）

选择要延伸的对象，或按住 Shift 键选择要修剪的对象，或[栏选(F)/窗交(C)/投影(P)/边(E)/放弃(U)]:（选择刚才偏移得到的第一条线）

选择要延伸的对象，或按住 Shift 键选择要修剪的对象，或[栏选(F)/窗交(C)/投影(P)/边(E)/放弃(U)]:（选择第二条线）

选择要延伸的对象，或按住 Shift 键选择要修剪的对象，或[栏选(F)/窗交(C)/投影(P)/边(E)/放弃(U)]:（回车）

绘制的结果如图 8-13 所示。

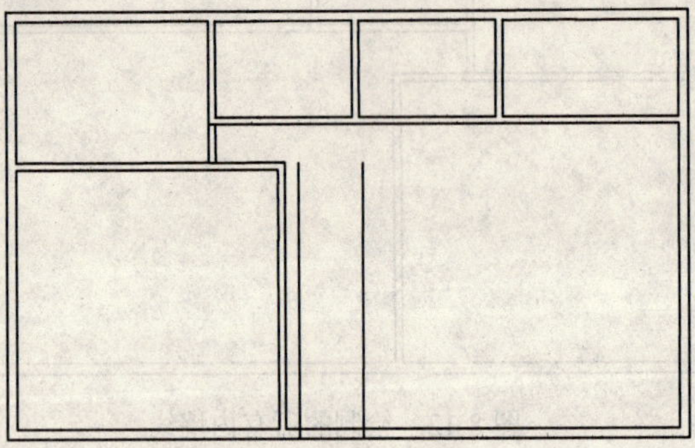

图 8-13　确定门洞边界

绘制好门洞的边界线后，再以边界线为基线，修剪掉门洞处的外墙体。单击“修改”功能面板的“修剪”按钮-/--，命令行提示如下：

命令: _trim

当前设置: 投影=UCS 边=延伸

选择剪切边 ...

选择对象:（选择刚才绘制的边界线）

选择对象: （回车）

选择要修剪的对象，或按住 Shift 键选择要延伸的对象，或[栏选(F)/窗交(C)/投影(P)/边(E)/删除(R)/放弃(U)]:（选择两条外墙线）

选择要修剪的对象，或按住 Shift 键选择要延伸的对象，或[栏选(F)/窗交(C)/投影(P)/边(E)/删除(R)/放弃(U)]:（回车）

结果修剪掉了外墙线。

命令: _trim
当前设置: 投影=UCS 边=延伸
选择剪切边 ...
选择对象:(选择内部的外墙线)
选择对象:(回车)
选择要修剪的对象，或按住 Shift 键选择要延伸的对象，或[栏选(F)/窗交(C)/投影(P)/边(E)/删除(R)/放弃(U)]:(选择边界线的上端)
选择要修剪的对象，或按住 Shift 键选择要延伸的对象，或[栏选(F)/窗交(C)/投影(P)/边(E)/删除(R)/放弃(U)]:(回车)

同样的方法修剪另一条边界线，结果修剪掉多余的门洞边界线。最后的修剪结果如图 8-14 所示。

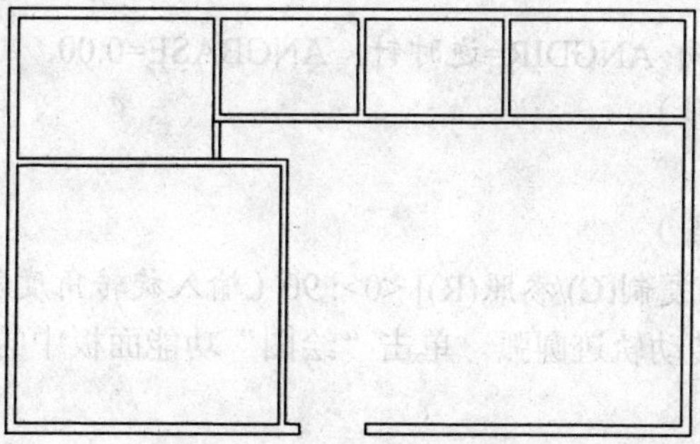

图 8-14　修剪得到的开口

使用同样的方法在阳台处和内墙需要开门洞的地方开口。完成所有开口的结果如图 8-15 所示。

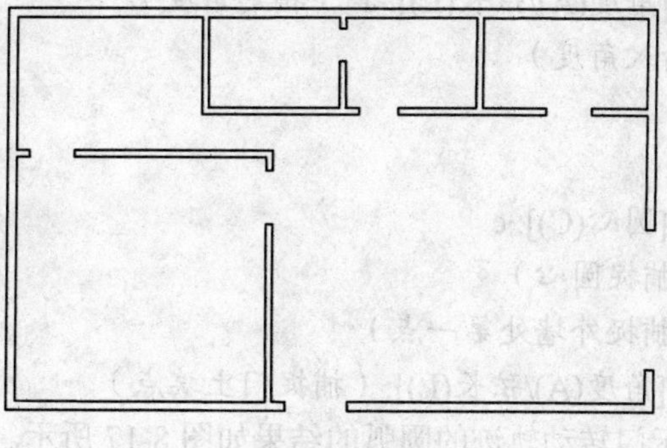

图 8-15　绘制的所有门洞开口

8.5.5　绘制门

在建筑平面图中，通常使用矩形来表示门，而用一段圆弧表示门沿轴转动的轨迹。门是可以开关的，所以门有多种位置，一般可以显示与关闭位置成 90°角的位置。如果这样的显示影响到其他设置的视觉，也可以显示与关闭位置成 45°角的位置。本例中有 8 个门，其中 7 个是能够转动的门，1 个是可以推拉的玻璃门。绘制这两种门需要采用不同的方法。

1．绘制可以转动的门

本例中有 7 个转动的门，每个门的规格又不相同。可以先绘制一个门，然后经过复制、旋转和比例缩放得到其他的门。但因为门的规格很不统一，也可以采用分别绘制的方法。

首先绘制表示门的矩形。为了便于操作，可以进行局部放大。

将“门”图层设置为当前图层。

单击“绘图”功能面板中的“矩形”按钮，命令行提示如下：

命令: _rectang

指定第一个角点或 [倒角(C)/标高(E)/圆角(F)/厚度(T)/宽度(W)]:（捕捉第一个角点）

指定另一个角点或 [面积(A)/尺寸(D)/旋转(R)]:（选取第二个角点）

绘制的结果如图 8-16 所示。

然后使用旋转命令，将门逆时针旋转 90°。

命令: _rotate

UCS 当前的正角方向: ANGDIR=逆时针　ANGBASE=0.00

选择对象:（选择矩形）

选择对象:（回车）

指定基点:（捕捉基点）

指定旋转角度，或 [复制(C)/参照(R)] <0>: 90（输入旋转角度）

接下来绘制表示门转动轨迹圆弧。单击“绘图”功能面板中的“圆弧”按钮，命令行提示如下：

命令: _arc

指定圆弧的起点或 [圆心(C)]:（捕捉起点）

指定圆弧的第二个点或 [圆心(C)/端点(E)]:c

指定圆弧的圆心:（捕捉圆心）

指定圆弧的端点或 [角度(A)/弦长(L)]: a （指定角度）

指定包含角: -90（输入角度）

或者

命令: _arc

指定圆弧的起点或 [圆心(C)]: c

指定圆弧的圆心:（捕捉圆心）

指定圆弧的起点:（捕捉外墙处第一点）

指定圆弧的端点或 [角度(A)/弦长(L)]:（捕捉门上端点）

旋转门及绘制了表示门转动轨迹的圆弧的结果如图 8-17 所示。

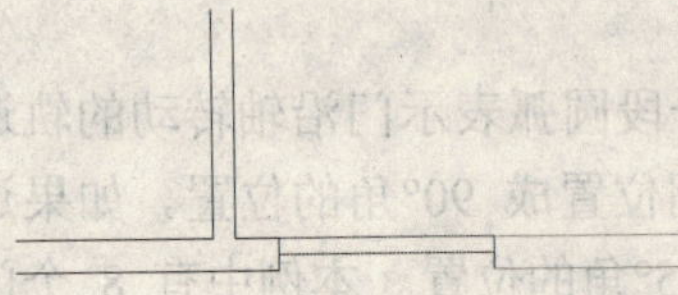

图 8-16　绘制表示门的矩形

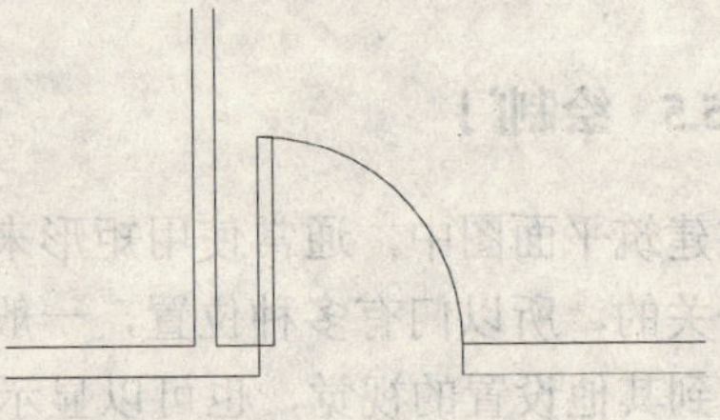

图 8-17　绘制门的转动轨迹

使用同样的方法绘制其他转门。考虑到厨房的门可能影响到门后冰箱的视觉，这个门采用了 45°的显示方式。所有转门的结果如图 8-18 所示。

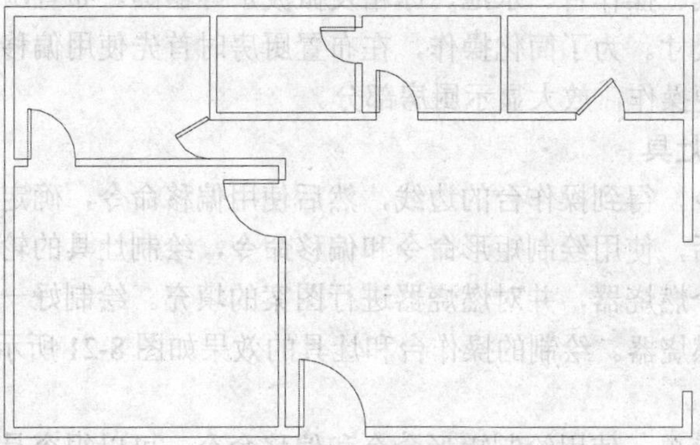

图 8-18 绘制好的所有的转动门

2．绘制阳台推拉门

推拉门的绘制方法与转门有所不同。在绘制阳台的推拉门之前先绘制好阳台，然后根据阳台决定推拉门的位置和尺寸。

单击“修改”功能面板的“拉长”图标，延伸外墙线。执行该命令后，命令行提示如下：

命令: _lengthen

选择对象或 [增量(DE)/百分数(P)/全部(T)/动态(DY)]: de

输入长度增量或 [角度(A)] <10.00>: 180

选择要修改的对象或 [放弃(U)]:

接下来使用偏移命令和修剪命令，最终得到绘制好的阳台。

为了方便绘制阳台推拉门，放大显示要绘制门的区域。使用直线和偏移命令，绘制如图 8-19 所示的线。

然后使用“修剪”、“圆角”或“倒角”命令进行编辑，得到最终的推拉门效果，如图 8-20 所示。

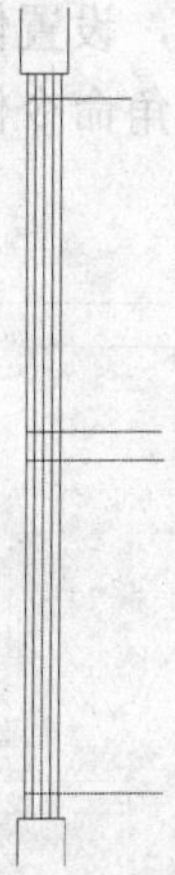

图 8-19 绘制推拉门边线

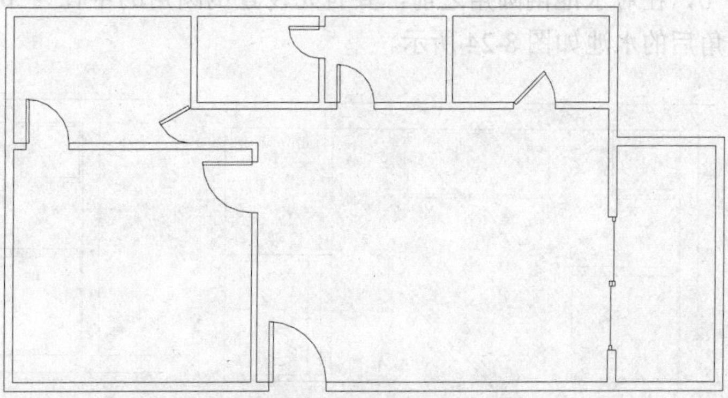

图 8-20 绘制的推拉门

8.5.6 绘制厨房用具

厨房中一般有灶具、操作台、水池、冰箱及微波炉等器具。布置厨房的关键是要确定各种器具的摆放位置和尺寸。为了简化操作，在布置厨房时首先使用偏移和圆角命令，确定操作台的位置。为了方便操作，放大显示厨房部分。

1．绘制操作台和灶具

首先使用偏移命令，得到操作台的边线，然后使用偏移命令，确定灶具安放的位置。确定好灶具的安放位置后，使用绘制矩形命令和偏移命令，绘制灶具的轮廓，然后使用绘制圆的命令绘制灶具的一个燃烧器，并对燃烧器进行图案的填充。绘制好一个燃烧器之后，使用复制命令得到另一个燃烧器。绘制的操作台和灶具的效果如图 8-21 所示。

2．绘制冰箱

冰箱的绘制比较简单，使用绘制矩形命令和偏移命令，可以很容易地绘制出冰箱。在本例中，冰箱放置在门的后面。绘制冰箱时要注意，在冰箱和墙之间要留有一定的空间供冰箱散热。绘制冰箱的效果如图 8-22 所示。

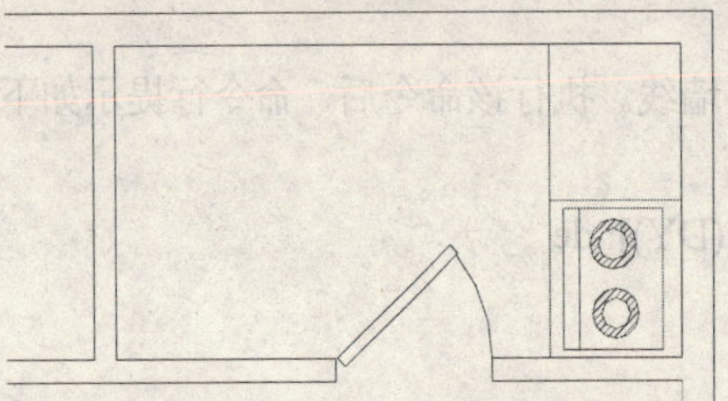

图 8-21 绘制操作台和灶具的效果

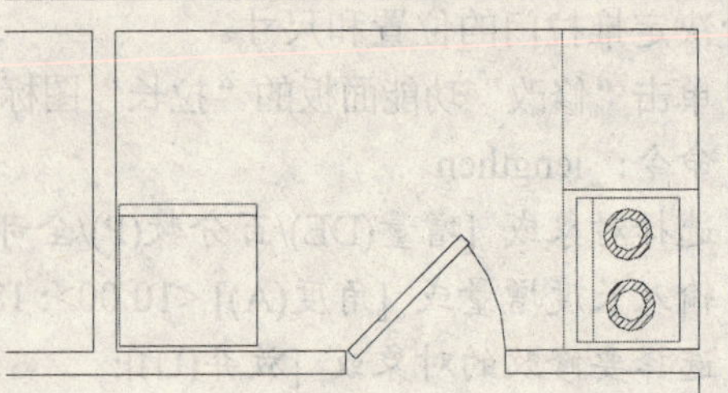

图 8-22 绘制冰箱的效果

3．绘制水池和微波炉

为了比较精确地确定水池的位置，首先使用偏移命令和修剪命令构造水池的轮廓，如图 8-23 所示。

使用倒圆角命令，构造水池的弧形拐角。因为在前面使用圆角命令时，设置倒角的半径为 0，在对水池倒圆角之前，要首先设置倒圆角的半径为 6，然后使用圆角命令倒圆角。倒圆角后的水池如图 8-24 所示。

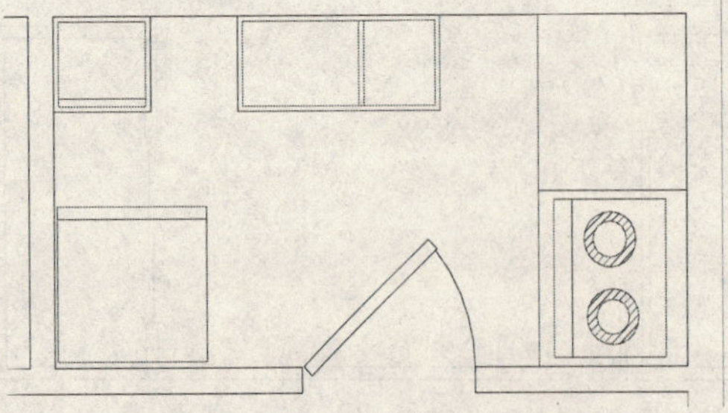

图 8-23 绘制微波炉和水池轮廓

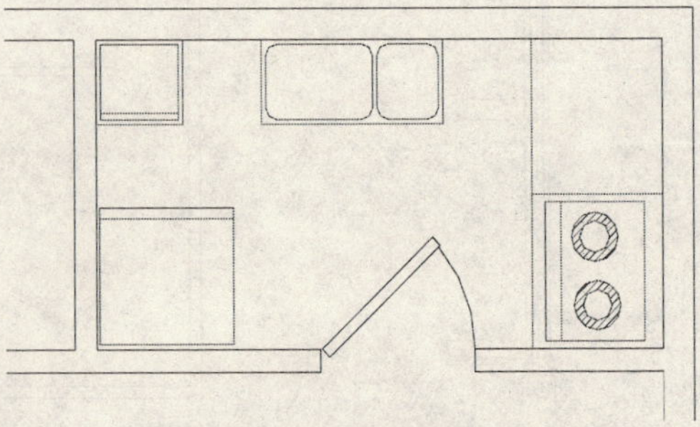

图 8-24 厨房中绘制好的水池

8.5.7　绘制卫生间洁具

卫生间洁具包括浴盆、马桶、面盆以及干手器等。本例中面盆和马桶是分开设置的。面盆设置在卫生间的外面，马桶和浴盆设置在卫生间的里面。首先布置浴盆和马桶等器具。为了绘图方便，放大显示卫生间。

1．绘制浴盆

浴盆在卫生间中占据比较大的面积，必须先设置好浴盆的位置。为了精确定位浴盆，首先使用偏移命令，确定浴盆的轮廓。如图 8-25 所示。

确定好浴盆的轮廓之后，使用倒圆角命令，构造浴盆的内轮廓。在倒圆角之前，首先要设定倒角半径为 30，然后再进行倒角。最后使用绘制圆的命令绘制浴盆的下水口。绘制的浴盆如图 8-26 所示。

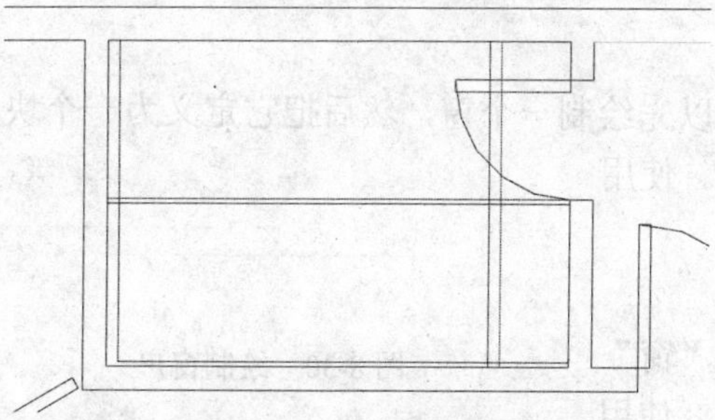

图 8-25　确定浴盆轮廓

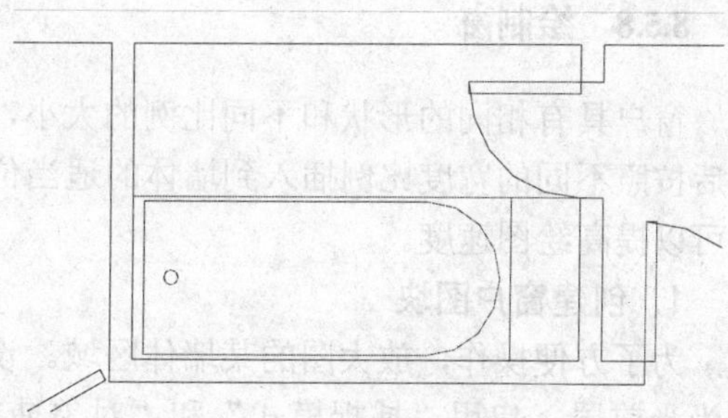

图 8-26　绘制好的浴盆

2．绘制马桶

马桶由冲水器和坐便器两部分组成。冲水器为方形的，可以使用绘制矩形命令得到。坐便器为椭圆形，首先绘制内外两个椭圆，绘制冲水器外沿到外椭圆的切线，然后使用“修改”功能面板的“打断”命令，去掉外椭圆的多余部分。绘制的马桶如图 8-27 所示。

3．绘制面盆和干手器

与绘制马桶相比，面盆的绘制要简单一些。首先使用偏移命令，绘制出面盆的台板，然后使用绘制椭圆的命令绘制内外两个椭圆表示面盆，使用绘制圆的命令绘制面盆的下水口。干手器可以使用绘制矩形命令和偏移命令得到。绘制的结果如图 8-28 所示。

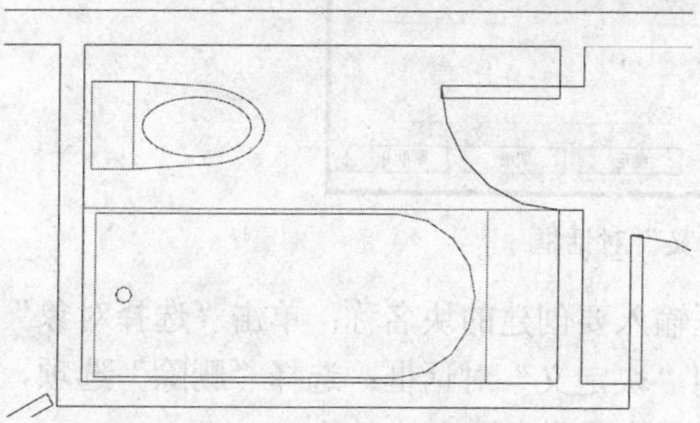

图 8-27　绘制马桶的效果

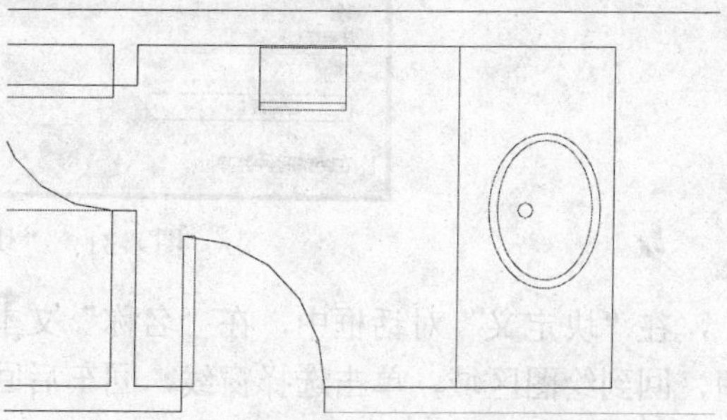

图 8-28　绘制面盆和干手器的效果

至此，厨房和卫生间的所有器具布置完毕。住宅的整体效果如图 8-29 所示。

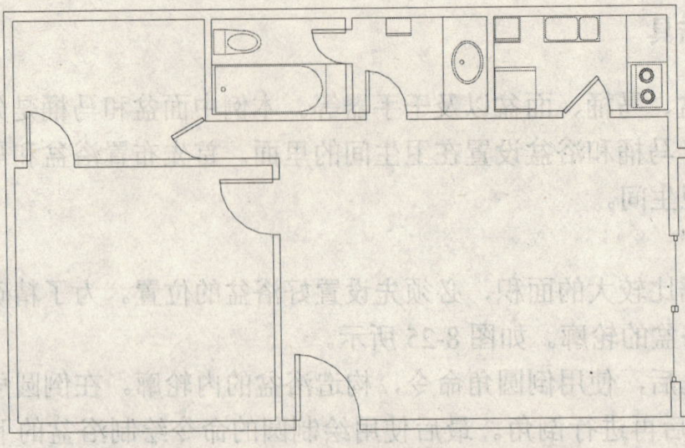

图 8-29　绘制完的整体效果图

8.5.8　绘制窗

窗户具有相同的形状和不同比例的大小，可以先绘制一个窗，然后把它定义为一个块，最后按照不同的宽度比例插入到墙体的适当位置。使用块可以提高绘图速度。

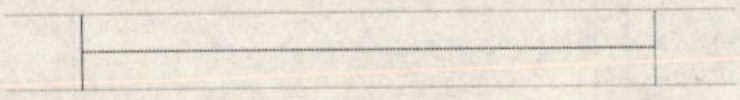

图 8-30　绘制窗户

1．创建窗户图块

为了方便操作，放大图的某墙体区域。设置“窗”层为当前层，启用“捕捉模式”和“对象捕捉”，使用直线命令绘制一个小的窗户，如图 8-30 所示。

选择“绘图”菜单的“块”子菜单中的“创建”项，或者在“常用”选项卡的“块”功能面板中单击“创建”按钮，打开“块定义”对话框，如图 8-31 所示。

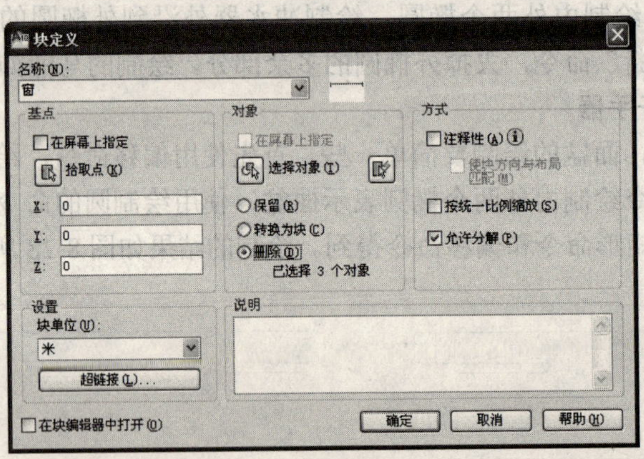

图 8-31　“块定义”对话框

在“块定义”对话框中，在“名称”文本框输入要创建的块名称；单击“选择对象”按钮，回到绘图区域，单击选择窗线，回车后回到“块定义”对话框；选择“删除”选项，单击“确定”按钮。把选定的对象创建为块，同时删除图形中选定的对象。

2．插入块

创建好块之后，就可以把创建的块插入到图形的适当位置了。

选择“插入”菜单的“块”命令，或者在“常用”选项卡的“块”功能面板中单击“插入”按钮，打开“插入”对话框，如图 8-32 所示。

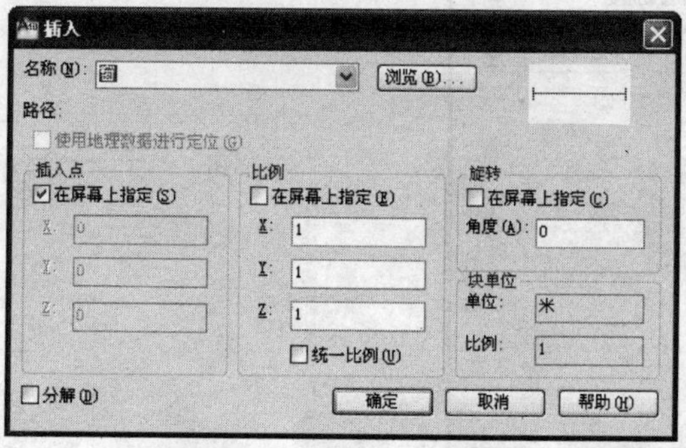

图 8-32　“插入”对话框

在“插入”对话框的“名称”列表中选择要插入的块的名称；启用“在屏幕上指定”插入点、“在屏幕上指定”缩放比例和“在屏幕上指定”旋转复选框。设置完毕单击“确定”按钮，使用鼠标在屏幕上确定插入点、比例因子和旋转角度，插入第一个窗户。重复以上操作，插入其他窗户。插入所有窗户后的结果如图 8-33 所示。

插入完所有的窗户后，基本完成了住宅平面图的绘制。因为绘制的是一个简图，所以不再描述具体的尺寸，也不再对图纸进行详细的说明。

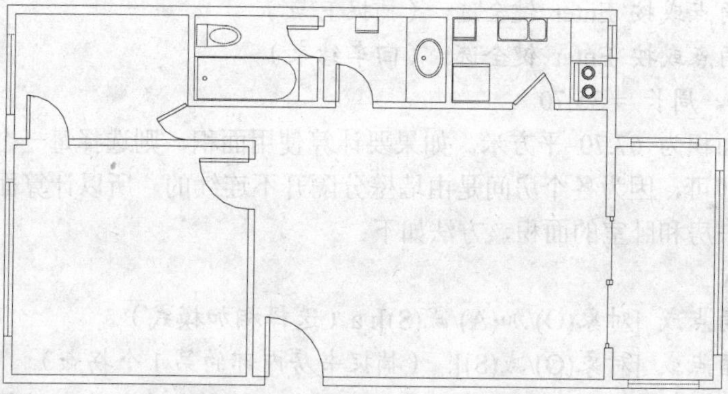

图 8-33　插入窗户后的整体效果图

8.5.9　计算建筑面积

虽然绘制的只是一个建筑平面简图，没有标明具体尺寸，但是绘制好之后，可以通过 Area 命令查询建筑相关面积。

首先设置单位，打开“图形单位”对话框，如图 8-34 所示。

在“图形单位”对话框中，设置“长度类型”为小数，“精度”为 0.00，“用于缩放插入内容的单位”为米。设置好之后单击“确定”关闭该对话框。

然后选择“工具”菜单的“查询”→“面积”命令，或单击“常用”选项卡中“实用工具”功能面板的“面积”按钮，再依次选择建筑平面图中外墙外线的 5 个拐点 A、B、C、D、E，如图 8-35 所示，之后按回车结束。命令行提示如下：

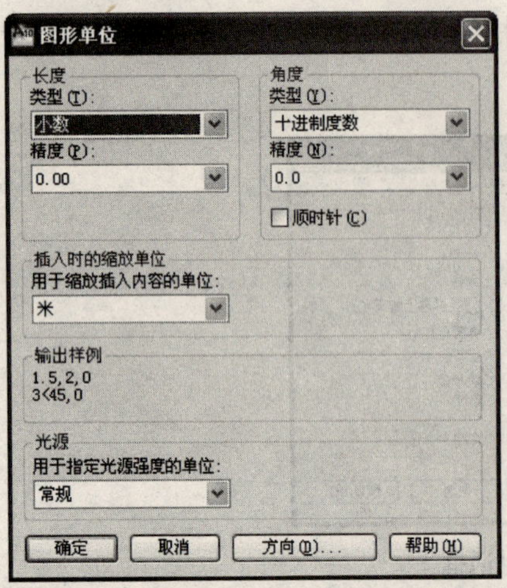

图 8-34 设置绘图单位和精度

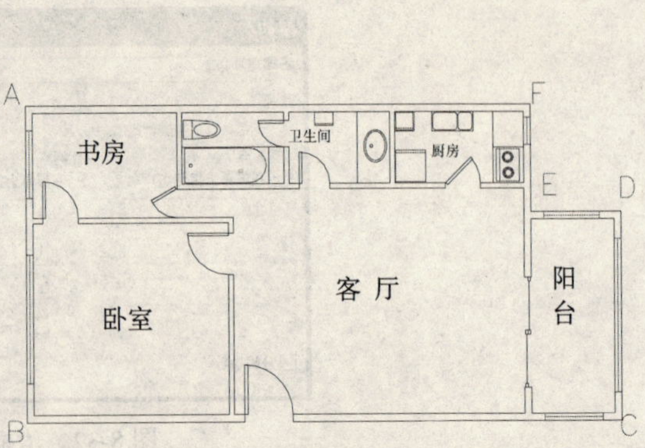

图 8-35 建筑面积测量点

命令: _area

指定第一个角点或 [对象(O)/加(A)/减(S)]: (捕捉 A 点)

指定下一个角点或按 Enter 键全选: (捕捉 B 点)

指定下一个角点或按 Enter 键全选: (捕捉 C 点)

指定下一个角点或按 Enter 键全选: (捕捉 D 点)

指定下一个角点或按 Enter 键全选: (捕捉 E 点)

指定下一个角点或按 Enter 键全选: (回车结束)

面积 =67.70, 周长 =35.70

计算的建筑面积为 67.70 平方米。如果要计算使用面积，则选择每一个房间墙壁内部线的拐点进行计算即可，因为各个房间是由墙壁分隔开不连续的，所以计算面积时要采用相加模式，例如计算书房和卧室的面积，方法如下：

命令: _AREA

指定第一个角点或 [对象(O)/加(A)/减(S)]: a(选择相加模式)

指定第一个角点或 [对象(O)/减(S)]: (捕捉书房内部的第 1 个拐点)

指定下一个角点或按 Enter 键全选 ("加" 模式): (捕捉书房内部的第 2 个拐点)

……

指定下一个角点或按 Enter 键全选 ("加" 模式): (捕捉书房内部的第 4 个拐点)

面积 =5.73, 周长 =9.72(计算书房的面积)

总面积 =5.73

指定第一个角点或 [对象(O)/减(S)]: (捕捉卧室内部的第 1 个拐点)

指定下一个角点或按 Enter 键全选 ("加" 模式): (捕捉书房内部的第 2 个拐点)

……:

指定下一个角点或按 Enter 键全选 ("加" 模式): (捕捉卧室内部的第 4 个拐点)

面积 =14.16, 周长 =15.06(计算出了卧室的面积)

总面积 =19.89

最后计算出的书房加卧室的面积为 19.89 平方米。

8.5.10 布置家具

这里以在书房布置办公桌椅、计算机和电话为例，介绍如何进行室内布置。

在本例中没有绘制桌椅等家具，要绘制比较麻烦，可以借助其他图形库中绘制的桌椅等。单击“视图”选项卡，选择“选项板”功能面板中的“设计中心”按钮，打开设计中心，在文件夹列表中找到系统自带的文件 db_samp，选择“块”，则在设计中心的右边显示了所有的块，如图 8-36 所示。

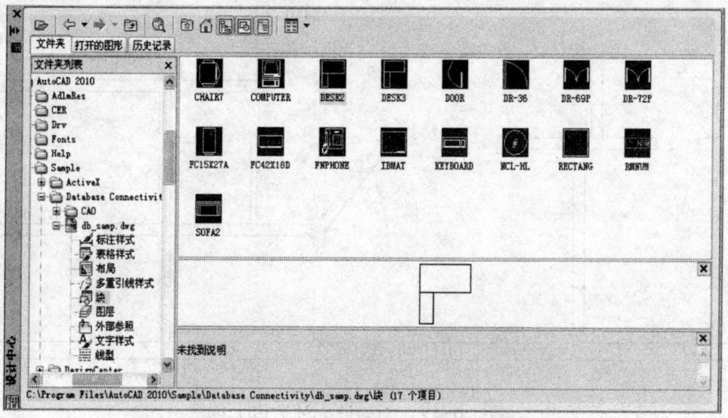

图 8-36　通过设计中心插入图块

首先将块 DESK2 拖放到书房内的适当位置，但是感觉办公桌的大小不太合适。打开“特性”功能面板进行调整，设置“X 比例”为 1.5，如图 8-37 所示。然后插入办公椅，设置其旋转角度为 270°，插入计算机，设置其旋转角度为 30°，最后插入电话。

调整好它们之间的位置关系，最后的效果如图 8-38 所示。

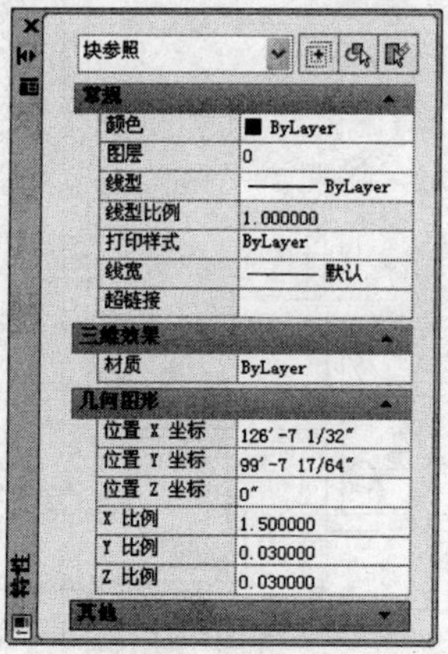

图 8-37　修改块特性

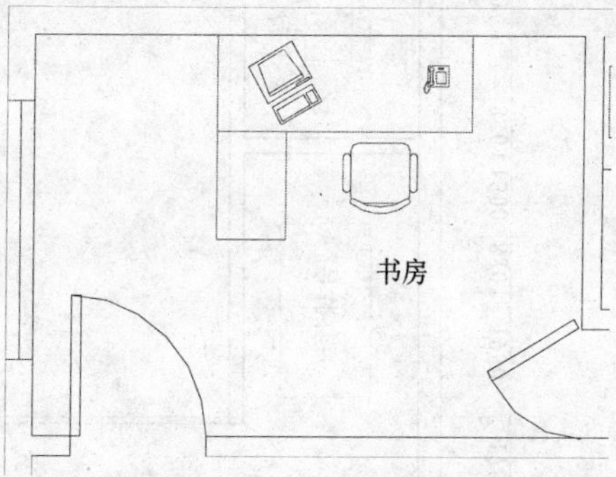

图 8-38　布置书房

8.6　课后练习

1．绘制如图 8-39 所示的建筑平面图，并计算室内面积。该图中只包括墙线、窗户、楼梯等建筑结构，具体尺寸可参照图中标示。

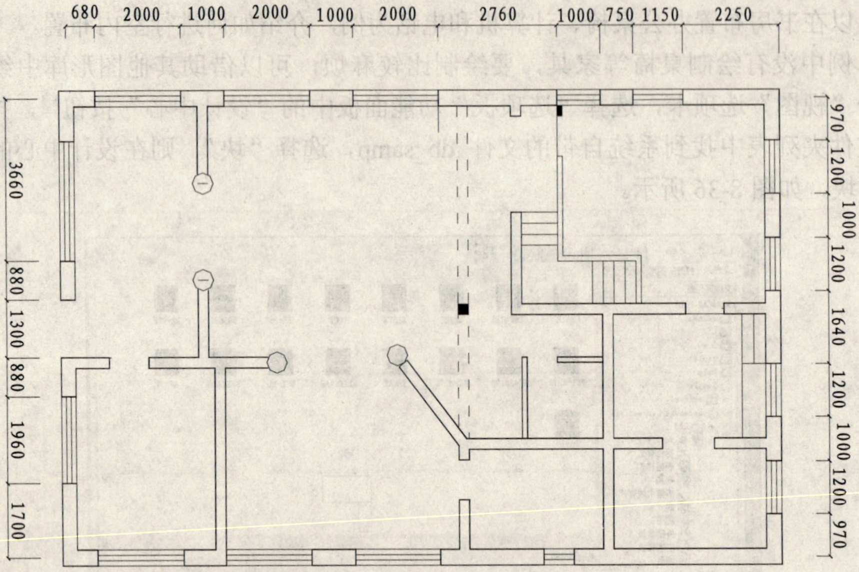

图 8-39　建筑结构平面图

2．绘制如图 8-40 所示的建筑平面图。该图中不仅包括墙线、窗户、楼梯等建筑结构，还绘制了家具布置等，具体尺寸可参照图中标示。

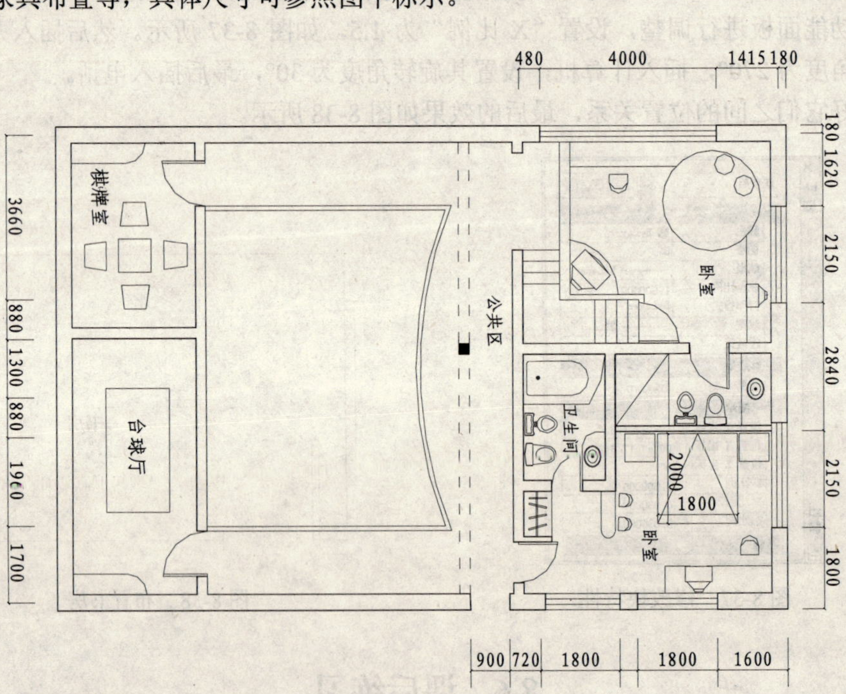

图 8-40　建筑平面图

第 9 章　绘制建筑立面图

在 AutoCAD 2010 中绘出如图 9-1 所示的教学楼的建筑立面图。

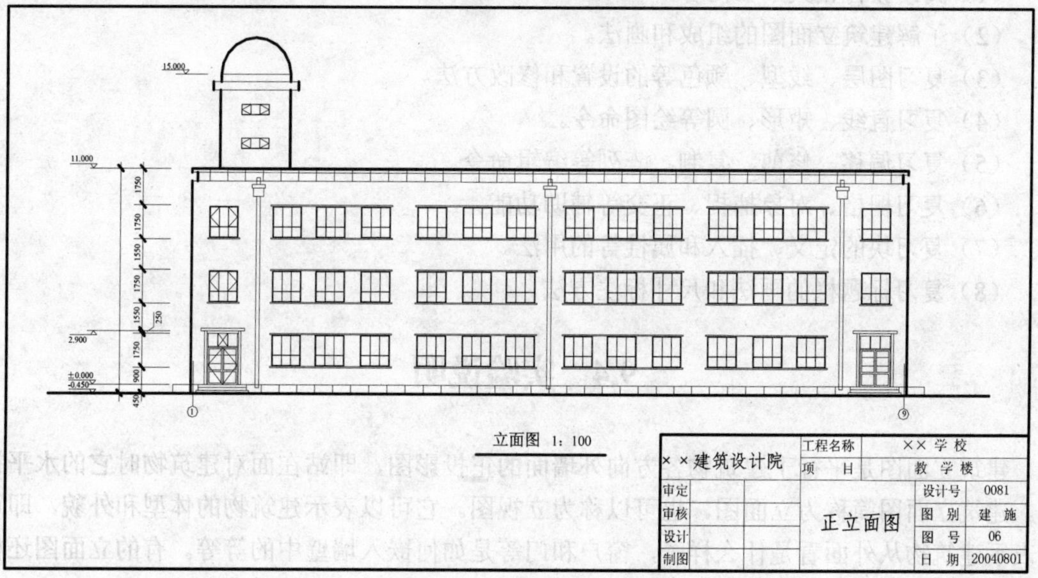

图 9-1　教学楼建筑正立面图

9.1　实验目的

通过在 AutoCAD 2010 中绘制建筑立面图，掌握在 AutoCAD 2010 中绘制建筑立面图基本方法和步骤。通过二维图的绘制、尺寸和技术要求的标注，进一步掌握基本绘图方法和编辑命令。

（1）学习建筑立面图的绘制方法和技巧。
（2）了解建筑尺寸的表示方法。
（3）学习处理重复图形的方法。
（4）掌握直线、矩形、圆等绘图命令。
（5）掌握偏移、修剪、复制、阵列等编辑命令。
（6）掌握标题栏的绘制方法。
（7）掌握块的定义和插入。

9.2　实验要求

（1）在 AutoCAD 2010 中绘制如图 9-1 所示的建筑立面图。

（2）参照图 9-1 所示的尺寸，按 1:100 比例进行绘制。

（3）绘制窗户时，要求采用复制、阵列等不同方法。

9.3 实验准备工作

（1）阅读教材相关章节内容。

（2）了解建筑立面图的组成和画法。

（3）复习图层、线型、颜色等的设置和修改方法。

（4）复习直线、矩形、圆等绘图命令。

（5）复习偏移、修剪、复制、阵列等编辑命令。

（6）复习栅格、对象捕捉、正交等辅助功能。

（7）复习块的定义、插入和属性等的用法。

（8）复习标题栏的画法和尺寸标注方法。

9.4 实验说明

建筑立面图是平行于建筑物各方向外墙面的正投影图，即站在面对建筑物时它的水平视图。建筑立面图简称为立面图，也可以称为立视图。它可以表示建筑物的体型和外貌，即可以表示建筑物从外面看是什么样子，窗户和门等是如何嵌入墙壁中的等等。有的立面图还标明外墙装饰要求等。

立面图表示建筑的体型和外貌，主要为建筑施工和室外装修用，其基本内容包括：

（1）表明建筑物的外形，门窗、台阶、雨棚、阳台、雨水管等的位置。

（2）用标高表示出建筑物的总高度、各楼层高度、室内外地坪标高以及烟囱高度等。

（3）表明建筑物外墙所用材料及装饰面的风格。

（4）有时还标注墙身剖面图的位置。

第 8 章已经练习了建筑平面图的绘制过程，建筑立面图的绘制方法也是一样的。对于平面图，先绘制墙线，定门窗位置，再画细部（如门窗、楼梯、卫生间等）。对于立面图，应先定室外地平线、外墙轮廓线和屋顶线，然后确定门窗位置，再画细部（如雨水管、窗台等）。在立面图中，往往每层的结构都是一样的或部分一样的，所以可以先完成一层，再作阵列或多重复制，对不同的部分进行适当的修改即可。

在大部分的设计项目中，图纸中至少应包含四个方向的立面图：前立面图、后立面图以及两个左右侧立面图。有时按建筑物的朝向确定立面图的名称为南立面图、北立面图、东立面图和西立面图。下面将以绘制某建筑物的正立面图为例，练习建筑立面图的画法。其他立面图的画法与绘制前立面图相似，可参照进行。

许多命令在前面的练习中已经使用，这里只说明绘制的方法，不再一一列举绘制的具体过程。

9.5 实验指导

9.5.1 绘制绘图基准线

建筑立面图的绘制，可以采用以下方式：一是采用类似于在传统的绘图板上所用的技术来绘制，即在建筑平面图的下方绘制立面图，通过从平面图中将关键点下移，与水平线相交表示立面图中相应部件的顶点。采用这种方式绘图时，将立面图和平面图绘制在一张图纸上，对比效果明显。但是如果绘制的图比较大，需要把建筑立面图绘制在另一张图纸上，可以采用另一种绘图方式，根据平面图中的轴线、尺寸和层高等信息，先绘制基准线和辅助线，在此基础上绘制立面图。本例就是采用后一种方式绘制建筑立面图的。

1．设置图层特性

为了绘图管理的方便，可以将绘图中绘制的不同类型的线放置在不同的图层中。比如把墙线放置在一个图层中，把门窗、标注、标题文字、索引等分别放置在其他不同的层中。这不仅有利于分类显示图线，也有利于编辑和修改。

打开“图层特性管理器”对话框，如图 9-2 所示。

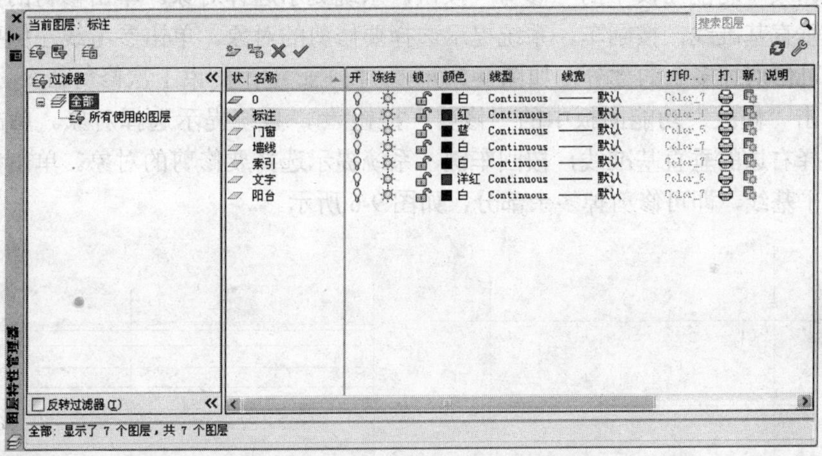

图 9-2 “图层特性管理器”对话框

在“图层特性管理器”对话框中，单击“新建图层”按钮，新建一个图层，并命名为“墙线”。然后依次创建“门窗”、“标注”、“索引”等图层。建好这些图层后，就可以把不同的线放置在相应的层中了。有的线要求用粗线表示，比如地平线，这里先不对层的线型进行设置，基本完成立面图后，再进行细节的调整。所以新建层的线型和线宽等都使用默认的值。

2．画绘图基准线和辅助线

首先将墙线层设为当前层。

单击状态栏中的“正交模式”按钮，打开正交开关。

单击“绘图”功能面板的“直线”按钮，使用“直线”命令绘制水平的地平线和左侧的基准线，如图 9-3 所示。

单击“修改”功能面板中的“偏移”按钮，绘制其他基线和辅助线。偏移的距离根据平面图中的尺寸和层高确定绘制水平和铅垂方向基准线。虽然有的基线可以省略，但为了绘图的方便，这里画出了大部分的基线，并绘制了几条辅助线。待绘图结束时，再把辅助线删除掉即可。绘制的水平和垂直方向的基准线与辅助线形成的网格如图 9-4 所示。

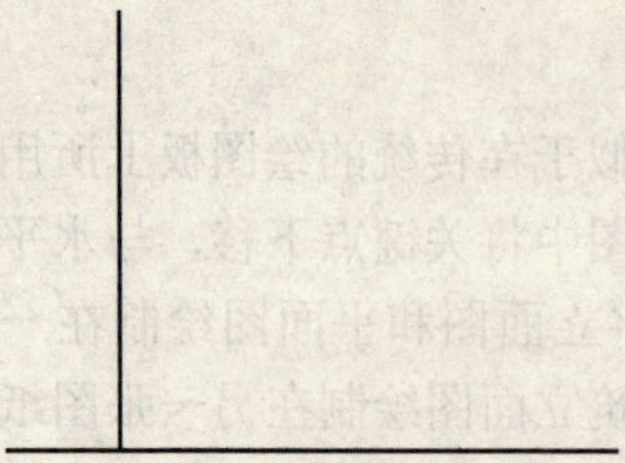

图 9-3　作绘图基准线

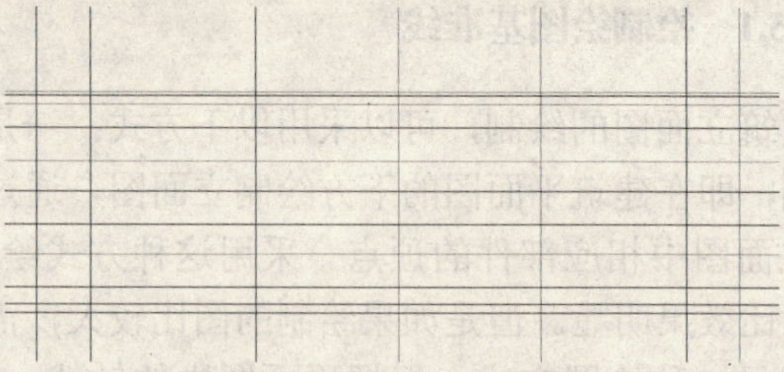

图 9-4　绘制基线网格

9.5.2　绘制建筑物轮廓

下一步的工作是修剪立面图中相应的直线，得到建筑物的轮廓图。首先进行初步的修剪。

1. 修剪基本轮廓

单击“修改”功能面板中的“修剪”按钮，系统提示选择对象。单击修剪的参考对象，选择左边的垂直基准线，按回车，系统提示选择要修剪的对象。单击参考线左侧要修剪的水平基线，即可修剪掉多余的部分，如图 9-5 所示。按 Esc 键，结束上次修剪命令。

再次单击“修改”功能面板中的“修剪”按钮 ，系统提示选择对象。单击修剪的参考对象，选择右边的垂直基准线，按回车键，系统提示选择要修剪的对象。单击参考线右侧要修剪的水平基线，即可修剪掉多余部分，如图 9-6 所示。

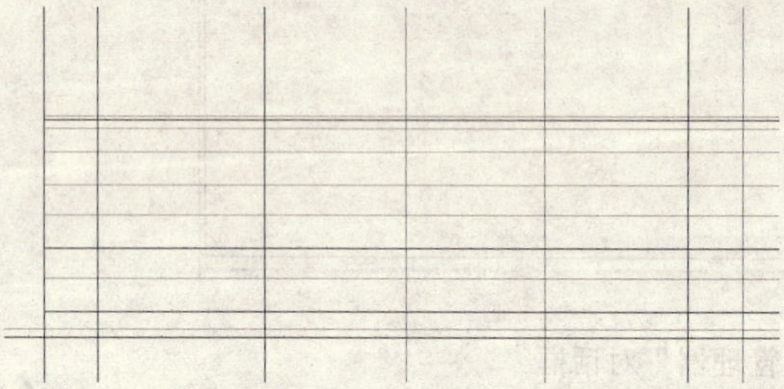

图 9-5　修剪基准线左边的直线

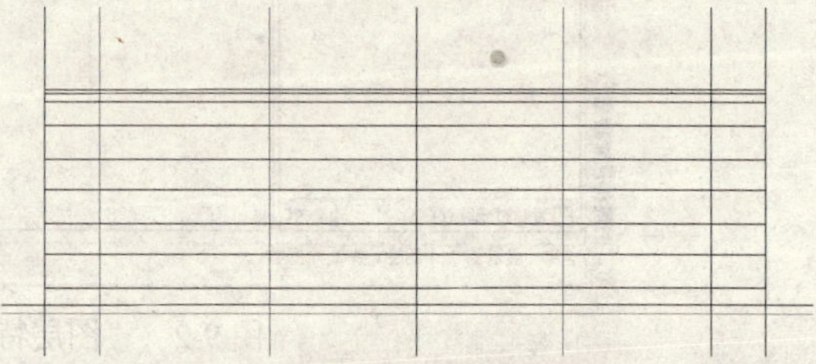

图 9-6　修剪基准线右边的直线

因为下面的水平线和台阶部分要做不同的修剪处理，即要保留突出墙壁的部分，所以这里先不进行修剪。接下来使用同样的方法修剪建筑物上面的垂直线和地平线下面的垂直线，修剪的结果如图 9-7 所示。

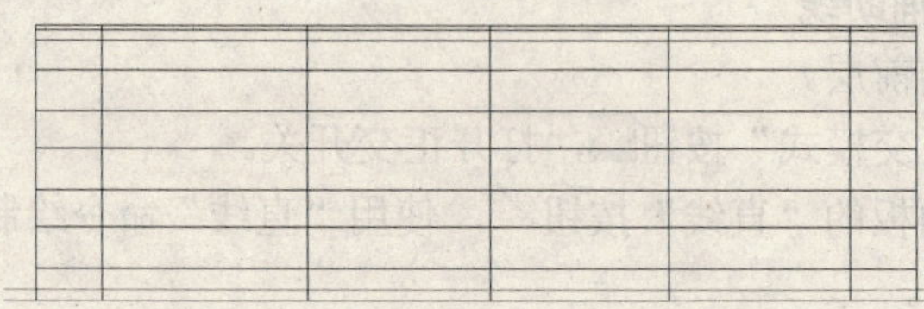

图 9-7　修剪建筑物上面的垂直线和水平线下面的垂直线

2. 修剪轮廓细部

经过上面的操作，得到建筑物的基本轮廓。接下来修剪建筑物的细部，即修剪建筑物的台阶部分和顶部。

因为建筑物的台阶部分要突出到建筑物的墙壁之外，所以要先确定突出部分的尺寸，使用偏移命令，能够比较容易地确定台阶的位置。

单击“修改”功能面板中的“偏移”按钮，系统提示指定偏移距离。根据规定的尺寸，输入台阶突出建筑物部分的数字，按回车后系统提示选择要偏移的对象。单击选择左边的垂直基准线，系统提示指定偏移所在一侧。在左边的垂直基准线的左侧单击，则按输入的尺寸，在指定对象的左侧复制一条相同的直线。系统继续提示选择要偏移的对象。

单击选择右边的垂直基准线，系统提示指定偏移所在一侧。在右边的垂直基准线的右侧单击，则按相同的尺寸在指定对象的右侧复制一条相同的直线。系统继续提示选择要偏移的对象。按 Esc 键或回车结束“偏移”命令。偏移的结果如图 9-8 所示。

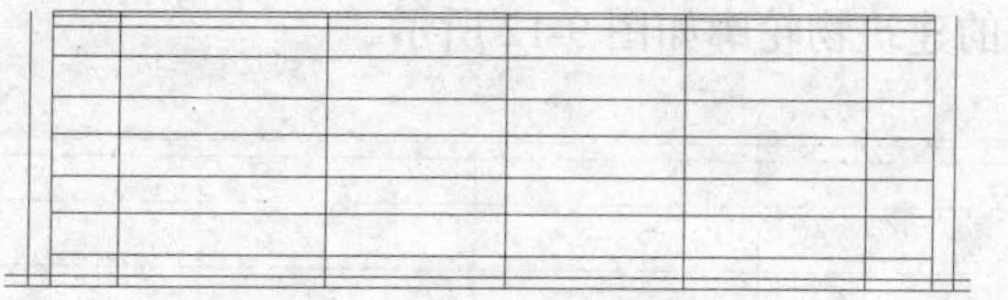

图 9-8　绘制台阶参考线

接下来修剪台阶部分。对台阶部分的修剪，可以使用“修剪”命令，也可以使用“圆角”命令。在这里使用“圆角”命令修剪台阶以外部分的直线，注意在修剪前要设置圆角的半径为 0。

单击“修改”功能面板中的“圆角”按钮。在命令行输入 r，回车后输入圆角半径 0。再次单击“修改”功能面板中的“圆角”按钮，选择台阶的上边和侧边。使用同样的方法修剪台阶其他部分的直线，修剪的结果如图 9-9 所示。

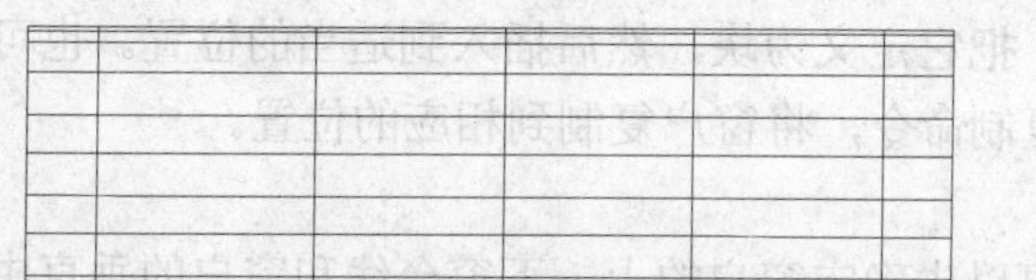

图 9-9　修剪台阶

修剪好建筑物的台阶后，接下来处理建筑物的屋顶部分。屋顶的下面是凹进的线脚。为了精确确定凹进了多少，先使用“偏移”命令绘制参考线。

单击“修改”功能面板中的“偏移”按钮，系统提示指定偏移距离。根据规定的尺寸，输入凹进的尺寸，按回车后系统提示选择要偏移的对象。单击选择左边的垂直基准线，系统提示指定偏移所在一侧。在左边的垂直基准线的右侧单击，则按输入的尺寸在指定对象的右侧复制一条相同的直线。系统继续提示选择要偏移的对象。

单击选择右边的垂直基准线，系统提示指定偏移所在一侧。在右边的垂直基准线的左侧单击，则按相同的尺寸在指定对象的左侧复制一条相同的直线。系统继续提示选择要偏移的对象。按 Esc 键或回车结束“偏移”命令。偏移的结果如图 9-10 所示。

接下来修剪屋顶凹进部分。为了便于修剪操作，放大显示需要修剪的部分。

单击“修改”功能面板中的“修剪”按钮，系统提示选择对象。单击修剪的参考对象，选择凹进部分两边基线，按回车，系统提示选择要修剪的对象。单击要修剪掉的直线，即可修剪掉多余的部分，修剪的结果如图 9-11 所示。

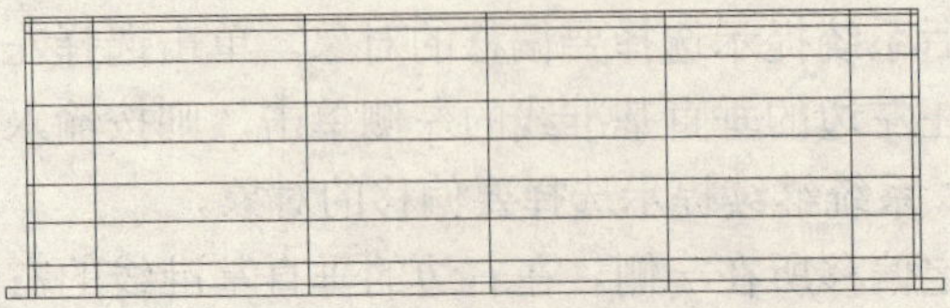

图 9-10　绘制屋顶凹进参考线

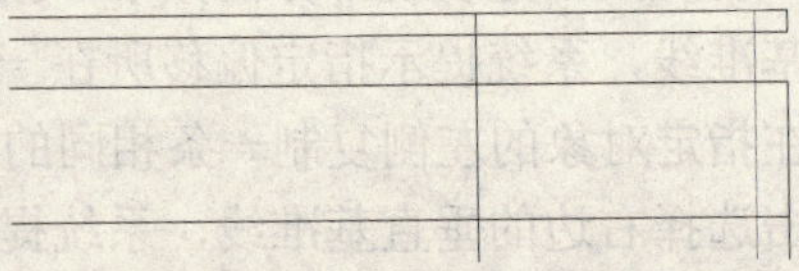

图 9-11　修剪屋顶凹进部分

使用同样的方法修剪另一边的凹进部分，然后修剪掉参考线的多余部分，整个建筑的轮廓即修剪完毕。修剪好的建筑物轮廓如图 9-12 所示。

图 9-12　修剪好的建筑物轮廓

9.5.3　绘制门窗

为了完成正立面图，现在需要加入前门、窗户和门槛等。由于建筑中的窗户规格相同，可以先绘制一个窗户，把它定义为块，然后插入到适当的位置。也可以使用阵列命令排列窗户，还可以使用连续复制命令，将窗户复制到相应的位置。

1. 绘制单窗

在绘制窗户前，可以先确定窗户的上、下窗台线和窗户的垂直中线，这样可以方便窗户的绘制。为了绘图方便，使用缩放窗口缩放局部视图。

绘制前先将“门窗”层设为当前层，并使用正交模式。

单击“修改”功能面板中的“偏移”按钮，系统提示指定偏移距离。根据规定的尺寸，输入窗台的尺寸，按回车后系统提示选择要偏移的对象。单击选择窗台的上基准线，系统提示指定偏移所在一侧。在窗台的上基准线下边单击，则按输入的尺寸在指定对象的下方复制一条相同的直线。系统继续提示选择要偏移的对象。

单击选择窗台的下基准线，系统提示指定偏移所在一侧。在窗台的下基准线的上边单击，则按相同的尺寸在指定对象的上方复制一条相同的直线。系统继续提示选择要偏移的对象。

使用“直线”命令，通过中间窗户的中点画一条垂直参考线。使用“偏移”命令，根据窗户的宽度，以窗户的垂直中线为参考，绘制窗户的左右外边框线，如图 9-13 所示。绘制好窗户的左右外边框线后，就可以删除用作参考的窗户的垂直中线了。单击选中窗户的垂直中线，按 Delete 键即可删除窗户的垂直中线。

接下来修剪窗户边框线超出窗台的部分。详细步骤不再叙述，修剪结果如图 9-14 所示。

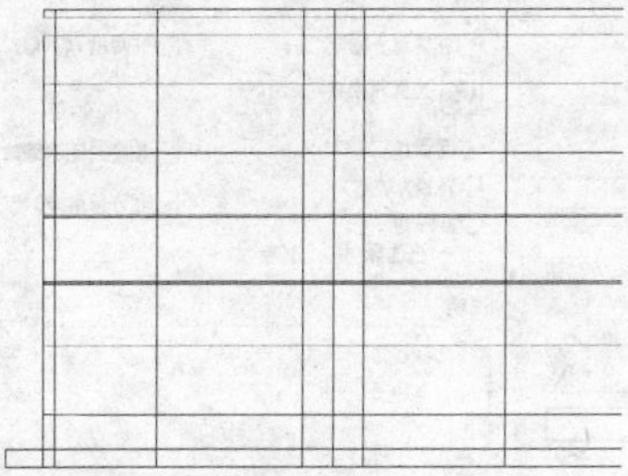

图 9-13　绘制窗台线及窗户外边框线

图 9-14　修剪得到窗户的外框线

使用“偏移”命令和“圆角”命令，绘制窗户的外框。在使用“圆角”命令时，要先设置圆角的半径为 0。

详细过程不再叙述，绘制的结果如图 9-15 所示。

接下来可以使用“矩形”命令绘制窗户的内框和上下分隔线。也可以使用“偏移”命令和“修剪”命令完成窗户内框和上下分隔线的绘制。

使用“矩形”命令绘制时，不容易准确确定窗户位置，最好先根据窗户的尺寸确定矩形的对角顶点的位置再绘制矩形。使用“偏移”命令可以方便地确定窗户位置，但在这里还要使用“修剪”命令进行修剪，稍微麻烦一点。用户可以根据自己的习惯选择绘图方式。

详细绘图过程不再叙述，绘制的结果如图 9-16 所示。

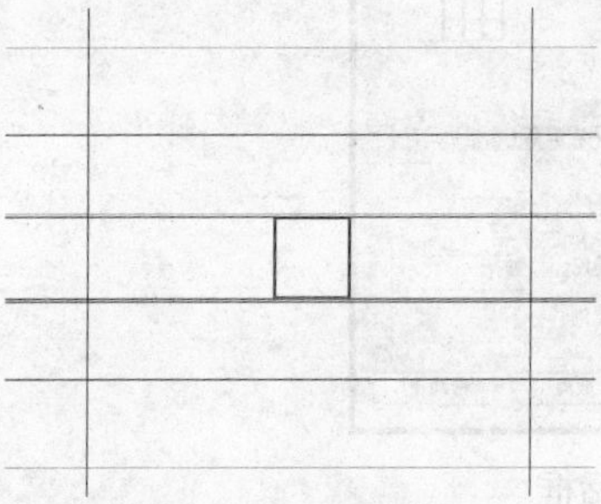

图 9-15　绘制窗户外框

图 9-16　绘制窗户内框和上下分格线

接下来绘制窗户的活动窗扇和固定窗扇。这里先使用“偏移”命令绘制相应的分格线，再使用“修剪”命令修剪掉多余的部分，最后得到图 9-17 所示的效果。

绘制好单独的窗户后，还应该绘制表示窗户开启方向的线。因为立面图中的窗户都一样，只需要绘制部分窗户的开启线即可。这里要把该单窗定义为块进行复制，所以先不绘制开启线，等插入好所有的窗户后，再在左面的窗户中绘制表示窗户开启线的细线。

2．插入窗户

本例中的窗户使用了相同的规格，因此其他窗户的绘制可以使用连续复制的方法得到，也可以使用阵列的方法复制。最常用的是把窗户定义为块，插入到相应的位置。

单击“常用”选项卡，然后单击“块”功能面板中的“创建”按钮，打开“块定义”对话框，如图 9-18 所示。

图 9-17 绘制好的窗户

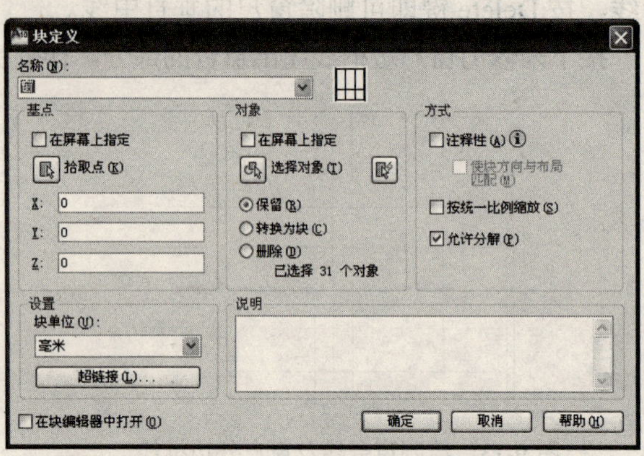

图 9-18 “块定义”对话框

在“块定义”对话框中的“名称”文本框中输入块的名称，单击“选择对象”按钮，回到绘图区域。

使用圈选的方法选中绘制的单窗，回车后返回“块定义”对话框，单击“确定”按钮，完成块的定义。

单击“块”功能面板中的“插入”按钮，打开“插入”对话框，如图 9-19 所示。在“插入”对话框的“名称”列表中选择要插入的块“窗”，选定插入点“在屏幕上指定”和“统一比例”复选框，单击“确定”按钮。

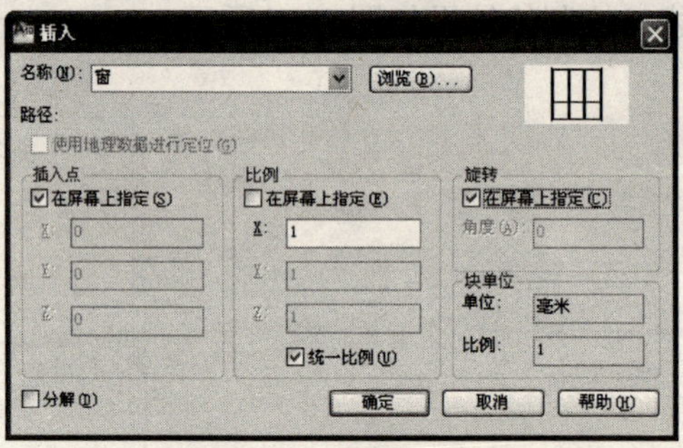

图 9-19 “插入”对话框

在适当的位置插入窗户。插入连续的三个窗户如图 9-20 所示。

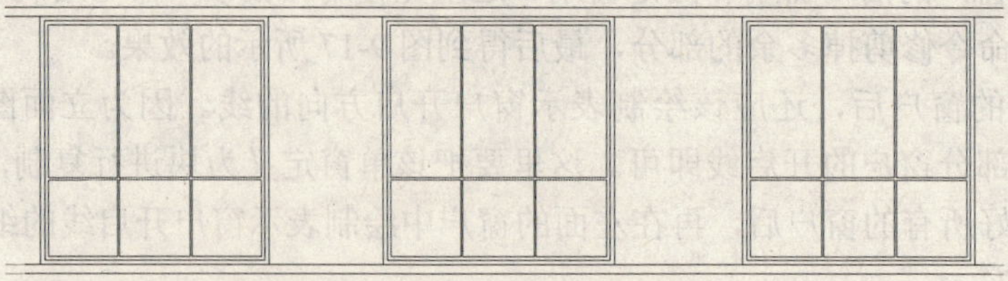

图 9-20 插入连续的三个窗户

因为图中窗户大部分为连续的三个窗户，包括上下窗台。可以把连续的三个窗户和上下窗台定义为一个块，再进行插入操作，这样可以大大提高绘制的速度。下面修剪窗户的上下窗台。

首先使用“偏移”命令绘制上下窗台的终点分界线，如图 9-21 所示。

图 9-21　绘制窗台终点分界线

使用“修剪”命令修剪掉窗户左边多余的直线。

因为窗户右边的窗台线还要作为插入窗户的参考线，不能都修剪掉，所以使用“打断”命令将窗台线在窗户右边适当的位置打断，如图 9-22 所示。

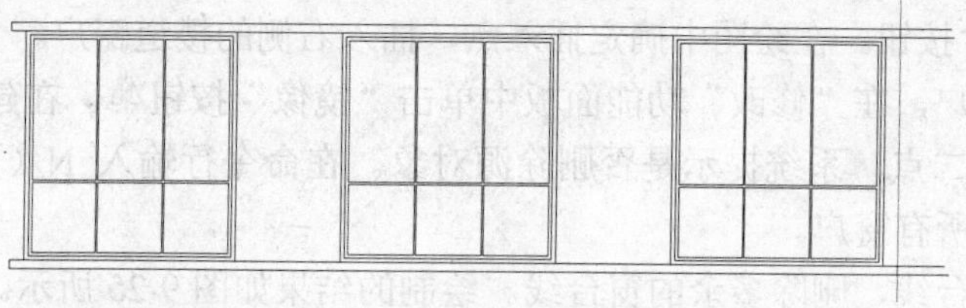

图 9-22　修剪窗户左边的窗台并打断右边的窗台线

使用“修剪”命令修剪掉窗户右边多余的直线。

将连续的三个窗户定义为一个新块并插入到相应的位置，如图 9-23 所示。

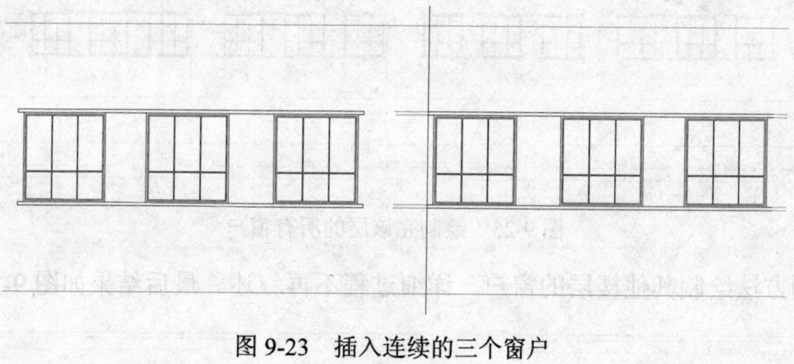

图 9-23　插入连续的三个窗户

本层中的其他窗户同样可以使用插入块的方法插入。但该建筑物具有左右对称的结构，如果使用“镜像”命令，把对称线左边的部分复制到对称线右边，可以提高绘图的速度。这里选择使用“镜像”的方法复制右半部分的窗户。

单击状态栏中的“对象捕捉”按钮，启用对象捕捉模式。

通过圈选，选择要进行镜像的三个连续窗户及窗台。

选择“修改”命令的“镜像”命令。在建筑的对称线（建筑的中心对称线在开始绘制基线时已经绘制好）上指定镜像的第一点和第二点，系统提示是否删除源对象。在命令行输入

N（不删除源对象），回车。镜像结果如图 9-24 所示。

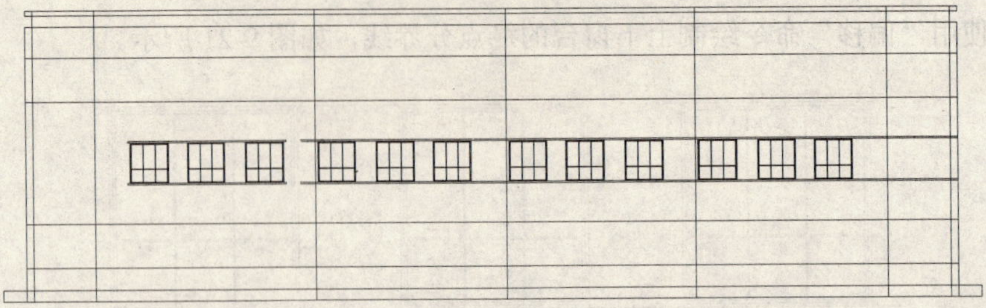

图 9-24 使用“镜像”命令复制窗户

该层主体部分的窗户已经绘制完毕。接下来绘制左右两侧楼道窗户。其大小规格与主体中的窗户相同，可以使用插入块的方法先插入右边的窗户，再通过镜像的方法得到左边楼道的窗户。

单击“块”功能面板中的“插入”按钮，在打开的“插入”对话框中选择要插入的块“窗”，单击“确定”按钮。在绘图中确定插入点，插入右侧的楼道窗户。

选择刚插入的窗户，在“修改”功能面板中单击“镜像”按钮。在建筑的对称线上指定镜像的第一点和第二点，系统提示是否删除源对象。在命令行输入 N（不删除源对象），回车，绘制完该层的所有窗户。

选择该层中的窗台线，删除多余的窗台线。绘制的结果如图 9-25 所示。

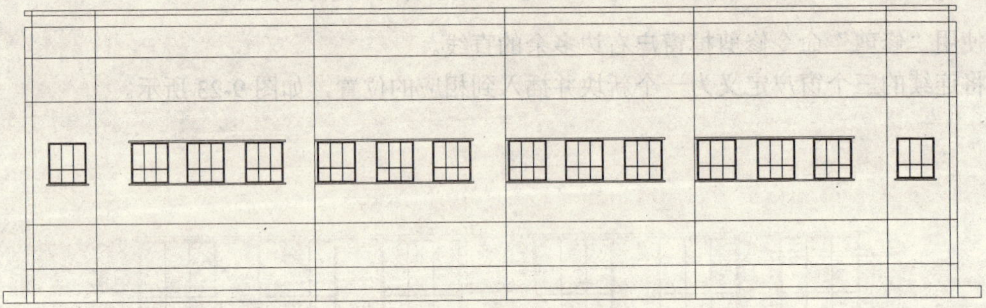

图 9-25 绘制完该层的所有窗户

使用复制方法绘制其他楼层的窗户。详细过程不再叙述。最后结果如图 9-26 所示。

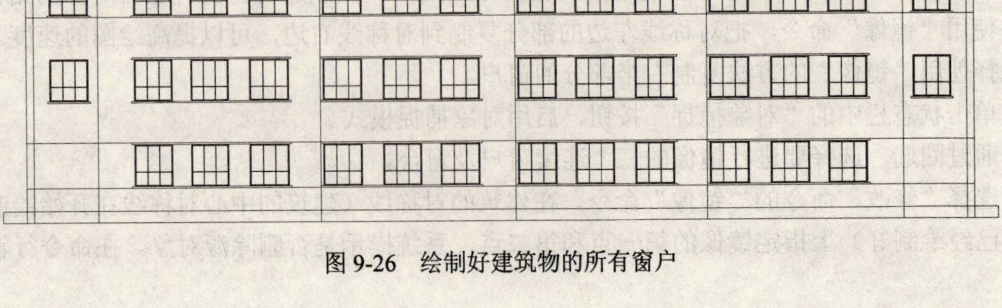

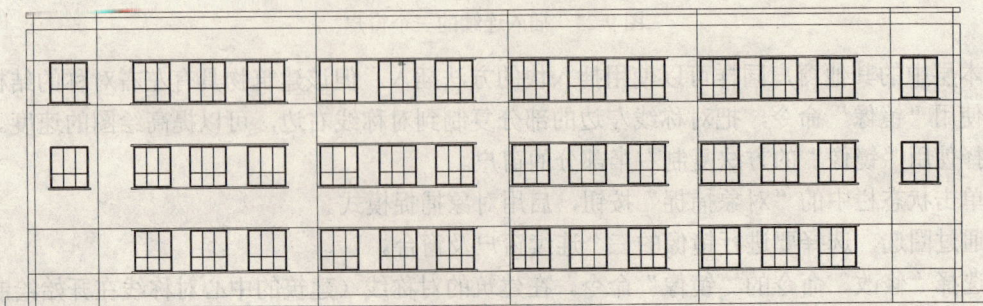

图 9-26 绘制好建筑物的所有窗户

3．绘制门和门前阶梯

经过上面的一系列操作，绘制好建筑中所有窗户，接下来要绘制建筑中的门。建筑中的门有左右两个，对称分布，因此只需要先绘制一边的门，再进行镜像放置即可。

首先绘制左边的门。为了绘图方便，放大显示门的区域。绘制门的方法与绘制窗户的方法相似，只是尺寸和形状不同而已。绘制门主要使用“偏移”、“修剪”和“矩形”命令。详细的绘制过程不再叙述。绘制的门如图 9-27 所示。

绘制好门后，接着绘制门前的阶梯。绘制阶梯时使用“直线”和“修剪”等命令。为了绘制均匀的阶梯，还使用了“绘图”功能面板的“定数等分”命令，先定位均分点，再绘制通过均分点的直线，然后使用“修剪”命令修剪掉多余的直线，最后得到阶梯。详细的绘制过程不再叙述，绘制的阶梯如图 9-28 所示。

图 9-27　绘制门

图 9-28　绘制门前阶梯

4．绘制门窗开启线

前面已经介绍，绘制门和窗后还要绘制表示门和窗开启方向的细线。实线表示向外开启，虚线表示向内开启。

首先绘制门的开启线。楼道的门是双扇对开，向外开启，所以要绘制实线。门的开启方式是以门两侧为轴开启，所以表示开启的点在门外侧的中点。在门上面的窗户中，中间的一扇是可开启的，开启方式为以水平中线为轴，下边向外开启，上边向内开启。所以在绘制开启线时，上边是虚线，下边是实线。

绘制门窗开启线使用“直线”命令即可，只是要选择起始点、终止点和线型，这里不再详细叙述。绘制好的门的开启线如图 9-29 所示。

图 9-29　绘制门的开启线

接下来绘制窗户的开启线。所有窗户的开启方式是一样的。窗户下面的窗格是固定的，不能开启。窗户上面的三个窗格中，左右两边的窗扇可以向外开启。开启的方式是以窗户两侧为轴向外开启的，所有表示窗户开启的线是实线，开启点在窗户的外侧。使用“直线”命令绘制窗户的开启线即可。绘制窗户开启线的详细过程不再叙述。绘制的窗户开启线如图 9-30 所示。

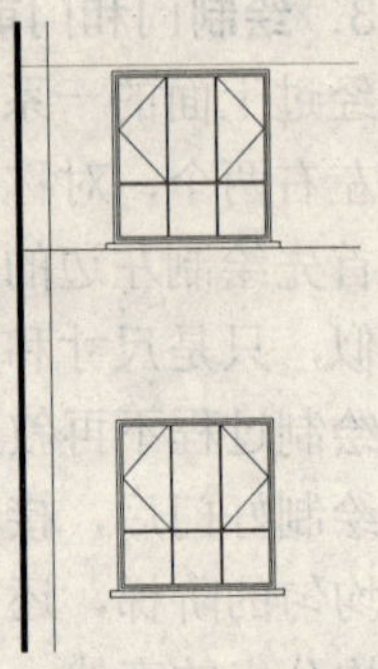

图 9-30 绘制窗户开启线

因为所有的窗户的开启方式是一样的，不需要绘制出所有窗户的开启线，只绘制出其中的几个即可。这里绘制出了左边两个窗户的开启线。其他窗户的开启线不再绘制。

至此建筑中所有的门和窗户及开启线等全部绘制完毕。

接着绘制屋顶和台阶的墙面引线。首先使用“直线”命令绘制一条墙面引线，然后根据墙面引线的间距，使用“阵列”命令绘制出其他的墙面引线。屋顶和台阶的墙面引线都采用相同的方法绘制。绘制好的效果如图 9-31 所示。

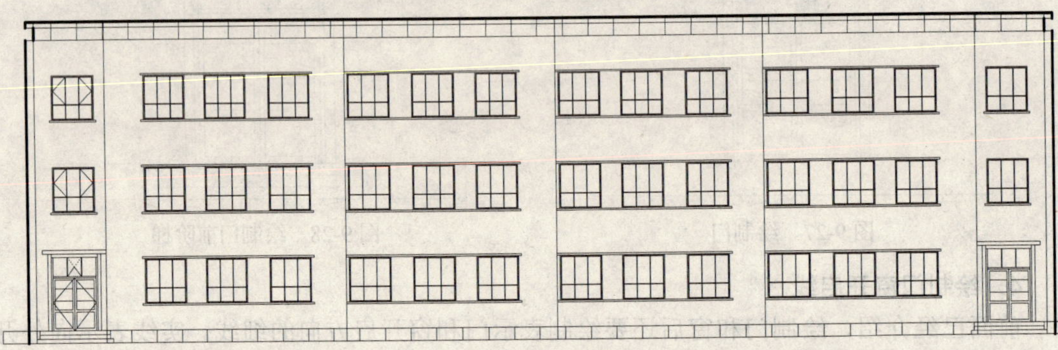

图 9-31 绘制好所有门窗的效果图

9.5.4 绘制天文观察台

在建筑物左边楼顶上，还有一个用于天文观察的观察台（天文包）。天文观察台顶部为半球形，下面是筒形墙壁，楼梯设置在里面。表现在立面图中的形状，下面是矩形，上面是半圆形。

绘制天文观察台的方法也比较简单。在确定好观察台的位置后，使用“矩形”命令画出观察台的下面部分，然后使用画“圆”命令，以观察台矩形上边为直径画圆。画好圆之后还需要修剪掉圆的下半部分。使用“修剪”命令可以很容易地修剪掉圆的下半部分。

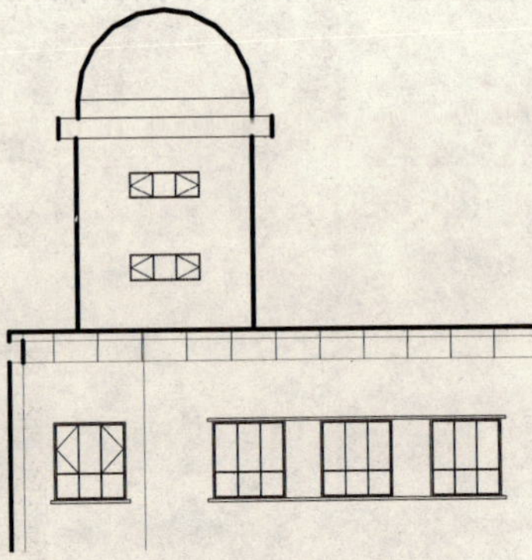

图 9-32 天文观察台

接下来绘制天文观察台的窗户。天文观察台的窗户跟建筑物的其他窗户不同，比较小，规格也不一样，所以需要单独绘制。使用“矩形”命令和“直线”命令可以容易地画出观察台的窗户。然后使用“直线”命令画出表示窗户开启方向的细线。绘制好的天文观察台如图 9-32 所示。

9.5.5 绘制雨水管

雨水管是屋顶上的雨水流下的管道。雨水管的上部（接近屋顶的部分）是雨水漏斗。雨水管和雨水漏斗在立面图中都是矩形的，可以使用“矩形”命令绘制。为了绘制方便，放大显示建筑物左侧部分。使用“矩形”命令绘制雨水漏斗和雨水管，绘制好后还需要使用“修剪”工具修剪多余的线。这里不再详细叙述绘制的过程。绘制好的雨水管如图 9-33 所示。

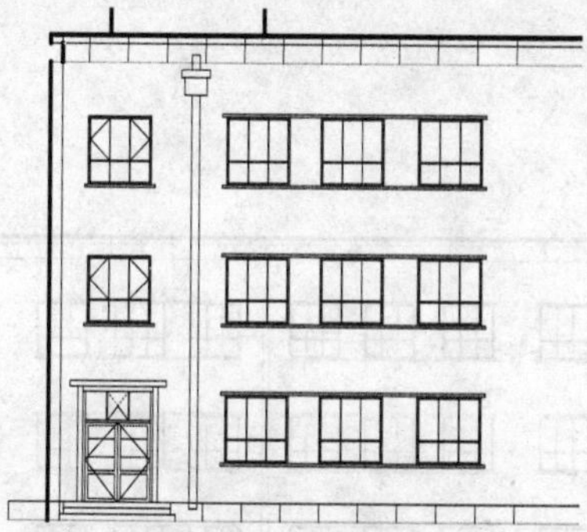

图 9-33 绘制雨水管

绘制好一个雨水管之后，可以通过连续复制的方法，复制另外两个雨水管。因为图中的垂直方向的三条基线仍然保留，进行复制时也比较容易定位。复制好所有的雨水管之后，垂直基线已没有了作用，选择这三条垂直基线后，删除它们。绘制好所有雨水管后的效果如图 9-34 所示。

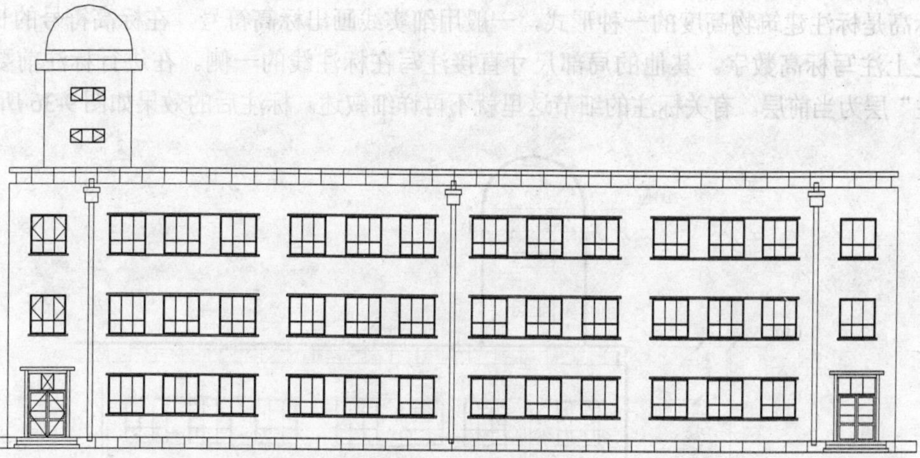

图 9-34 绘制所有的雨水管

9.5.6 加粗地平线和轮廓线

在立面图中，为了使立面图外形清晰，通常把建筑物最外的轮廓线画得粗一些，室外地面线则画得更粗。前面为了绘图的方便，没有把建筑物的轮廓线和地平线用粗线表示。在画完所有的图线之后，再把需要加粗的线条设置为粗线。

在状态栏中右击“显示/隐藏线宽”按钮，选择“设置”命令，打开“线宽设置”对话框。

在“线宽设置”对话框中，启用“显示线宽”复选框，单击“确定”按钮。如果不启用“显示线宽”复选框，即使设置了线的宽度，也不显示线的宽度。

要改变线宽，首先选择要改变线宽的线条，这里分别选择建筑物的轮廓线和地平线。在“对象特性”功能面板的“线宽”列表中，选择相应具有一定宽度的线，即把选择的线条设置为相应的宽度，并在绘图中显示出来。加粗地平线和轮廓线后的效果如图 9-35 所示。

图 9-35　加粗地平线和轮廓线

9.5.7　尺寸标注

立面图中的高度尺寸主要采用标高的形式来标注。其他需要标注的局部尺寸也要标注出来。标高是标注建筑物高度的一种形式，一般用细实线画出标高符号，在标高符号的长横线之下或之上注写标高数字。其他的局部尺寸直接注写在标注线的一侧。在进行标注前要先设置“标注”层为当前层。有关标注的细节这里就不再详细叙述。标注后的效果如图 9-36 所示。

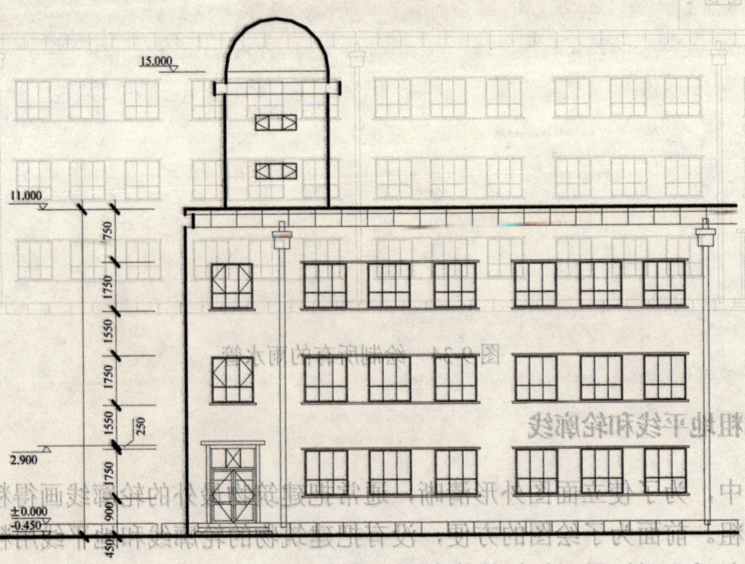

图 9-36　标注尺寸

9.5.8 定位轴线

在立面图中，不但要进行尺寸的标注，还要绘出定位轴线以及轴线的编号，以便与平面图对照阅读。一般情况下不需要画出所有的定位轴线，只画出两端的定位轴线即可。前面的相关章节已经详细介绍了定位轴线的画法，这里不再详细叙述画定位轴线的步骤。本例中画出了①和⑨两条定位轴线，因为只要有这两条定位轴线就可以确切地判明立面图的观看方向了。画好定位轴线后，在图的下方注明图的名称和绘图使用的比例。画出了定位轴线的立面图如图 9-37 所示。

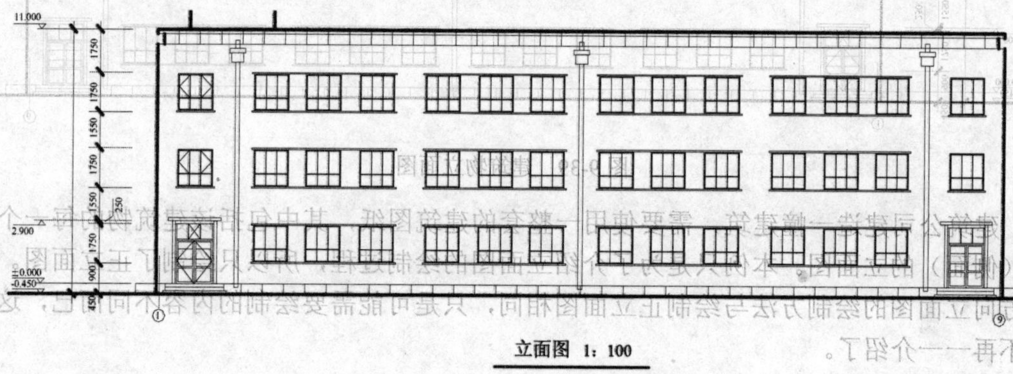

图 9-37 画出定位轴线的立面图

9.5.9 图框线和标题栏

在绘制图纸时，还要绘制图的图框线和标题栏。图框线是图周围的矩形外框，一般用粗实线表示。标题栏放在图纸的右下角，其边框用粗实线表示，中间的分格线用细实线表示。标题栏一般必须填写图名、图号、设计人、审核人、日期、单位等内容。标题栏的绘制可以使用“直线”命令和“修剪”命令完成。里面的文字部分可以使用“多行文字”工具填写。对于相同规格的文字，可以在填写好一处后，复制到其他位置，然后再对文字内容进行编辑，这样可以加快绘图的速度。本例的标题栏如图 9-38 所示，具体绘制过程不再赘述。

××建筑设计院			工程名称	××学校	
			项　目	教学楼	
审定			正立面图	设计号	0081
审核				图　别	建　施
设计				图　号	06
制图				日　期	20040801

图 9-38 绘制标题栏

绘制好标题栏后，立面图的绘制全部完成。在有的立面图中，还要标注外墙面的装饰要求，有的还要标注出详图索引符号等。本例未涉及这些内容，不再叙述。绘制好的立面图的整体图如图 9-39 所示。

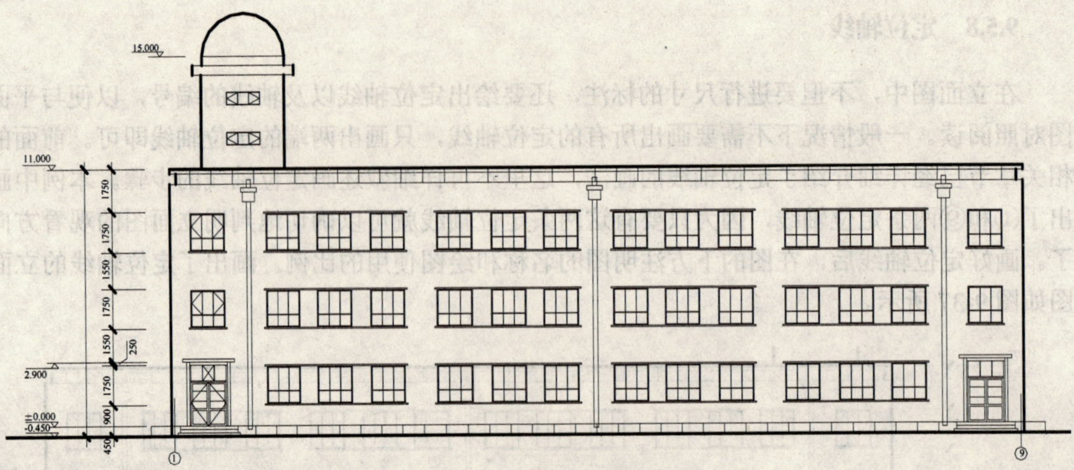

图 9-39　建筑物立面图

建筑公司建造一幢建筑，需要使用一整套的建筑图纸，其中包括该建筑物的每一个方向（侧面）的立面图。本例只是为了介绍立面图的绘制过程，所以只绘制了正立面图。其他方向立面图的绘制方法与绘制正立面图相同，只是可能需要绘制的内容不同而已，这里就不再一一介绍了。

9.6 课后练习

1．绘制如图 9-40 所示的酒吧装饰立面图。具体尺寸可参照图中标示。

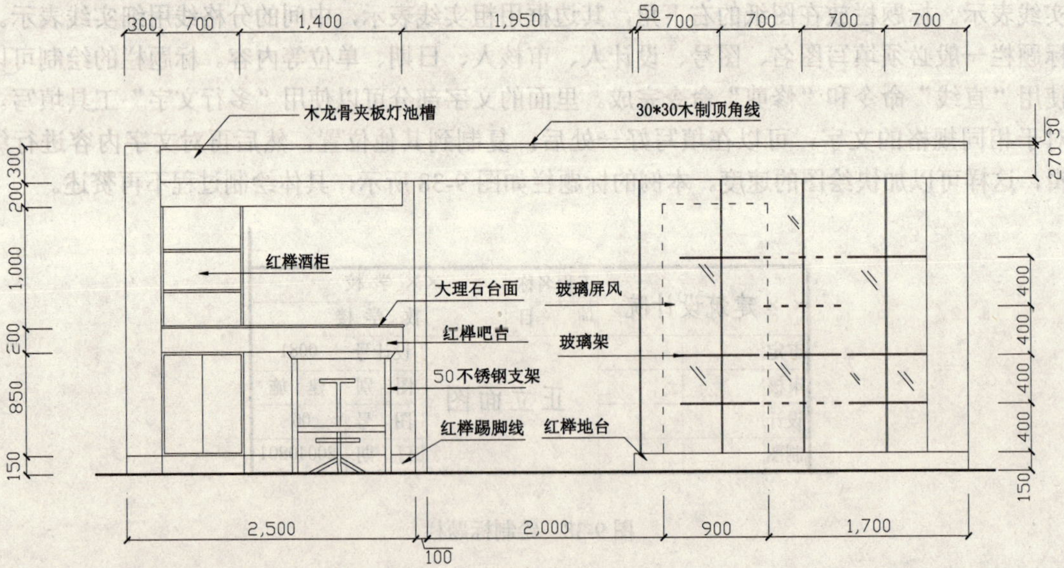

图 9-40　酒吧装饰立面图

2．绘制如图 9-41 所示的建筑装饰立面图。具体尺寸可参照图中标示，其中家具等的形状和尺寸可略有变动。

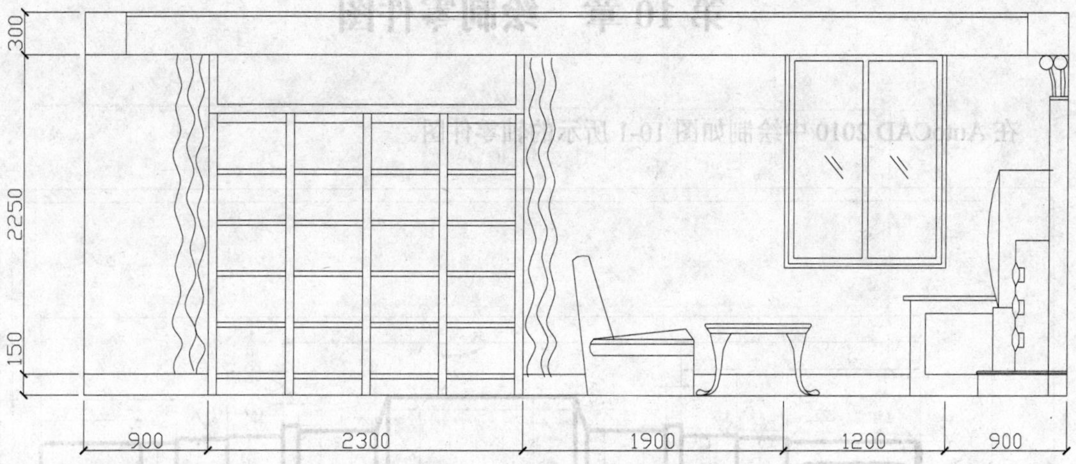

图 9-41　建筑装饰立面图

第 10 章　绘制零件图

在 AutoCAD 2010 中绘制如图 10-1 所示的轴零件图。

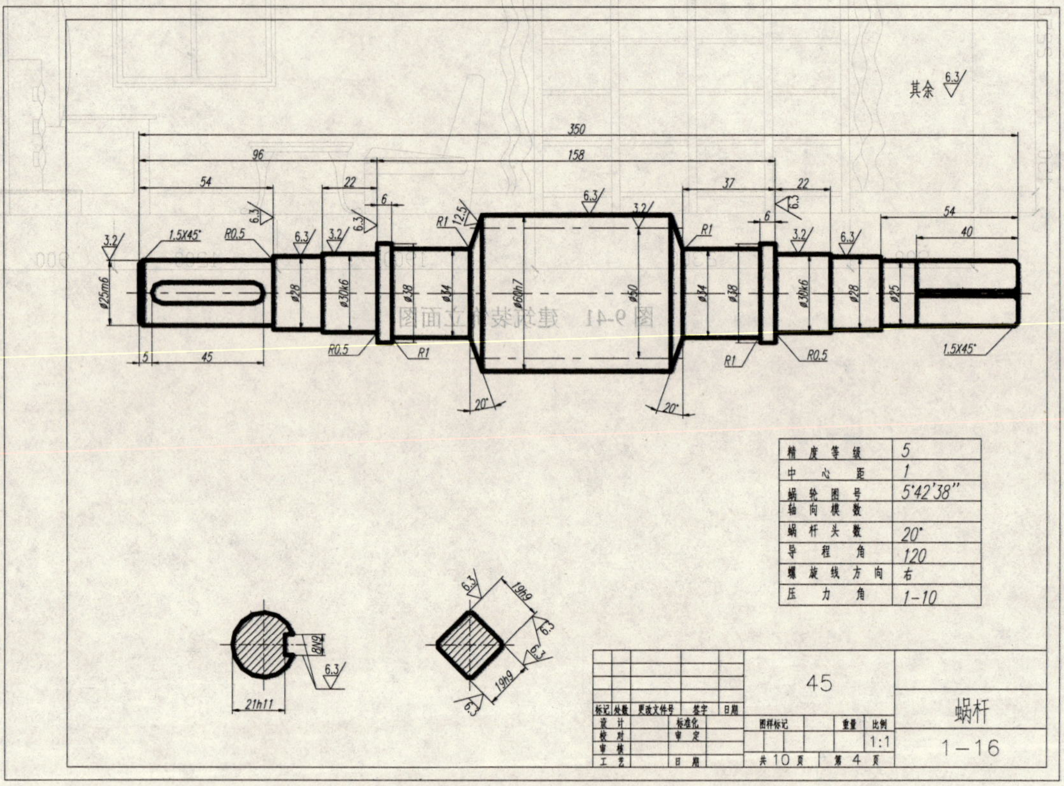

图 10-1　蜗杆轴零件图

10.1　实验目的

通过在 AutoCAD 2010 中绘制零件图，掌握在 AutoCAD 2010 中绘制标准零件图图样的基本步骤；通过二维图的绘制、尺寸和技术要求的标注，进一步复习巩固基本绘图方法和编辑命令。

（1）熟悉轴类零件图的绘制方法和技巧。

（2）掌握轴类零件图的结构和画法。

（3）掌握直线、圆等绘图命令。

（4）掌握偏移、复制、镜像、修剪、打断、倒角等修改工具。

（5）掌握通过“特性”功能面板修改图形特征的方法。

（6）掌握平面图形中常见的辅助线的使用方法和技巧。

（7）综合应用极轴追踪、对象捕捉、正交等辅助功能。

（8）掌握文字样式和尺寸样式的设置和标注方法。

（9）掌握图案填充的应用。

（10）掌握块的定义和插入。

（11）掌握标题栏的绘制和应用。

10.2 实验要求

（1）采用 A3 标准图纸。图纸幅面、图框格式及标题栏要符合国家标准 GB/T17450～17453－1998 的要求。

（2）按照图中所示的尺寸 1:1 画出零件图，标注图中的所有尺寸和技术要求。

10.3 实验准备工作

（1）阅读教材中相关章节内容。

（2）复习直线、圆等绘图命令。

（3）复习偏移、复制、镜像、修剪、打断、倒角等编辑命令。

（4）复习图层、线型、颜色等的设置和修改方法。

（5）复习极轴追踪、对象捕捉、正交等功能的用法。

（6）复习图案填充的应用。

（7）复习块的定义、插入和属性等的用法。

（8）复习标注的方法和处理文字的方法。

（9）复习表格的插入方法以及文字输入。

10.4 实验说明

（1）轴一般用来支承传动零件和传递动力，它的形状一般来说是对称的。本章要绘制的蜗杆与普通轴结构有一致的地方，因此绘制方法基本相同。

（2）轴类零件的结构特点。从图 10-1 可以看出，轴类零件具有以下特点：轴类零件为回转体，并且多为车床加工，因此主视图是轴线横放，键槽、孔等结构尽量朝前，而不用绘制左视图和俯视图。其他结构，如键槽、退刀槽、中心孔等可以利用剖视、剖面、局部视图和局部放大图来表示。

（3）根据前面的分析，绘制的过程可以采用以下两种绘制方法。

第一种方法就是利用轴零件的特殊性，采用先绘制水平线，再绘制垂直线的方法，并在适当的时候绘制剖视图。

第二种方法就是利用轴的自身机构，按照轴颈、轴身和轴头的顺序依次绘制。但这样不可避免地造成重复性操作。建议采用第一种方法，因为事实证明这样做效率较高。

（4）本章是一个综合性实例，对绘制过程进行了比较详细的介绍。为了能够更好地复习前面的知识，用到更多的工具，一些操作方法可能不是最简便的。另外对一些工具的执行方式进行了简单提示。

10.5 实验指导

10.5.1 建立新图

在绘制基本图纸之前，首先要决定使用什么样的图纸。一般来说，零件图大都采用小号图纸。由于在第 4 章已经绘制好 A3 图纸，所以可以直接选用它，如图 10-2 所示，将它另存为“蜗杆”。

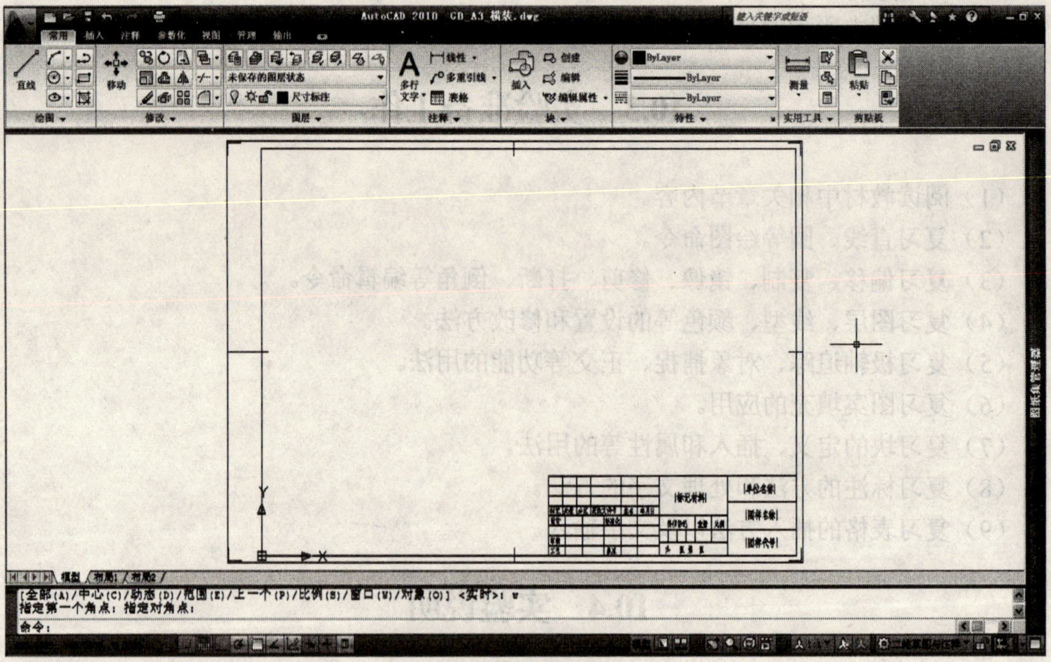

图 10-2 使用样板创建文件

10.5.2 设置图层

在蜗杆的绘制过程中，有着不同粗细的线条和线型，例如粗细线的区别、实线和虚线的区别等。按照我们手工作图的习惯，首先是绘制细线，然后根据需要再进行重复性的描图工作，在 AutoCAD 2010 中也可以这样做。首先选择实线及其所在图层，然后再不断地更改它们，获得最后的结果。

线型是隶属于图层的，接下来的工作就是选择图层，选择粗实线所在层作为当前层。

单击“图层”功能面板的“图层特性”按钮，打开如图 10-3 所示的“图层特性管理器”窗口，它包含我们已经设好的各种图层，可以按照该图所示进行图层设置。然后选择当前图层。从中选择“粗实线”，并单击“置为当前”按钮，该图层就可以作为当前使用的图层了。

关闭后，“图层”功能面板如图 10-4 所示。

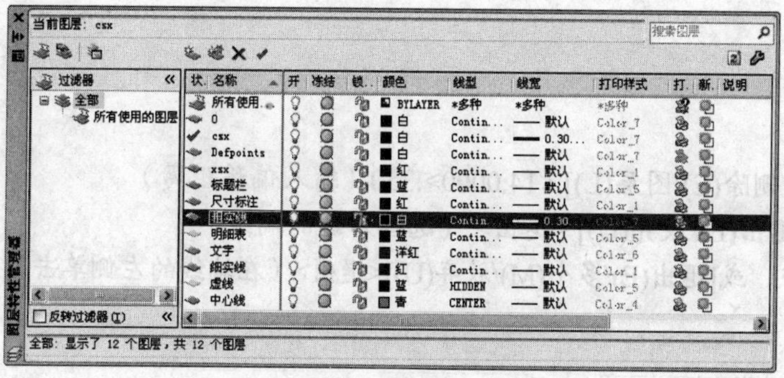

图 10-3 “图层特性管理器”窗口

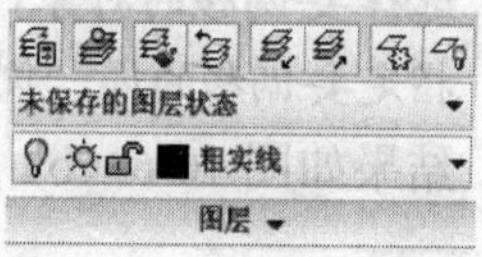

图 10-4 改变当前图层

10.5.3 绘制蜗杆

到目前为止，准备工作已经全部就绪，接下来就正式开始绘图了。注意观察一下蜗杆的结构，它是一个轴对称图形，所以，选择轴心线作为基准。

1．绘制中心线

由于后面线段是以此线段复制而成，而且多为粗实线，因此中心线暂时用粗实线绘制，待以后其他线段绘制完毕后，再将中心线改为“中心线”图层。

选择“绘图”功能面板的“直线”工具，也可以从命令行输入 LINE，执行结果见图 10-5。

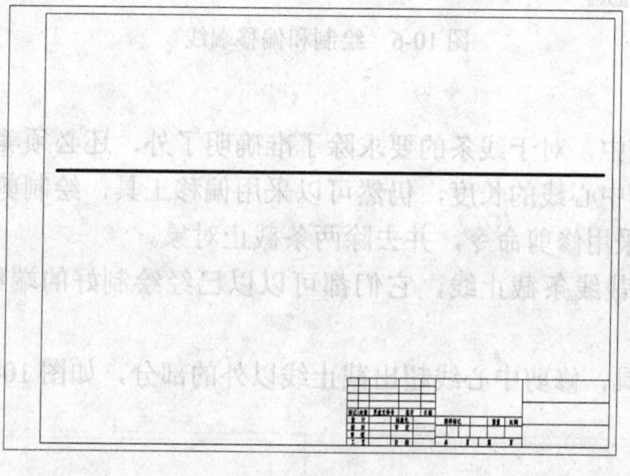

图 10-5 绘制中心线

注意 轴线的起点可以是任意的，但是考虑到轴图还有局部剖等，所以将轴线的位置定为距上内框 1/3 位置处。

2．绘制端线

接下来可以确定轴的总长了。这可以通过绘制它的两个端线来实现。

（1）绘制第一个端线。使用直线工具，在作图窗口适当位置选点，然后利用正交方式将直线绘制出来，如图 10-6（a）所示。

（2）绘制另一端线。用户可以重复上一步的操作，但是这需要使用绝对坐标和相对坐标进行精确定位，比较麻烦。可以采用偏移工具。用户只需选择第一条端线，然后给定偏移方向和偏移距离就可以了。

具体的命令内容如下：

命令: _offset

指定偏移距离或 [通过(T)/删除(E)/图层(L)] <14.0000>:350（输入偏移距离）

选择要偏移的对象，或 [退出(E)/放弃(U)] <退出>:（选择右边的端线）

指定要偏移的那一侧上的点，或[退出(E)/多个(M)/放弃(U)]<退出>（在端线的左侧单击）

结果如图 10-6（b）所示。

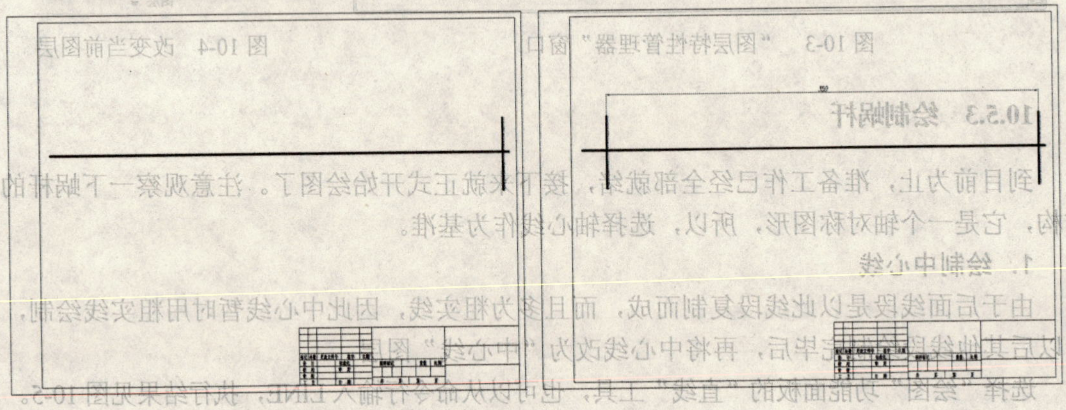

（a）　　　　（b）

图 10-6　绘制和偏移端线

3. 修剪中心线

在工程制图的过程中，对于线条的要求除了准确明了外，还必须美化图形。对于中心线的绘制如下：需要控制中心线的长度，仍然可以采用偏移工具，绘制剪裁中心线的截止对象（两条平行线），然后采用修剪命令，并去除两条截止对象。

（1）绘制两条剪裁线条截止线，它们都可以以已经绘制好的端线为基准，如图 10-7（a）所示。

（2）使用修剪工具，修剪中心线超出截止线以外的部分，如图 10-7（b）所示。

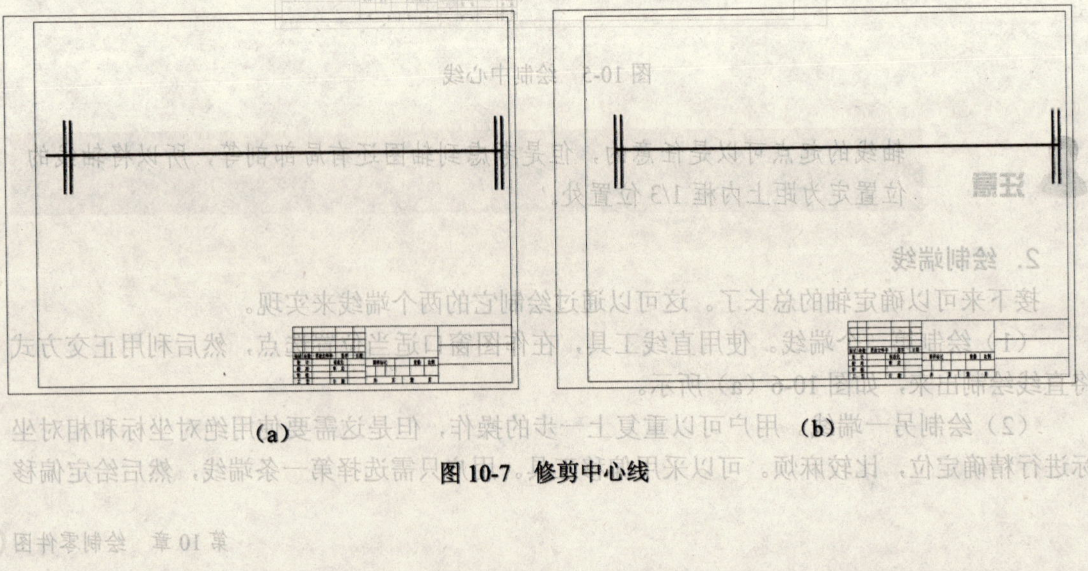

（a）　　　　（b）

图 10-7　修剪中心线

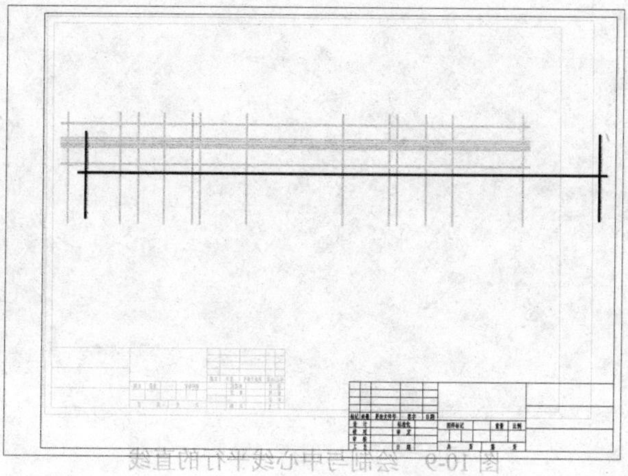

(c)

图 10-7　修剪中心线（续图）

(3) 使用删除工具，删除中心线截止线。结果如图 10-7（c）所示。

4. 绘制与端线平行的直线

从图 10-1 可以看到，如果只从绘图线条来看，蜗杆存在很多同轴线平行和垂直的线段，可以从前面的步骤中得到启示，即它们都可以通过偏移工具完成。

以两个端线为基准，分别绘制与端线平行的直线，具体参数可以参见图 10-1 中的尺寸。结果如图 10-8 所示。

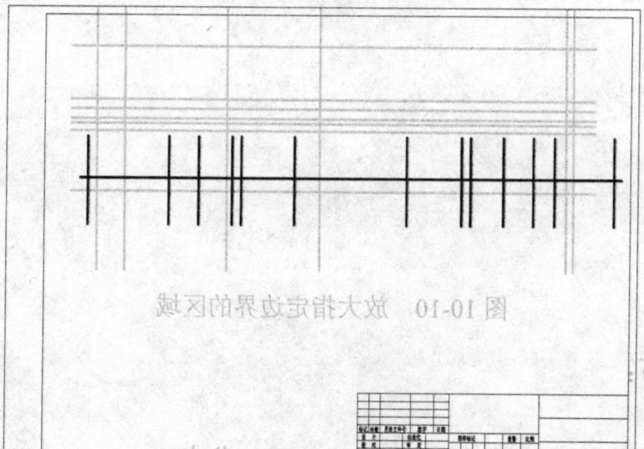

图 10-8　绘制与端线平行的直线

注意

(1) 为了减少绘图过程中的麻烦，可以将端线画得长一些，这样可以统一采用修剪工具进行修剪。如果用户画得短的话，可以采用延伸工具。

(2) 绘制线条的基准和偏移方向需要根据实际情况来定。例如，有倒角的线条可以分别采用两个端线作为基准。

5. 绘制与中心线平行的直线

同步骤 4 中的理由一样，使用偏移工具绘制与中心线平行的直线。结果见图 10-9。

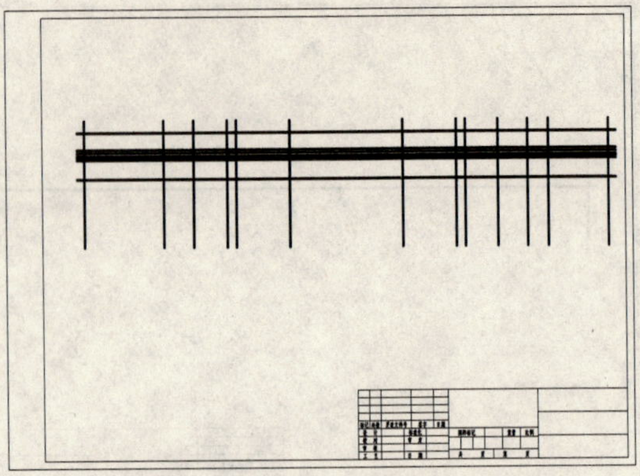

图 10-9　绘制与中心线平行的直线

6．绘制左端倒角

首先从左端做起，绘制左端倒角。从手工绘图的角度看，只需要绘制有比较准确长度和距离的两条直线和一条斜线就可以了。在 AutoCAD 2010 中，为了方便操作，需要首先使用放大工具使绘图区域放大，因为两条线之间的距离太近了，无法准确绘制。然后使用倒角工具将它们倒角，用修剪工具将多余的线段剪切掉。

具体的步骤如下：

（1）变换窗口大小。为了更清楚地显示图形，使用窗口缩放工具，也可以直接输入 zoom 命令进行操作。结果如图 10-10 所示。

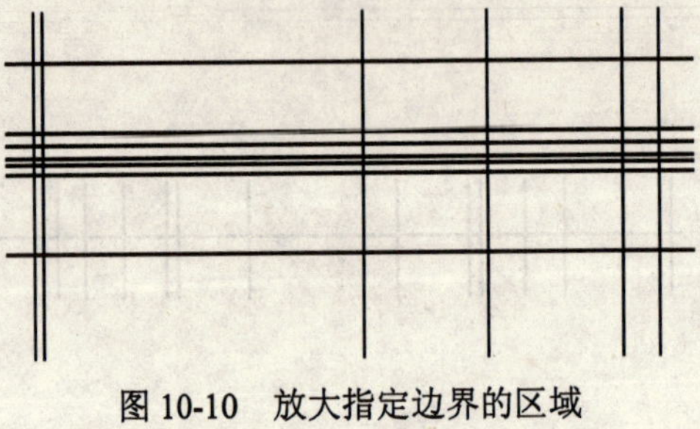

图 10-10　放大指定边界的区域

具体命令内容如下：

命令: _zoom

指定窗口的角点，输入比例因子 (nX 或 nXP)，或者

[全部(A)/中心(C)/动态(D)/范围(E)/上一个(P)/比例(S)/窗口(W)/对象(O)] <实时>: w（选择窗口缩放）

指定第一个角点：（指定窗口左上角点）

指定对角点：（指定窗口右下角点）

（2）对端线进行倒角处理。选择“修改”功能面板中的“倒角”工具，也可以从命令行输入 CHAMFER。

结果见图 10-11，具体命令内容如下：

命令: _chamfer

（“修剪”模式）当前倒角距离 1 = 10.0000，距离 2 = 10.0000

选择第一条直线或 [放弃(U)/多段线(P)/距离(D)/角度(A)/修剪(T)/方式(E)/多个(M)]: d（设置倒角距离）

指定第一个倒角距离 <0.0000>: 1.5（输入距离）

指定第二个倒角距离 <1.0000>: 1.5（输入距离）

选择第一条直线或 [放弃(U)/多段线(P)/距离(D)/角度(A)/修剪(T)/方式(E)/多个(M)]: d（选择左边第 2 条垂直直线）

选择第二条直线，或按住 Shift 键选择要应用角点的直线:（选择水平中心线上方第 1 条线）

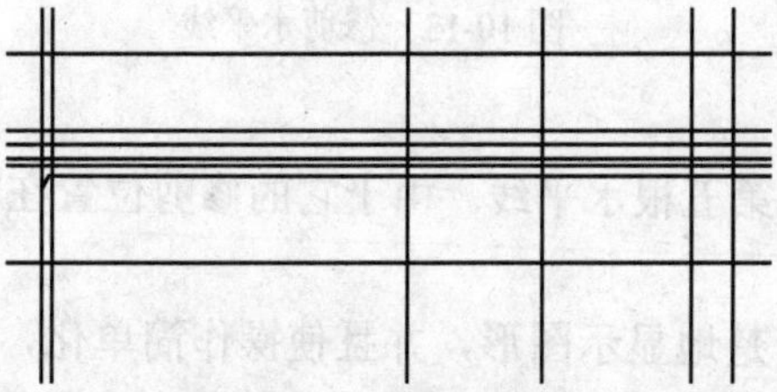

图 10-11　绘制左端倒角

（3）修剪左端倒角处直线。现在可以将左起第二条垂直线段的多余部分剪切掉。使用修剪命令，结果如图 10-12 所示。

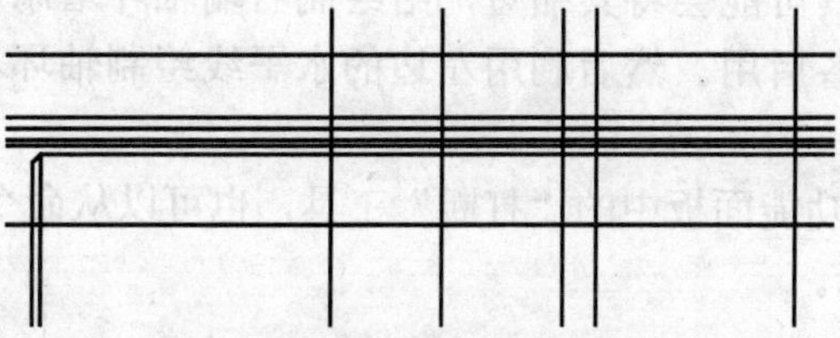

图 10-12　修剪左端倒角处直线

7. 修剪与轴平行的直线

接下来就可以修剪水平方向上各个轴线的长短了。

（1）修剪中心线上面（不含中心线，以下同）的第二根水平线。选择“修改”功能面板的“圆角”工具，也可以从命令行输入 FILLET。结果如图 10-13（a）所示。

命令: _fillet

当前模式: 模式 = 修剪，半径 = 10.0000

选择第一个对象或 [放弃(U)/多段线(P)/半径(R)/修剪(T)/多个(M)]: r（设置圆角半径）

指定圆角半径 <10.0000>: 0（输入半径）

选择第一个对象或 [放弃(U)/多段线(P)/半径(R)/修剪(T)/多个(M)]:（选择左边第 3 条垂直直线）

选择第二个对象，或按住 Shift 键选择要应用角点的对象:（选择水平中心线上方第 2 条线）

注意 将圆角半径设置为 0，就可以利用圆角工具实现修剪直线的目的了，当然也可以采用剪切命令 Trim 来实现。

（2）修剪中心线上面第三根水平线。使用圆角工具，结果如图 10-13（b）所示。

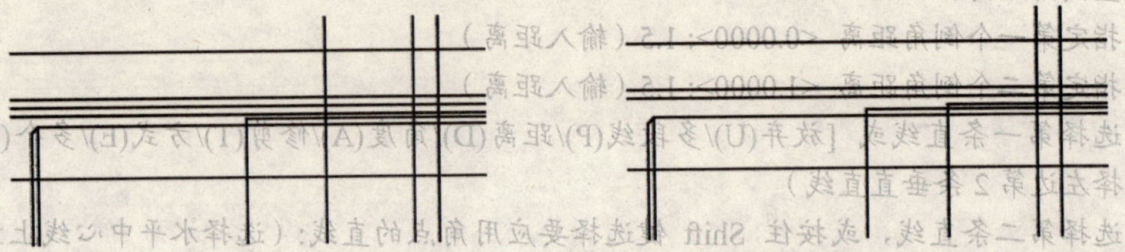

（a）修剪中心线上方的第二根水平线　　（b）修剪中心线上方的第三根水平线

图 10-13　修剪水平线

具体的命令内容如下：

（3）修剪中心线上面第五根水平线。由于它的修剪位置在图 10-13 中并不清楚，所以必须进行窗口的变化。

1）平移窗口。为了清楚地显示图形，并且使操作简单化，可以采用平移工具，将当前窗口在水平方向和垂直方向上平移。用户可以直接使用水平和垂直滚动条实现。

2）修剪水平线。选择圆角工具，结果如图 10-14 所示。

8．绘制左端轴环

由于蜗杆两端有相同的轴环，都是以中心线上方第五根水平线为外径的，所以如果简单地使用圆角或修剪工具可能会将其缩短，给绘制右端轴环增添麻烦。打断工具可以将其从中间打断成两段，以备后用。然后利用左边的水平线绘制轴环，并将多余的水平和垂直线剪切掉。

（1）选择“修改”功能面板中的“打断”工具，也可以从命令行输入命令 BREAK，打断的结果如图 10-15 所示。

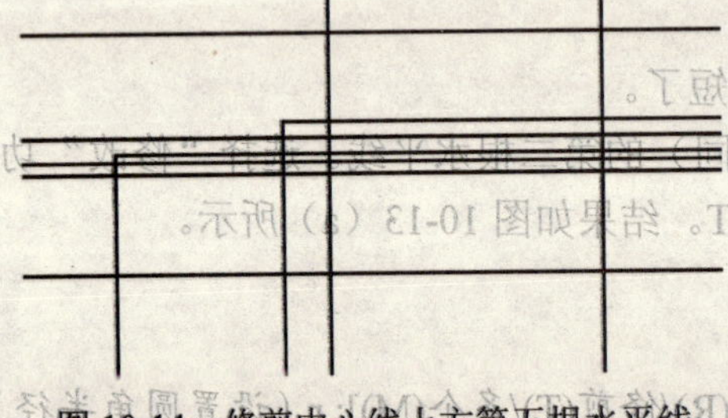

图 10-14　修剪中心线上方第五根水平线

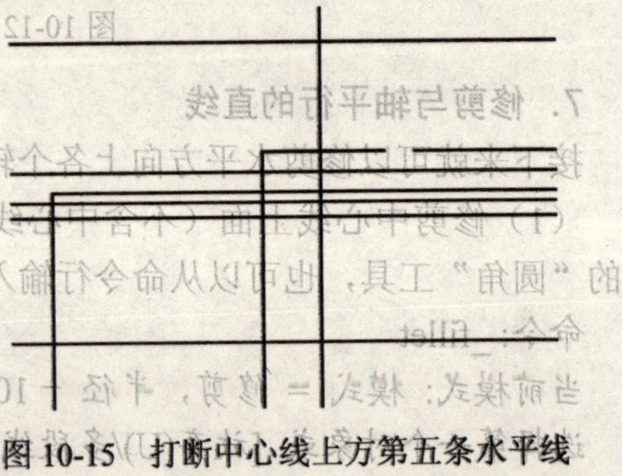

图 10-15　打断中心线上方第五条水平线

具体命令内容如下：

命令: _break

选择对象：（选择水平中心线上方第五条线）

指定第二个打断点或[第一点（F）]:（在该线位于左数第 6 条垂直线右边的位置单击）

注意　在打断时断点必须在图 10-16 左起第 3 根垂直线段右端。

（2）修剪左侧剩余水平线和垂直线。使用圆角工具，绘制的轴环如图 10-16 所示。

图 10-16　修剪左侧轴环

9．绘制蜗杆端面斜线

蜗杆斜线的绘制比较麻烦，主要是因为它的修剪过程很麻烦。

（1）在绘制斜线时，首先确定直线的起点和方向，然后再从起点起绘制超出实际长度的直线。也可以通过绘制水平线和垂直线得到起点和终点并进行连接来实现。使用直线工具，采用极坐标系的方式，绘制的结果如图 10-17（a）所示。

（2）修剪蜗杆端面线段。使用圆角工具，结果如图 10-17（b）所示。

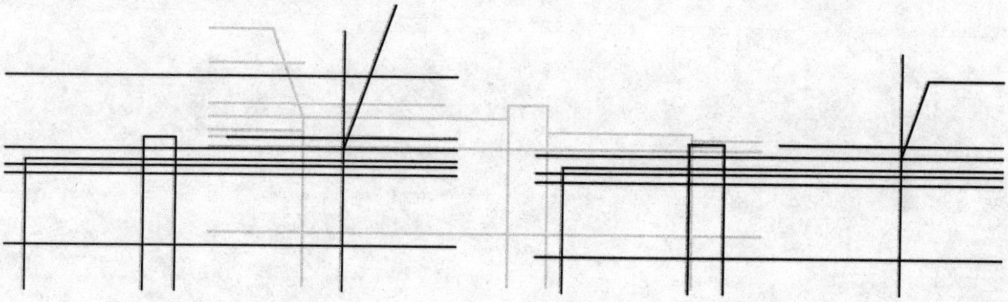

（a）绘制好的斜线　　（b）修剪蜗杆端面线

图 10-17　绘制蜗杆端面斜线

10．修剪蜗杆线段

（1）绘制并修剪蜗杆分度圆线段。使用偏移工具以水平中心线为源对象复制得到分度圆线段，然后以图 10-17 中左起第四条垂直线段为参照，使用修剪工具，将蜗杆分度圆线段修剪短。

（2）修剪蜗杆端面线段。以斜线起点所在水平线为参考，使用修剪工具，将蜗杆端面线段修剪短。

以上两步结果如图 10-18（a）和图 10-18（b）所示。

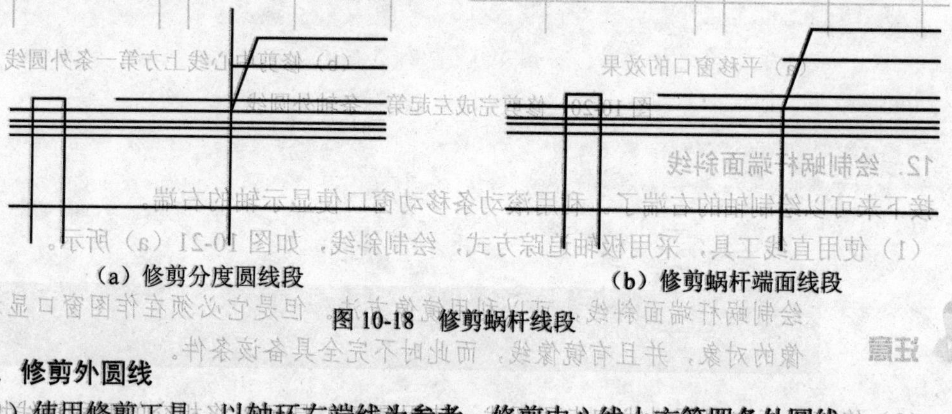

（a）修剪分度圆线段　　（b）修剪蜗杆端面线段

图 10-18　修剪蜗杆线段

11．修剪外圆线

（1）使用修剪工具，以轴环右端线为参考，修剪中心线上方第四条外圆线。

（2）使用修剪工具，以蜗杆左端面和轴环左端线为参考，修剪中心线上方第三条外圆线。

（3）使用修剪工具，以轴环左侧轴身的左端线和蜗杆左端面为参考，修剪中心线上面第二条外圆线。这三步结果如图 10-19 所示。

（a）修剪中心线上方第四条外圆线

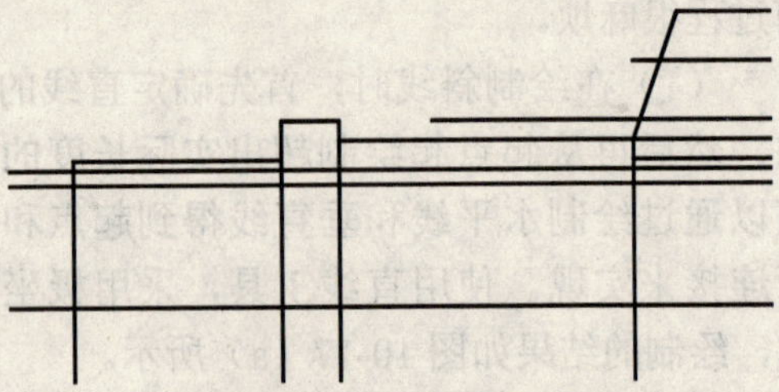

（b）修剪中心线上方第三条外圆线

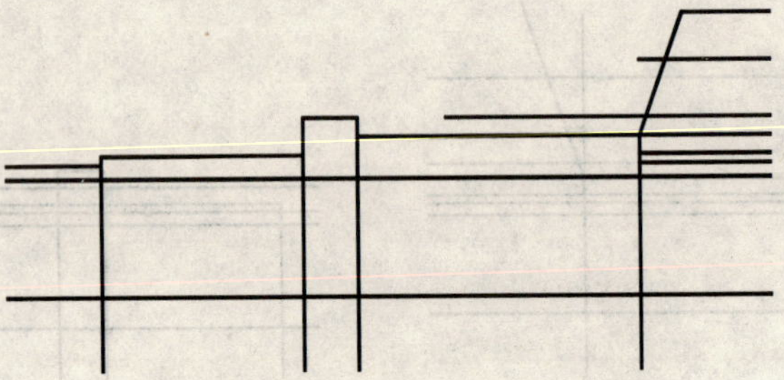

（c）修剪中心线上方的第二条外圆线

图 10-19　修剪轴外圆线

（4）平移窗口。利用滚动条右移绘图窗口，如图 10-20（a）所示。

（5）使用修剪工具，以蜗杆左端面和轴身左端线为参考，修剪中心线上方第一根外圆线。结果如图 10-20（b）所示。

（a）平移窗口的效果

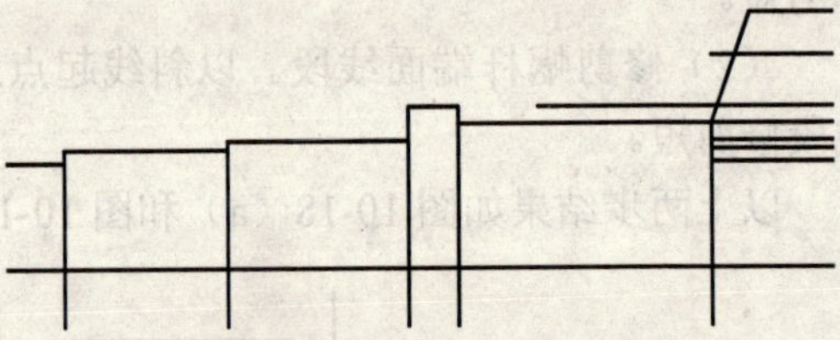

（b）修剪中心线上方第一条外圆线

图 10-20　修剪完成左起第一条轴外圆线

12．绘制蜗杆端面斜线

接下来可以绘制轴的右端了。利用滚动条移动窗口使显示轴的右端。

（1）使用直线工具，采用极轴追踪方式，绘制斜线，如图 10-21（a）所示。

注意　绘制蜗杆端面斜线，可以利用镜像方法。但是它必须在作图窗口显示要镜像的对象，并且有镜像线，而此时不完全具备该条件。

（2）修剪蜗杆右端面斜线和齿顶圆线。使用圆角工具可以将相交的两段直线均修剪，结果如图 10-21（b）所示。

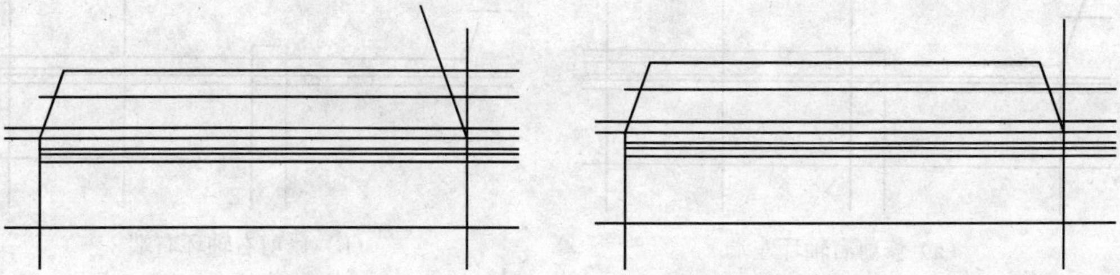

（a）绘制斜线　　（b）修剪右端面斜线和齿顶圆线

图 10-21　绘制蜗杆斜线

13．修剪蜗杆线段

（1）使用修剪工具，修剪蜗杆分度圆中心线，结果如图 10-22（a）所示。

（2）使用修剪工具，修剪蜗杆端面线段，结果如图 10-22（b）所示。

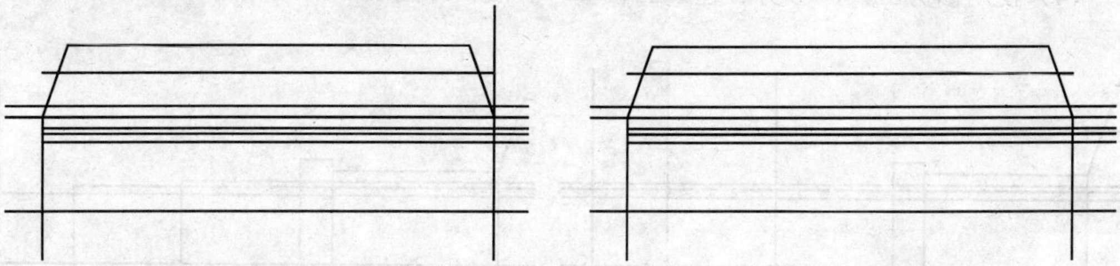

（a）修剪分度圆中心线　　（b）修剪蜗杆端面线

图 10-22　修剪蜗杆线段

14．修剪轴身外圆线

以蜗轮的两端端线为参考，使用修剪工具，将中心线上面第四条水平线剪裁掉。结果如图 10-23 所示。

15．绘制蜗杆齿形端线

使用直线工具，以蜗杆齿轮外端点为起点绘制直线，结果如图 10-24 所示。

图 10-23　打断轴身外圆线

图 10-24　绘制蜗杆齿形端线

16．绘制右轴环

（1）平移窗口。使用实时平移工具，或使用滚动条，右移窗口。

（2）使用圆角工具，修剪右轴环左端。结果如图 10-25（a）所示。

（3）使用圆角工具，修剪右轴环右端。结果如图 10-25（b）所示。

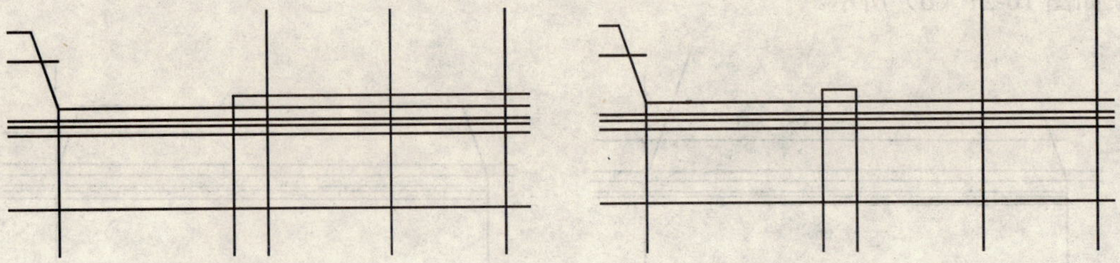

（a）修剪右轴环左端　　（b）修剪右轴环右端

图 10-25　修剪右轴环

17. 修剪外圆线

（1）使用修剪工具，修剪轴身（右起第五段轴）外圆线。结果如图 10-26（a）所示。

（2）使用修剪工具，修剪右起第三、二段轴的端线。结果如图 10-26（b）所示。

（3）使用修剪工具，修剪右端垂直终止线。结果如图 10-26（c）所示。

（4）使用修剪工具，修剪右起第三、二、一段轴外圆线。结果如图 10-26（d）所示。

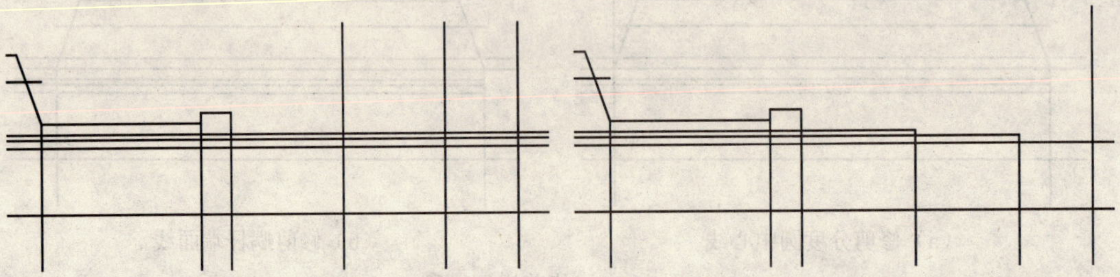

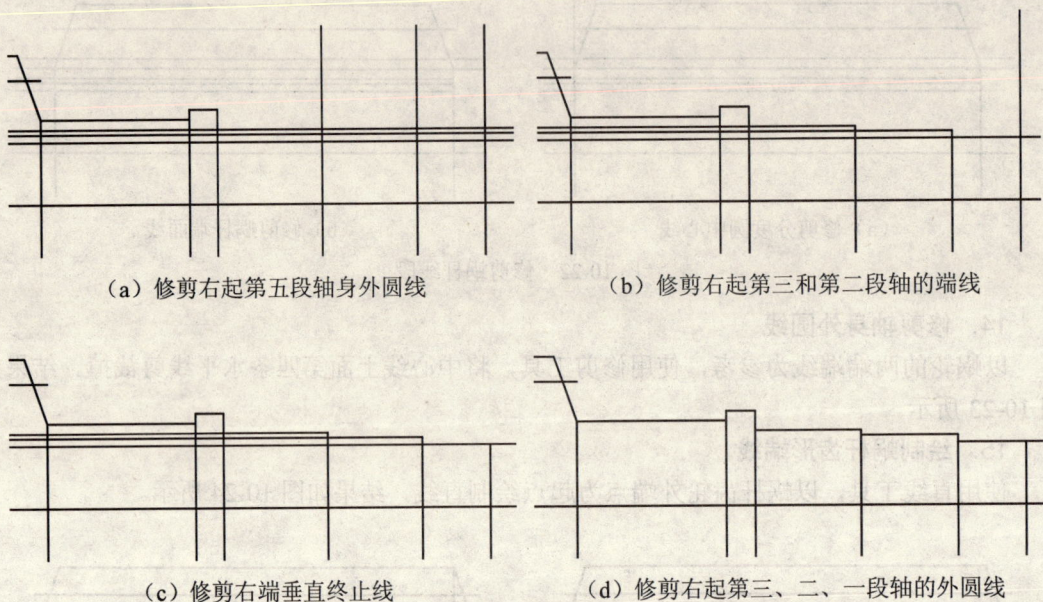

（a）修剪右起第五段轴身外圆线　　（b）修剪右起第三和第二段轴的端线

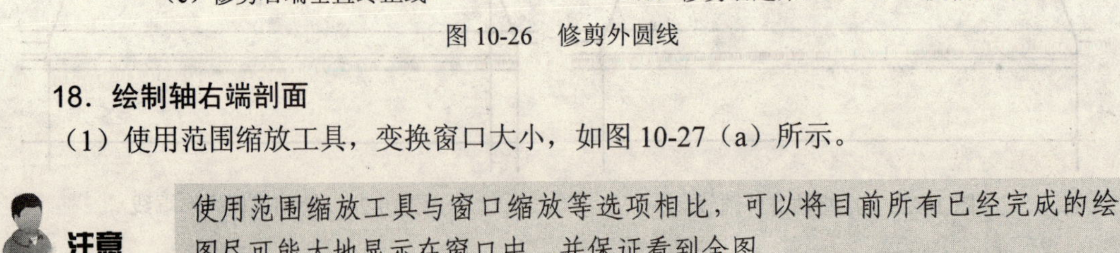

（c）修剪右端垂直终止线　　（d）修剪右起第三、二、一段轴的外圆线

图 10-26　修剪外圆线

18. 绘制轴右端剖面

（1）使用范围缩放工具，变换窗口大小，如图 10-27（a）所示。

> **注意**　使用范围缩放工具与窗口缩放等选项相比，可以将目前所有已经完成的绘图尽可能大地显示在窗口中，并保证看到全图。

（2）正交状态下使用直线工具，绘制轴右端截面中心线。结果如图 10-27（b）所示。

（3）绘制轴右端截面外圆。以交线为圆心，选择“绘图”功能面板中的“圆”工具，或者“绘图”功能面板中“圆”项，也可以在命令行输入 CIRCLE，结果如图 10-28（a）所示。

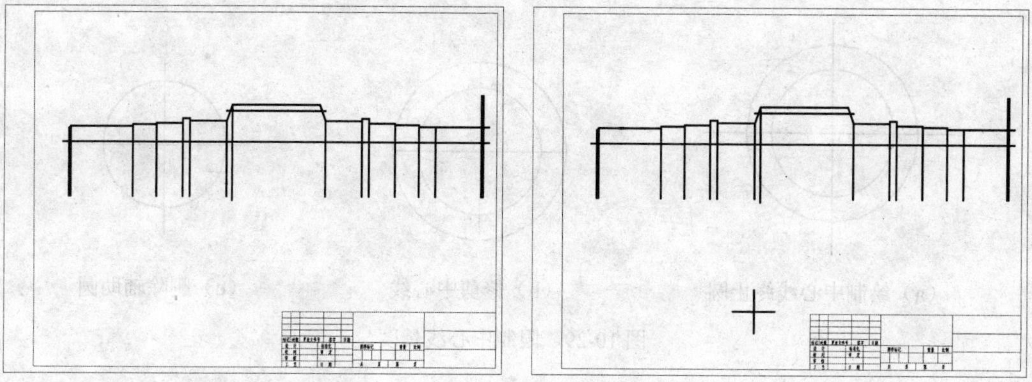

（a）变换窗口大小的效果　　　　（b）绘制轴右端截面中心线

图 10-27　绘制轴右端截面中心线

具体命令内容如下：

命令: _circle

指定圆的圆心或 [三点(3P)/两点(2P)/切点、切点、半径(T)]:

指定圆的半径或 [直径(D)]:

（4）变换窗口大小。由于要绘制轴截面图，而截面图比较小，因此需要将其放大。使用窗口缩放工具进行放大，结果如图 10-28（b）所示。

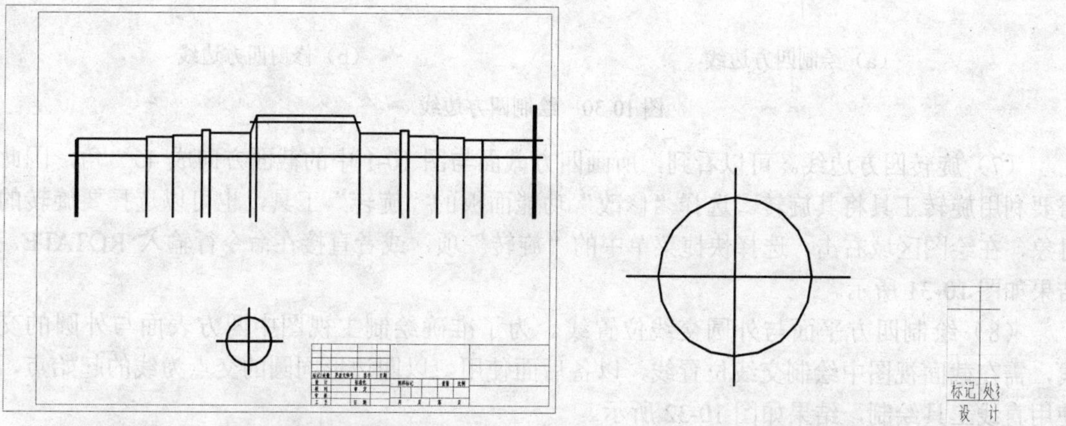

（a）绘制轴右端截面外圆　　　　（b）放大显示

图 10-28　绘制轴右端截面外圆

注意　此时的圆看起来并不光滑，但可以通过“选项”里面的“显示”标签中的“精度”项进行更改。

（5）限制中心线长度。为了使中心线看起来更加美观，需要对它进行一些修剪，可以通过绘制终止圆来实现。

1）使用圆工具，绘制中心线终止圆。结果如图 10-29（a）所示。

2）使用修剪命令，以终止圆为参考，修剪中心线。结果如图 10-29（b）所示。

3）选择终止圆，使用删除工具，删除辅助圆。结果如图 10-29（c）所示。

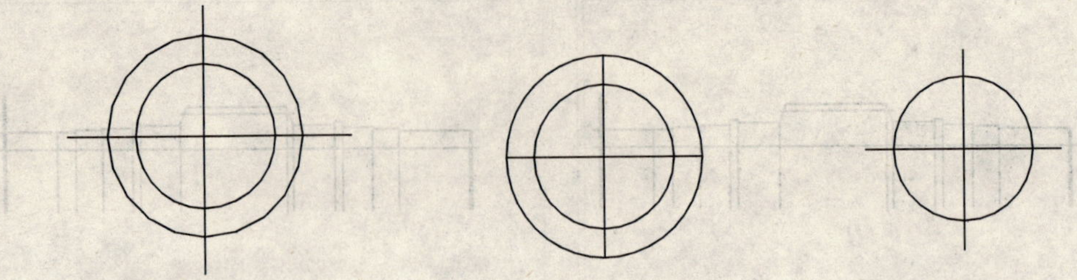

（a）绘制中心线终止圆　　（b）修剪中心线　　（c）删除辅助圆

图 10-29　限制中心线长度

（6）接下来绘制四边形。

1）以两条中心线为基准，使用偏移工具，绘制四方边线。结果如图 10-30（a）所示。

2）以圆为参考，使用修剪工具，修剪四方边线。结果如图 10-30（b）所示。

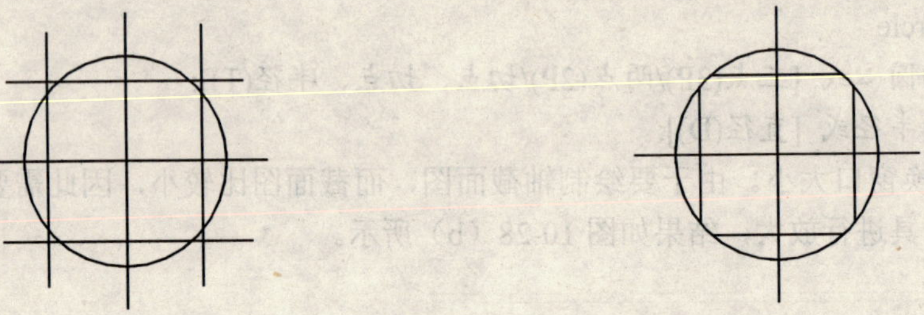

（a）绘制四方边线　　（b）修剪四方边线

图 10-30　绘制四方边线

（7）旋转四方边线。可以看到，所画四方截面与图 10-1 中的截面方向成 45° 角，因此需要利用旋转工具将其旋转。选择“修改”功能面板的“旋转”工具，也可以选择要旋转的对象，在绘图区域右击，选择快捷菜单中的“旋转”项，或者直接在命令行输入 ROTATE，结果如图 10-31 所示。

（8）绘制四方平面与外圆交线位置线。为了准确绘制主视图中四方表面与外圆的交线，需在截面视图中绘制交线位置线，以备后面使用。以四边形同圆的交点为线的起始点，使用直线工具绘制，结果如图 10-32 所示。

图 10-31　旋转四方边线

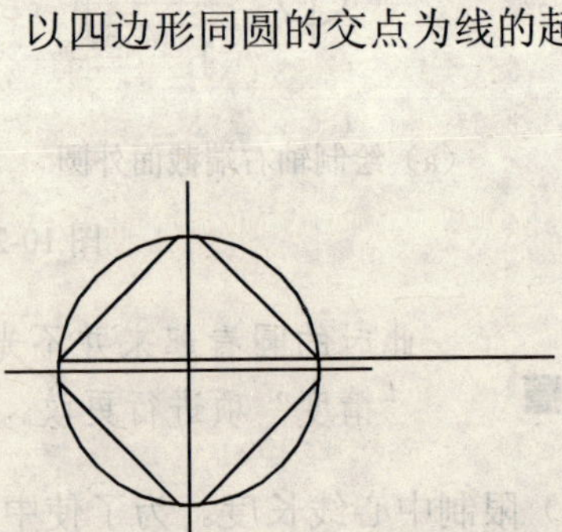

图 10-32　绘制四方平面与外圆交线位置线

（9）修剪外圆。使用修剪工具，以四边形为参考，将多余外圆修剪掉，结果如图 10-33 所示。

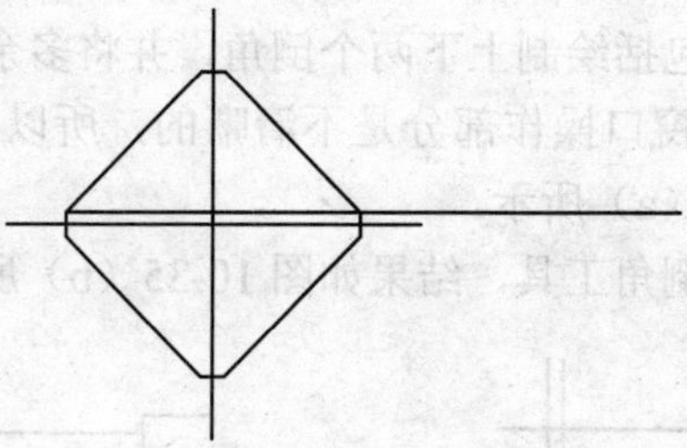

图 10-33　修剪外圆

19. 绘制右轴头主视图

通过右截面视图可以确定右轴头主视图的两条定位线。现在这条线已经得到，所以可以完成右轴头主视图了。

（1）确定右轴头四方平面与外圆交线位置。

1）变换窗口。选择“导航”功能面板“上一个”缩放工具，也可以在 ZOOM 命令运行期间，在绘图区域中右击，然后选择“缩放为上一个”，或者直接在命令行输入命令 ZOOM，选择 P。结果如图 10-34（a）所示。

注意　该命令将还原到前一个视图，该视图是我们最后一次进行窗口缩放操作前的窗口。

2）复制四方平面与外圆交线位置线。使用复制对象工具，将上面绘制的直线从轴截面图复制到主视图，结果如图 10-34（b）所示。

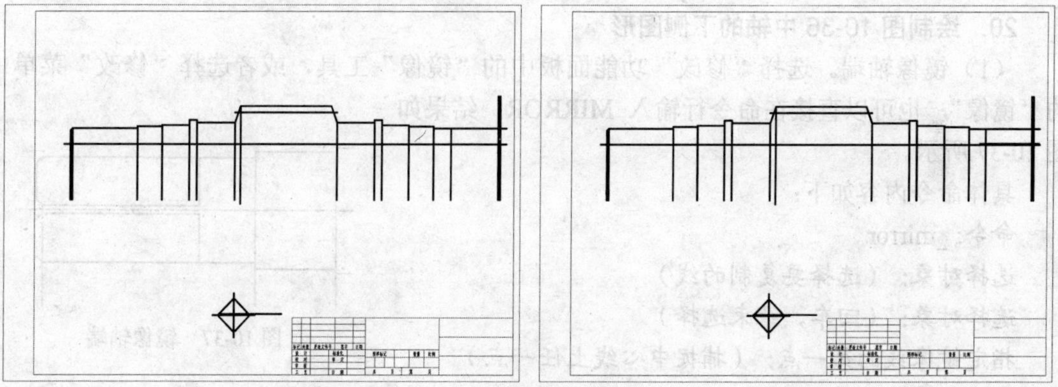

（a）　　　　　　（b）

图 10-34　复制对象

具体的命令内容如下：

命令: _copy

选择对象:（选择四方平面与外圆交线位置线）

选择对象:（回车，结束选择）

指定基点或 [位移(D)/模式(O)] <位移>:（捕捉基点）

指定第二个点或 <使用第一个点作为位移>:（捕捉放置点）

（2）绘制倒角。该操作包括绘制上下两个倒角，并将多余线条删除。

1）变换窗口大小。目前窗口操作部分是不清晰的，所以需要放大显示主视图，使用窗口缩放工具，结果如图 10-35（a）所示。

2）绘制倒角。两次使用倒角工具，结果如图 10-35（b）所示。

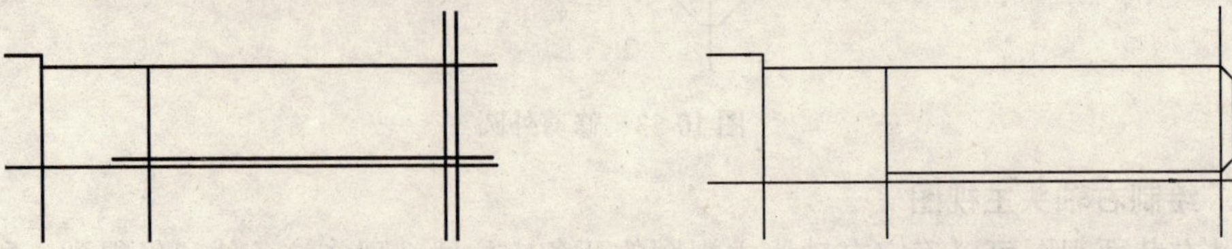

（a）放大主视图　　（b）绘制倒角

图 10-35　绘制倒角

（3）修剪多余线段。在半径为 0 的情况下使用圆角工具，删除定位线的水平多余线段，以定位线为参考，使用修剪工具，删除垂直轴端线。结果如图 10-36 所示。

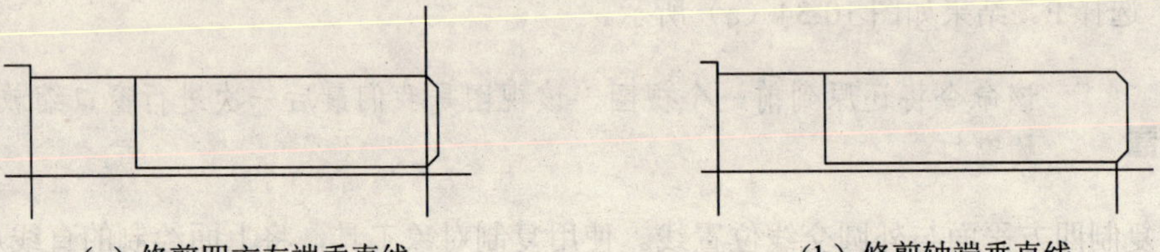

（a）修剪四方左端垂直线　　（b）修剪轴端垂直线

图 10-36　修剪线段

20．绘制图 10-36 中轴的下侧图形

（1）镜像轴端。选择“修改”功能面板中的“镜像”工具，或者选择“修改”菜单中的“镜像”，也可以直接在命令行输入 MIRROR，结果如图 10-37 所示。

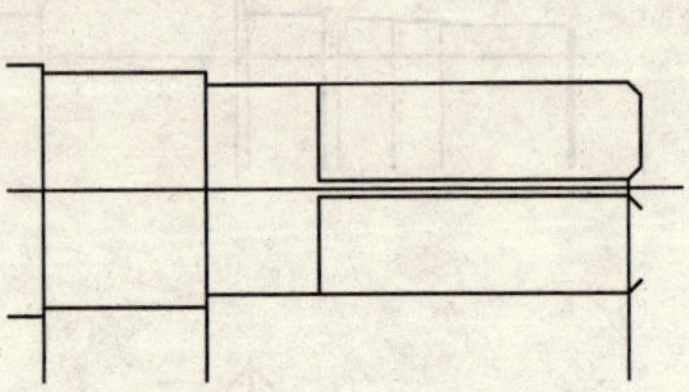

图 10-37　镜像轴端

具体命令内容如下：

命令: _mirror

选择对象:（选择要复制的线）

选择对象:（回车，结束选择）

指定镜像线的第一点:（捕捉中心线上任一点）

指定镜像线的第二点:（捕捉中心线上另一点）

是否删除源对象？[是（Y）/否（N）] <N>: n（输入 n，保留源对象）

（2）延伸轴端线。选择“修改”功能面板中的“延伸”工具，或者选择“修改”菜单中的“延伸”项，或者直接在命令行输入 EXTEND，结果如图 10-38 所示。

具体命令内容如下：

命令: _extend

当前设置: 投影=无　边=无

选择边界的边 ...

选择对象:（选择镜像得到的最下方倒角线）

选择对象：（回车，结束选择）

选择要延伸的对象，或按住 Shift 键选择要修剪的对象，或[栏选(F)/窗交(C)/投影(P)/边(E)/放弃(U)]:（选择右边的端线）

（3）使用修剪工具，修剪多余线段。结果如图 10-39 所示。

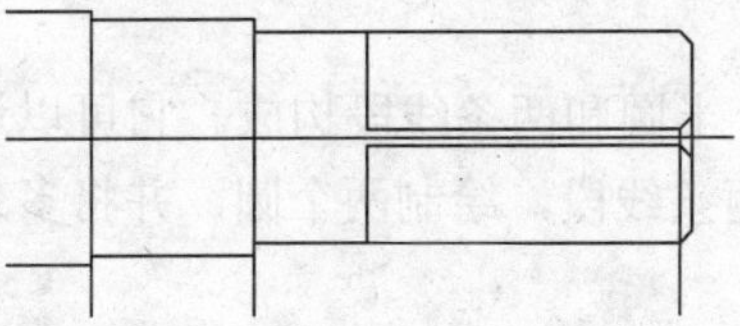

图 10-38　延伸轴端线

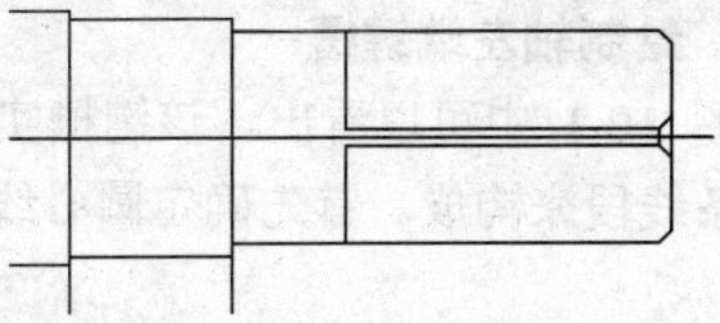

图 10-39　修剪多余线段

21．处理截面视图

（1）变换窗口大小。使用缩放上一个工具，还原到前一个视图，结果如图 10-40（a）所示。

（2）选择辅助线，使用删除工具，删除轴右端截面辅助线。结果如图 10-40（b）所示。

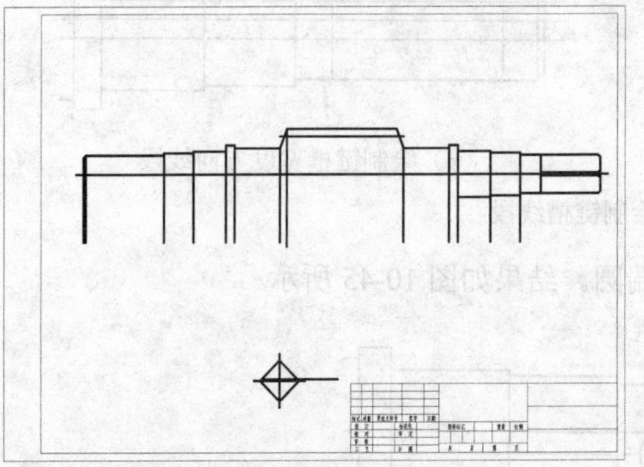

（a）还原到前一视图

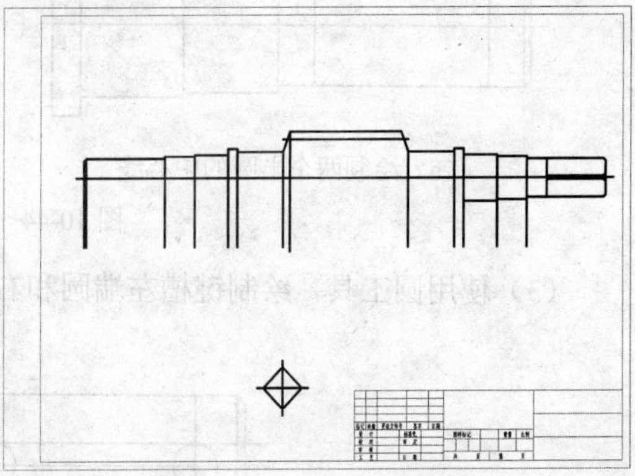

（b）删除截面辅助线

图 10-40　删除轴右端截面辅助线

22．处理轴左端主视图

（1）使用窗口缩放工具，变换窗口大小。结果如图 10-41（a）所示。

（2）使用镜像工具，镜像蜗杆的其他部分。结果如图 10-41（b）所示。

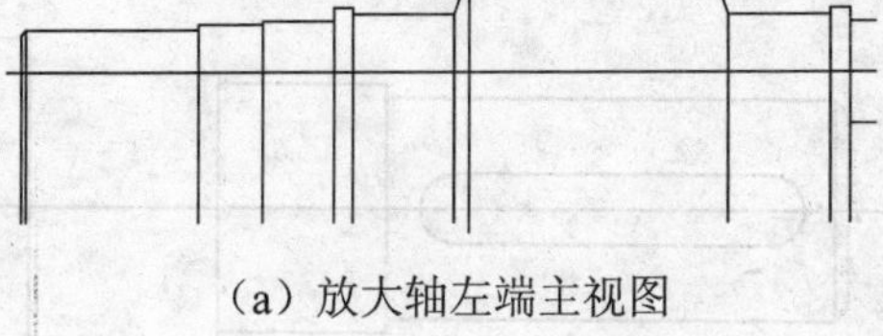

（a）放大轴左端主视图

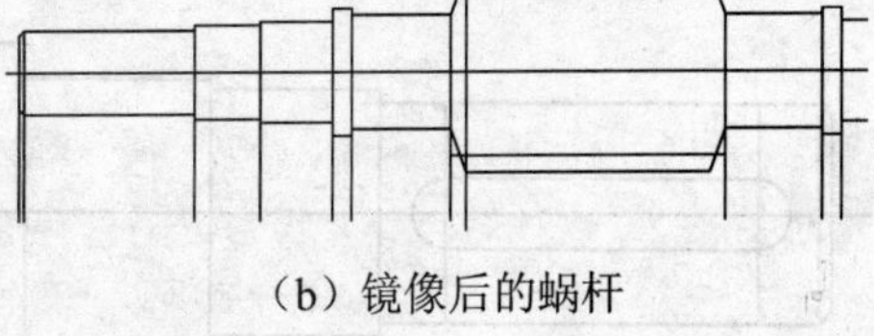

（b）镜像后的蜗杆

图 10-41　镜像蜗杆的其他部分

（3）使用修剪命令，修剪各线段。结果如图 10-42 所示。

（4）使用复制对象命令，复制蜗杆齿形端线。结果如图 10-43 所示。

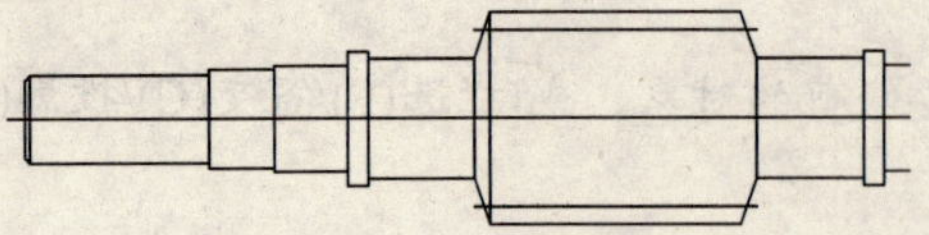

图 10-42 修剪线段

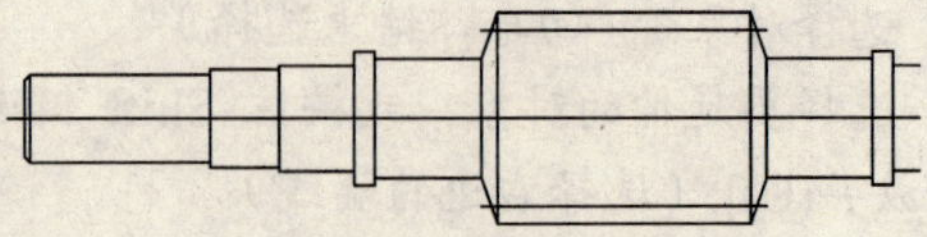

图 10-43 复制蜗杆齿形端线

23. 绘制轴左端键槽

从图 10-1 中可以看出，该键槽实际上是由两个半圆和两条线段构成。它可以通过两个圆和两条线段来构成。首先确定圆心线，然后绘制两条线段，绘制两个圆，并将多余线条剪切掉。

（1）以中心线为基准，以轴左端线为参考，绘制轴半圆中心线。结果如图 10-44（a）所示。

（2）以中心线为基准，使用偏移工具，绘制键槽宽度方向线段。结果如图 10-44（b）所示。

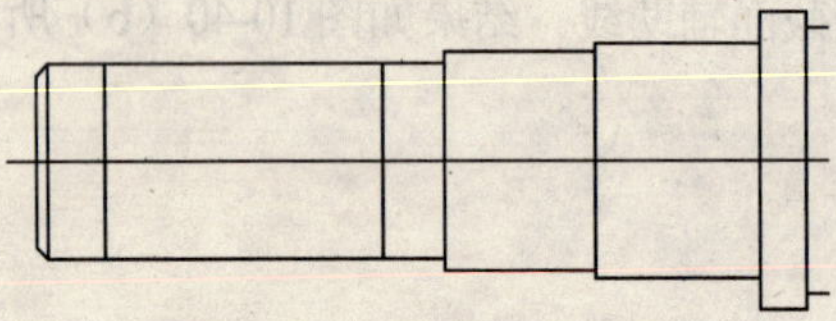

（a）绘制两个半圆的中心线

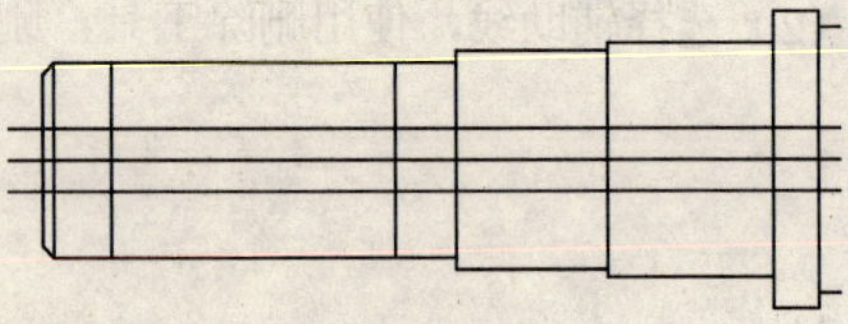

（b）绘制键槽宽度方向线段

图 10-44 绘制键槽线段

（3）使用圆工具，绘制键槽左端圆和右端圆。结果如图 10-45 所示。

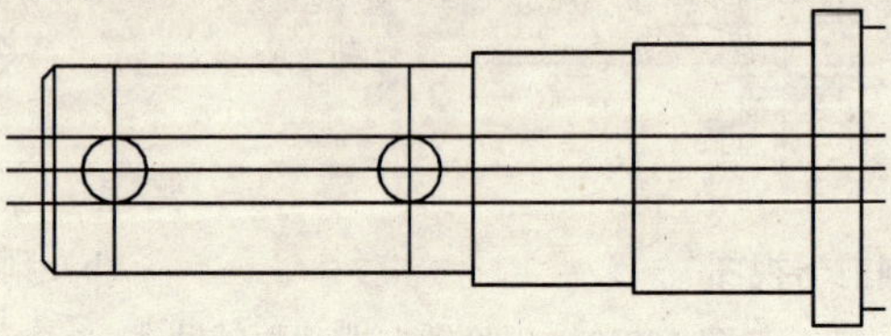

图 10-45 绘制键槽圆

（4）使用修剪工具，修剪左、右端圆和键槽宽度方向线段。结果如图 10-46（a）所示。

（5）使用删除工具，删除轴两端键槽半圆中心线。结果如图 10-46（b）所示。

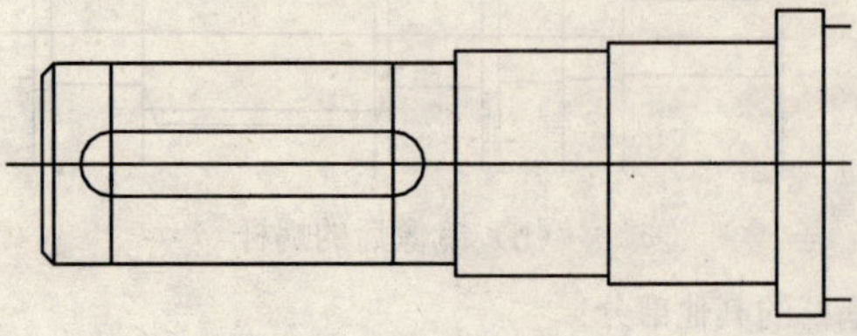

（a）修剪键槽宽度线段

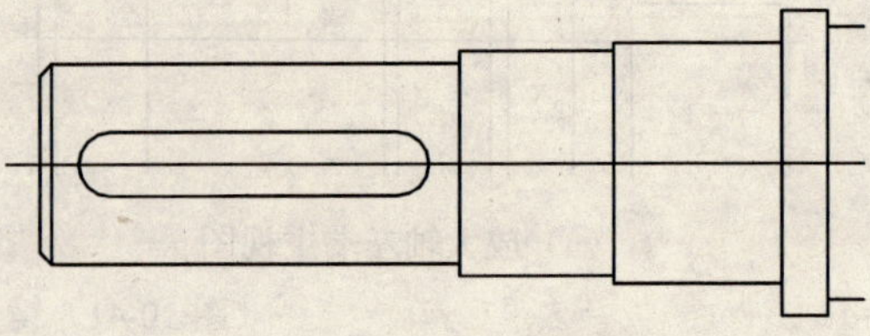

（b）删除键槽两端半圆中心线

图 10-46 删除键槽多余线

24. 绘制轴左端截面视图

（1）绘制截面中心线。

1）使用范围缩放工具，变换窗口大小。结果如图 10-47（a）所示。

2）以轴右端截面中心线为基准，使用复制对象工具，复制截面中心线。结果如图 10-47（b）所示。

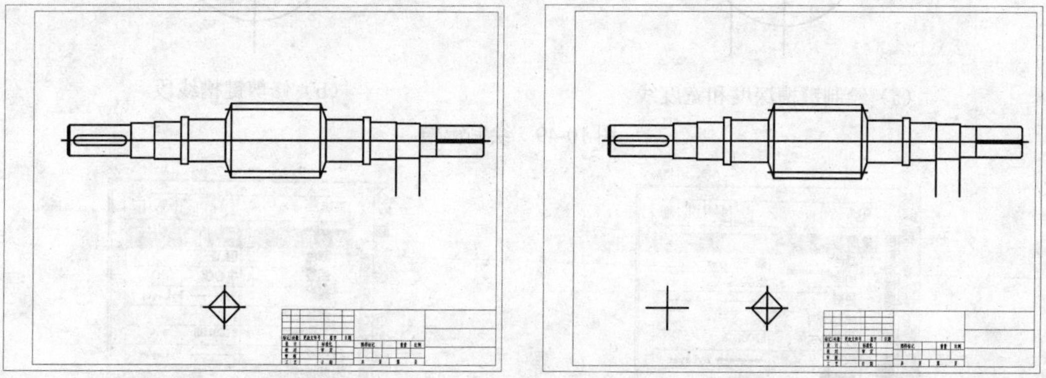

（a）变换窗口　　（b）复制截面中心线

图 10-47　绘制轴端截面中心线

（2）绘制外圆。

1）使用窗口缩放工具，变换窗口大小。放大视图显示，将轴端截面中心线显示出来，结果如图 10-48（a）所示。

2）使用圆工具，绘制轴左端截面外圆。结果如图 10-48（b）所示。

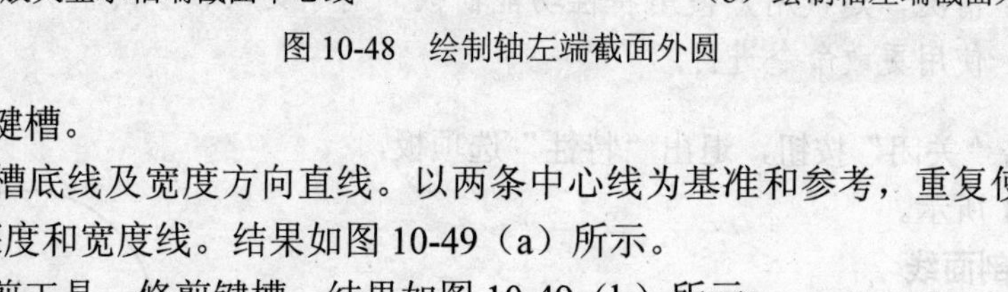

（a）放大显示轴端截面中心线　　（b）绘制轴左端截面外圆

图 10-48　绘制轴左端截面外圆

（3）绘制键槽。

1）绘制键槽底线及宽度方向直线。以两条中心线为基准和参考，重复使用偏移工具，分别绘制键槽深度和宽度线。结果如图 10-49（a）所示。

2）使用修剪工具，修剪键槽。结果如图 10-49（b）所示。

25. 变换中心线图层和线型比例

到目前为止，基本的绘图过程已经结束，接下来可以对已经完成的部分进行更改。例如中心线现在是实线，必须改为中心线等。

（1）选择两条中心线，执行命令 PROPERTIES，或在“视图”选项卡中单击“选项板”功能面板的“特性”按钮，弹出“特性”工具选项板，如图 10-50（a）所示。

（2）修改中心线图层和线型比例后，“特性”工具选项板变为如图 10-50（b）所示。

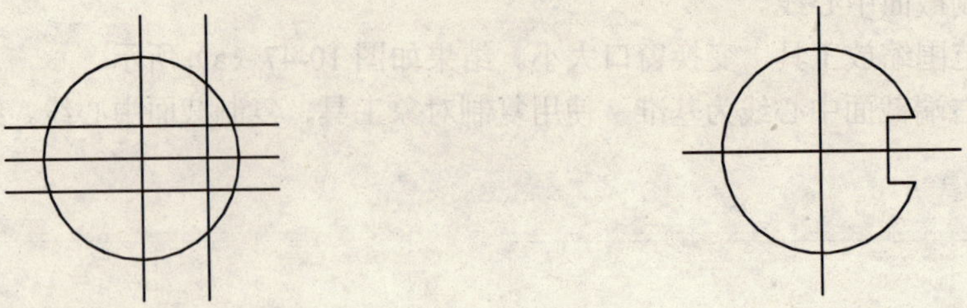

（a）绘制键槽深度和宽度线　　（b）修剪键槽线段

图 10-49　绘制键槽

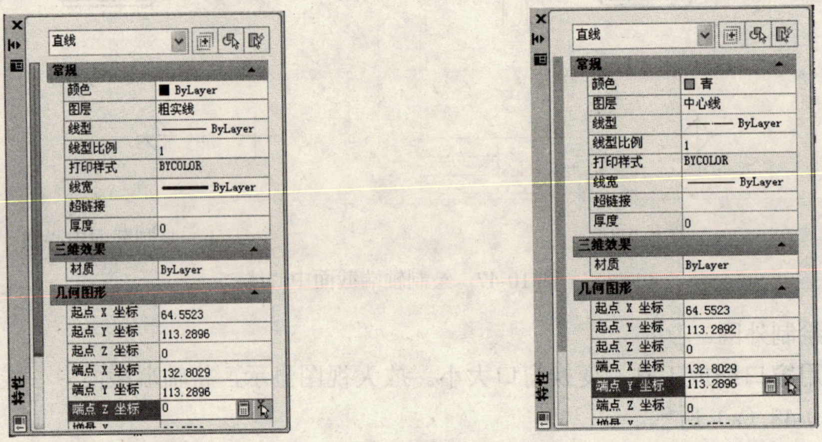

（a）　　（b）

图 10-50　“特性”选项板

注意　对象特性选项板是 AutoCAD 重要的功能，它完全采用了类似 VB、VC 控件的方式，使用户在选择对象之后可以直接通过它进行属性编辑，从而避免了使用专门命令进行修改。例如，线型等可以直接在相应的属性上进行更改，不必使用线型命令或图层等进行修改。但是，对于属性更改较多的情况，建议用户使用特性功能面板；对于更改较少的情况，建议用户直接使用更改命令进行。

（3）单击“关闭”按钮，退出“特性”选项板，结果如图 10-51 所示。

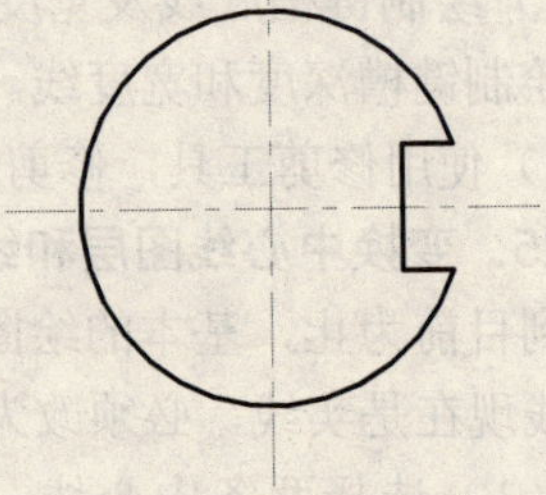

图 10-51　变换中心线图层和线型比例

26. 绘制剖面线

（1）变换当前图层。使用“图层”功能面板将“细实线”图层设置为“当前”图层。剖面线都是采用细实线来表现的，所以要采用特定的图层和线型。

（2）绘制剖面线。选择“绘制”功能面板的“图案填充”工具，或者选择“绘图”菜单中的“图案填充”项，也可以直接在命令行输入 BHATCH，它将使用图案填充封闭区域或选定对象。

屏幕将会弹出“图案填充和渐变色”对话框，如图 10-52 所示。

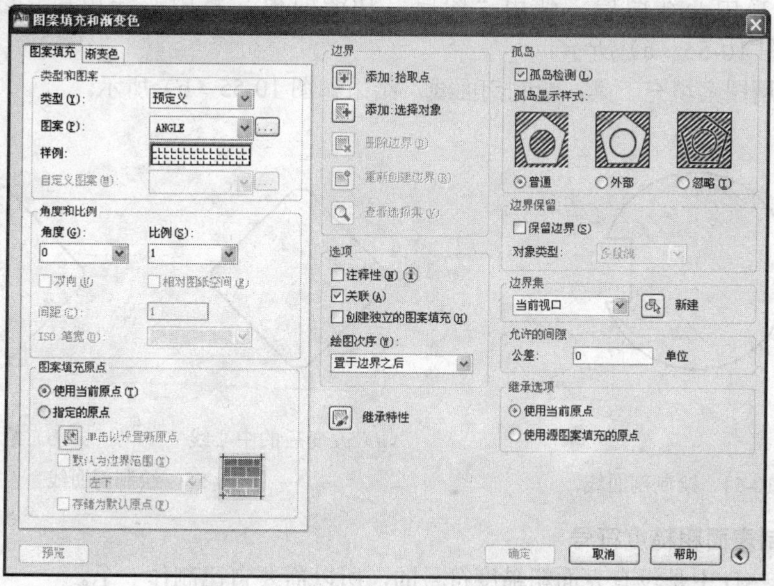

图 10-52 “图案填充和渐变色”对话框

在该对话框中，用户可以确定剖面线的类型、采用的角度、每条剖面线之间的距离等。对于国内工程制图人员来说，一般剖面线都是采用与水平方向成 45°或 135°的方向，修改各参数，结果如图 10-53 所示。

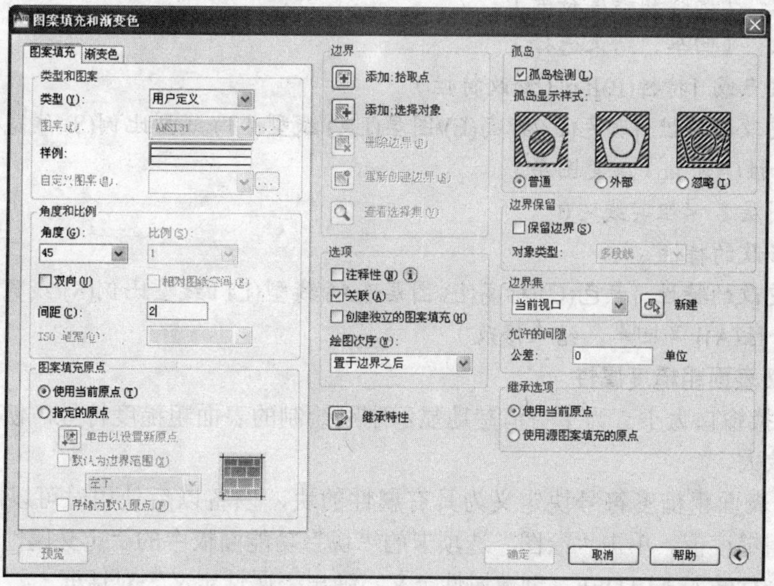

图 10-53 修改后的“图案填充和渐变色”对话框

再单击“添加：拾取点”按钮退回到绘图界面，点取要填充的图形，本例中选择圆内部，确认后返回到图 10-53 中，单击“确定”按钮，结果如图 10-54 所示。

27．绘制四边形内剖面线

（1）使用实时平移工具，或者使用滚动条，平移窗口。

（2）变换中心线图层。使用“图层”功能面板，将中心线由粗实线变为细点划线，结果如图 10-55（a）所示。

（3）使用图案填充工具，绘制剖面线。结果如图 10-55（b）所示。

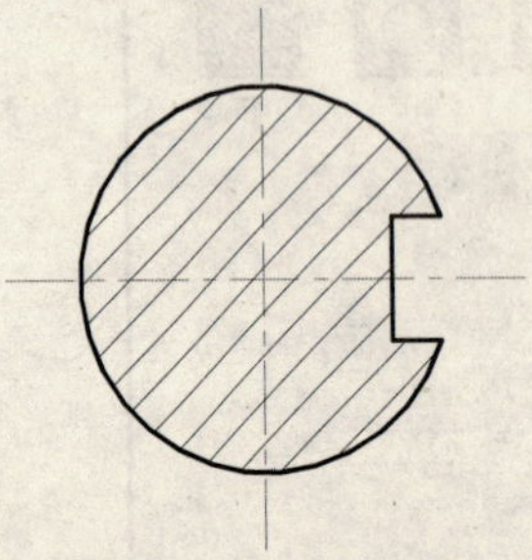

图 10-54　绘制剖面线

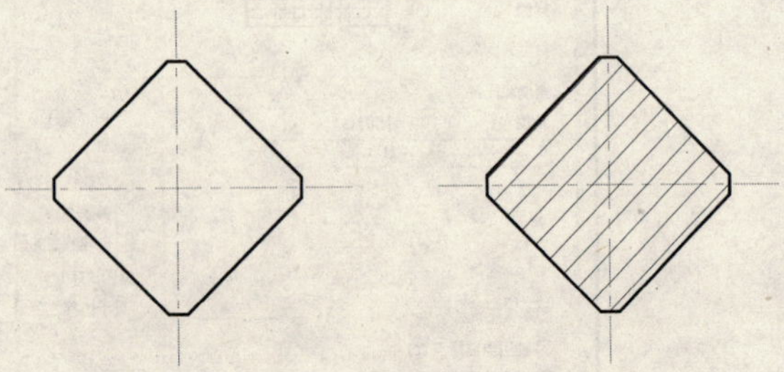

（a）改变后的中心线　　（b）绘制剖面线

图 10-55　绘制剖面线

28．绘制表面粗糙度符号

在 AutoCAD 中是没有表面粗糙度符号的，所以需要自己制作一个。

（1）使用直线工具，在图的空白处绘制表面粗糙度符号。

（2）变换表面粗糙度符号图层。在命令行输入 CHANGE，修改现有对象的特性。

具体命令内容如下：

命令: change

选择对象:（选择粗糙度符号）

选择对象:（回车，结束选择）

指定修改点或 [特性(P)]: p（修改特性）

输入要更改的特性 [颜色(C)/标高(E)/图层(LA)/线型(LT)/线型比例(S)/线宽(LW)/厚度(T)/材质(M)/注释性(A)]: la（改变图层）

输入新图层名 <粗实线>: 0

输入要修改的特性

输入要更改的特性 [颜色(C)/标高(E)/图层(LA)/线型(LT)/线型比例(S)/线宽(LW)/厚度(T)/材质(M)/注释性(A)]:（回车，结束修改）

29．定义表面粗糙度属性

（1）变换窗口大小。为了更清楚地显示刚刚绘制的表面粗糙度符号，使用窗口缩放工具，将窗口放大。

（2）将表面粗糙度符号块定义为具有属性的块，以备以后使用时可以随时修改其属性，即表面粗糙度值。单击“绘图”选项卡的“块”功能面板中的“定义属性”按钮，或者直接在命令行输入 ATTDEF，创建属性定义，弹出“属性定义”对话框。

其中，“标记”用于标志属性的出现，“提示”是在每次插入该块时系统的提示信息，“值”是可以根据具体情况更改的，“文字选项”可以确定属性文字的对齐方式、样式、高度和旋转角度。单击“拾取点”，选择插入点的坐标，对话框如图 10-56 所示。

单击“确定”按钮，结果如图 10-57 所示。

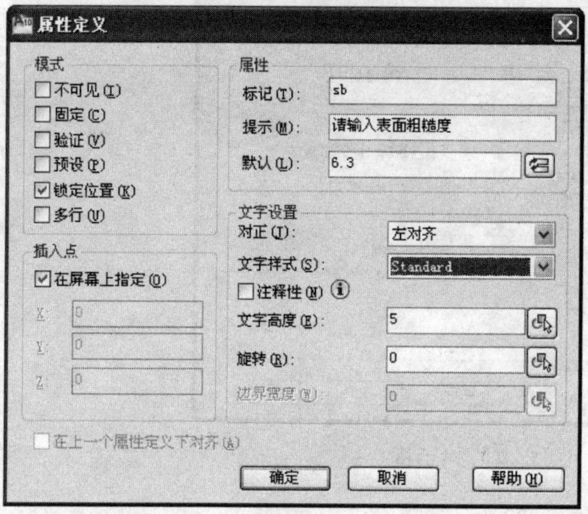

图 10-56 “属性定义”对话框

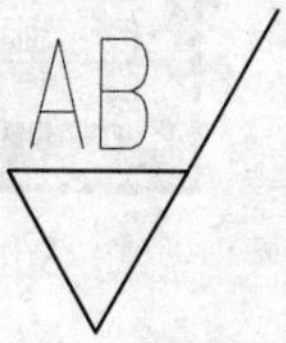

图 10-57 定义表面粗糙度属性

30．制作其他表面粗糙度块

（1）平移窗口。为了制作另一表面粗糙度块，需要平移窗口，给另一图形留出绘制空间。

（2）使用复制对象工具，复制表面粗糙度符号。

（3）镜像表面粗糙度符号。首先将变量 MIRRTEXT=1 改为 MIRRTEXT=0，这样字体不随图形翻转而变。

1）执行命令 MIRROR，结果如图 10-58（a）所示。

2）再次镜像表面粗糙度符号。执行命令 MIRROR，结果如图 10-58（b）所示。

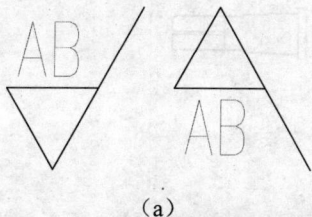

（a）　　（b）

图 10-58 镜像表面粗糙度符号

31．定义表面粗糙度块

接下来将两个已经制作好的粗糙度符号定义成块，以便以后能分别调用。

（1）将第一个粗糙度符号定义为块 ccd1。

1）执行命令 BLOCK，弹出“块定义”对话框。

2）修改各值后单击“选择对象”按钮，选择要定义的对象。对话框变为如图 10-59 所示。

3）单击“拾取点”按钮，选择块的插入点并回车。

4）单击“确定”，对话框消失，由于在对象选框中选择的是“删除”选项，因此定义的块 ccd1 也消失，至此块 ccd1 定义完毕。

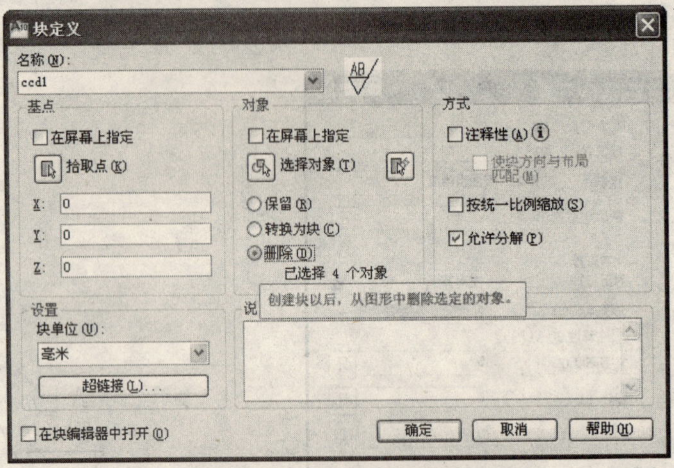

图 10-59 “块定义”对话框

（2）将第二个表面粗糙度符号定义为块 ccd2。

32．更改中心线和蜗杆分度圆线型

（1）变换窗口大小。截面视图及表面粗糙度块绘制完毕，使用范围缩放工具，现将窗口改变。

（2）变换中心线和蜗杆分度圆线图层。

1）执行命令 PROPERTIES，打开对象特性选项板。

2）修改中心线图层和线型比例。结果如图 10-60 所示。

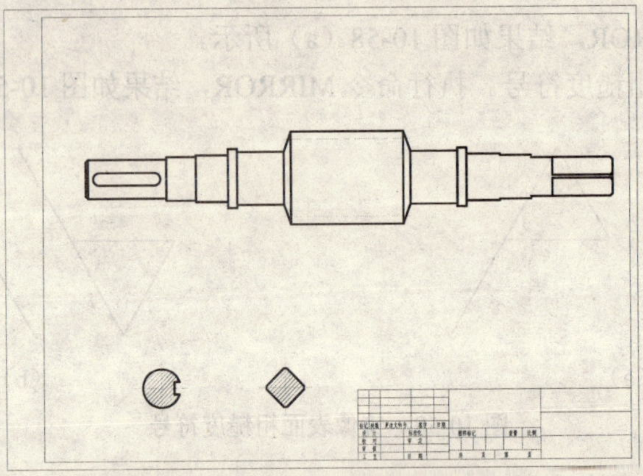

图 10-60 变换中心线和蜗杆分度圆线型

至此，所有的绘图工作已经完成。

10.5.4 蜗杆的标注

1．定义标注样式

在工程制图中，并不是每个用户所参照的标注样式都是完全一样的。所以，需要根据实际情况定义自己使用的标注样式。

（1）选择“格式”菜单中的“标注样式”项，或者在“注释”选项卡中单击“标注”

功能面板的按钮，或者直接在命令行输入 DIMSTYLE，弹出“标注样式管理器”对话框，如图 10-61 所示。

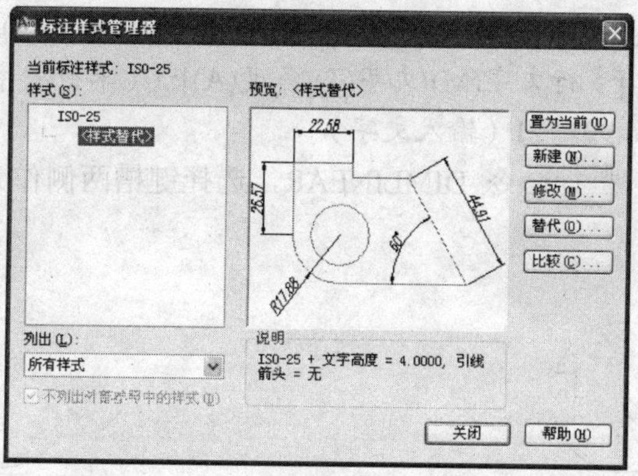

图 10-61　“标注样式管理器”对话框

（2）单击“修改”按钮，进入“修改标注样式”对话框，如图 10-62 所示。

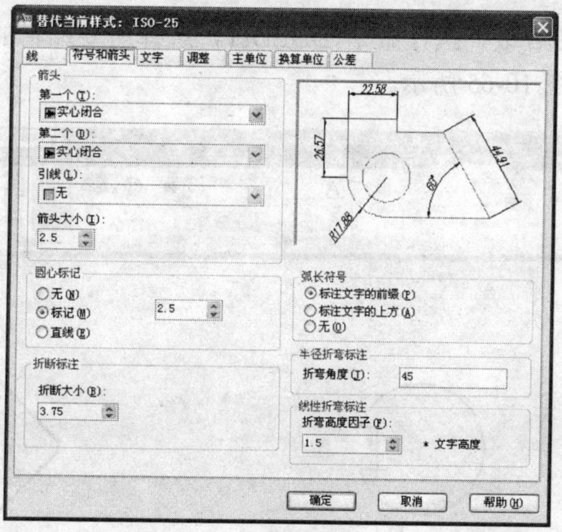

图 10-62　“修改标注样式”对话框

分别进入“线”、“符号和箭头”、“文字”、“调整”、“主单位”、“换算单位”和“公差”等选项卡，对其数值进行适当的修改，然后单击“确定”按钮。

（3）单击“关闭”按钮，标注样式定义完毕。

2．左侧轴头截面标注

（1）尺寸标注。

1）变换窗口大小。使用窗口缩放工具，将左侧轴头截面图放大，准备标注尺寸。

2）标注键槽深度。选择“标注”功能面板的“线性标注”工具，也可以直接在命令行输入 DIMLINEAR，利用自动捕捉和跟踪功能选择圆和中心线的交点及键槽同中心线的左交点作为标注线的起点和终点，结果如图 10-63 所示。

具体命令内容如下：

命令: _DIMLINEAR

指定第一条延伸线原点或 <选择对象>:（捕捉圆和水平中心线的左交点）

指定第二条延伸线原点:（捕捉键槽同中心线的交点）

指定尺寸线位置或[多行文字(M)/文字(T)/角度(A)/水平(H)/垂直(V)/旋转(R)]: h（水平方式）

指定尺寸线位置或 [多行文字(M)/文字(T)/角度(A)]: t（单行文字方式）

输入标注文字 <186.99>: 21（输入文字）

3）标注键槽宽度。执行命令 DIMLINEAR，选择键槽两侧作为标注线的起点和终点，结果如图 10-64 所示。

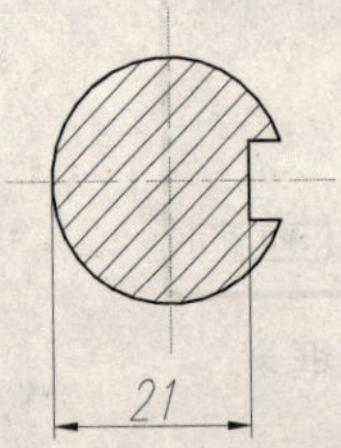

图 10-63　标注键槽深度

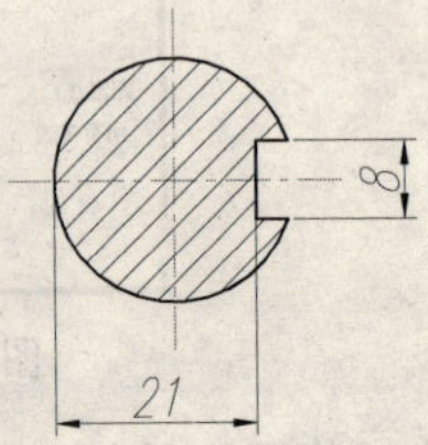

图 10-64　标注键槽宽度

4）添加标注文字的后缀。执行命令 DDEDIT，选择所要编辑的文字对象后，打开“文字编辑器”选项卡，如图 10-65 所示。

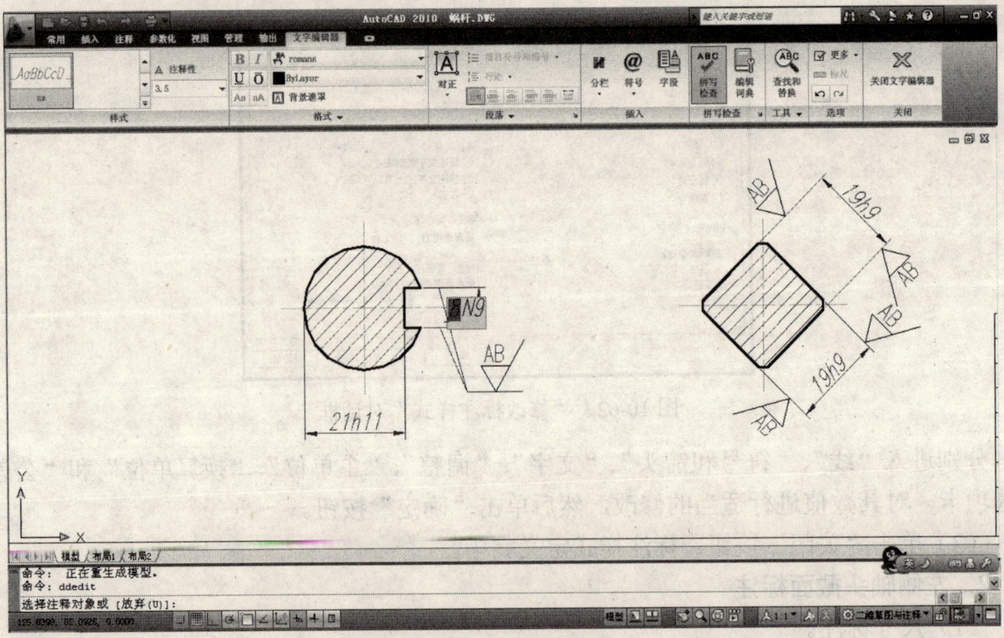

图 10-65　多行文字编辑

5）在后面添加文字后，单击“关闭文字编辑器”按钮，结果如图 10-66 所示。

注意　如果要添加前缀，可以选择在“<>”符号前面输入内容即可。

（2）添加表面粗糙度。

1）绘制表面粗糙度符号指引线。由于键槽空间不能容纳表面粗糙度符号，因此需要使用直线工具或者快速引线工具，绘制引线，结果如图 10-67 所示。

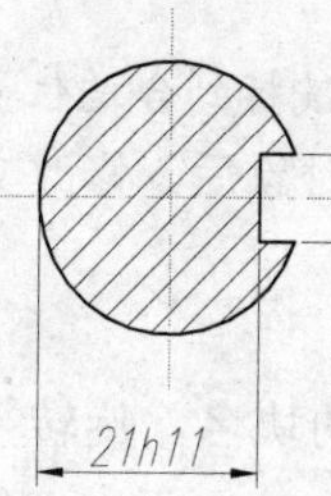

图 10-66　修改后缀

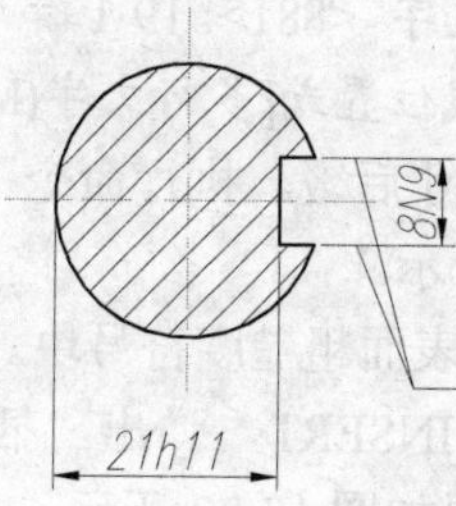

图 10-67　绘制表面粗糙度符号指引线

2）插入表面粗糙度块。选择“块”功能面板的“插入”按钮，也可以在命令行输入 INSERT，将命名块插入到当前图形中。弹出“插入”对话框，如图 10-68 所示。

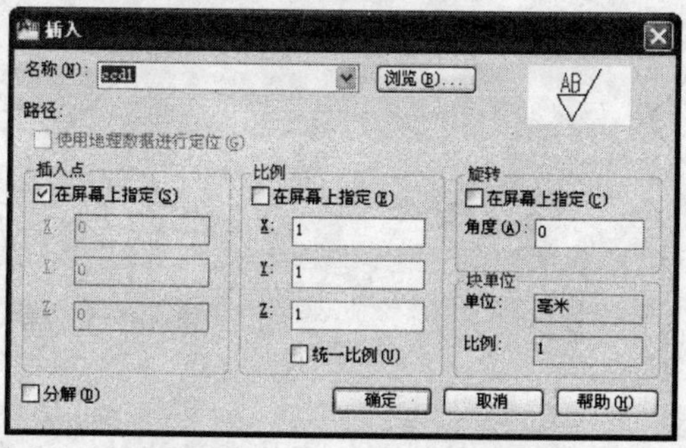

图 10-68　“插入”对话框

3）选择要插入的块名，单击“确定”按钮，结果如图 10-69 所示。

3. 右侧轴头端面截面标注

（1）尺寸标注。

1）平移窗口。使用实时平移工具或直接利用滚动条移动窗口。

2）标注四方尺寸。选择“标注”功能面板的“对齐”标注工具图标，也可以直接从命令行输入 DIMALIGNED，选择标注线起点和终点，结果如图 10-70 所示。具体命令内容如下：

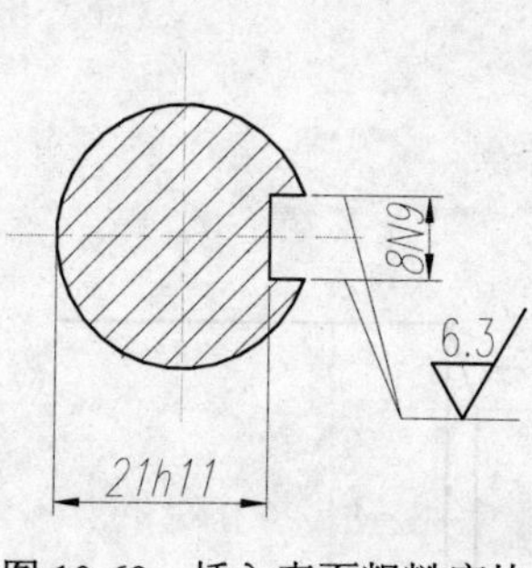

图 10-69　插入表面粗糙度块

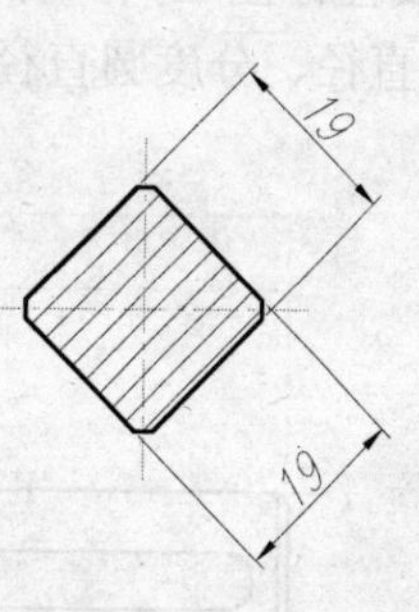

图 10-70　标注四方尺寸

命令: _dimaligned

指定第一条延伸线原点或 <选择对象>:（捕捉斜线端点）

指定第二条延伸线原点：（捕捉对应斜线端点）

指定尺寸线位置或[多行文字(M)/文字(T)/角度(A)]: t（单行文字）

输入标注文字 <881>: 19（输入文字）

指定尺寸线位置或[多行文字(M)/文字(T)/角度(A)]: （移动鼠标到合适位置后单击）

3）修改尺寸后缀。执行命令 DDEDIT，选择所要编辑的对象后，修改文字后确定，结果如图 10-71 所示。

（2）插入表面粗糙度符号块。

执行命令 INSERT，弹出“插入”对话框，选择要插入的块名，旋转 30°，单击“确定”按钮，结果如图 10-72 所示。

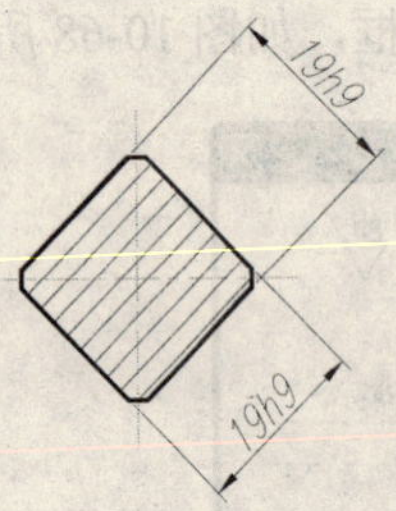

图 10-71 修改尺寸后缀

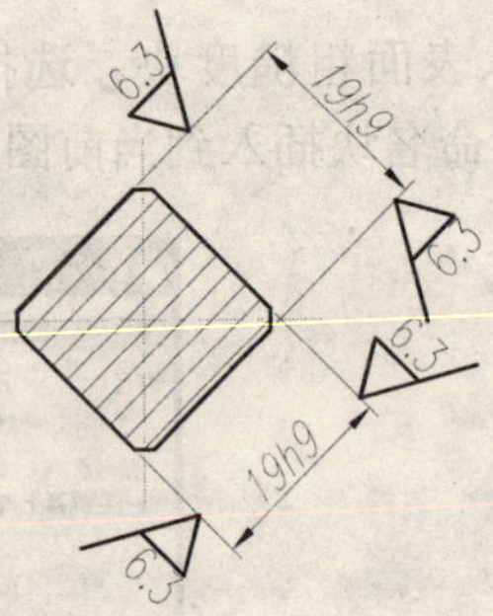

图 10-72 插入表面粗糙度符号块

注意 Insert 命令需要对插入块进行一定的角度旋转。

4．轴左端的标注

由于尺寸标注基本上使用的命令是相同的，所以不再详述。请读者按照前面的相关内容自行练习。

（1）尺寸标注。

1）使用缩放工具，变换窗口大小。

2）使用线性标注工具。标注轴端尺寸、键槽轴向尺寸、轴肩的径向尺寸和轴向尺寸以及蜗杆齿顶圆直径、分度圆直径，结果如图 10-73 所示。

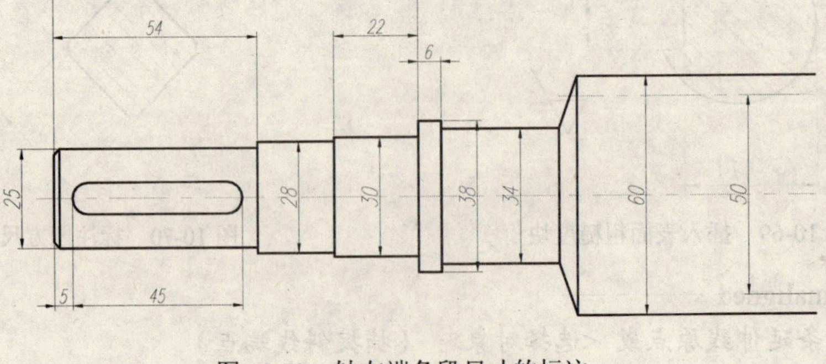

图 10-73 轴左端各段尺寸的标注

（2）修改尺寸前后缀。

执行命令 DDEDIT，选择所要编辑的对象后，修改文字后确定，结果如图 10-74 所示。

（3）标注倒角和圆角。

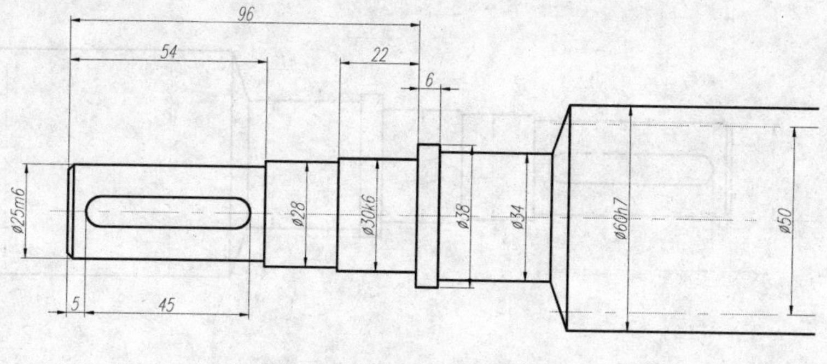

图 10-74　修改尺寸前后缀

直接在命令行输入 QLEADER，快速创建引线和引线注释。结果如图 10-75 所示。

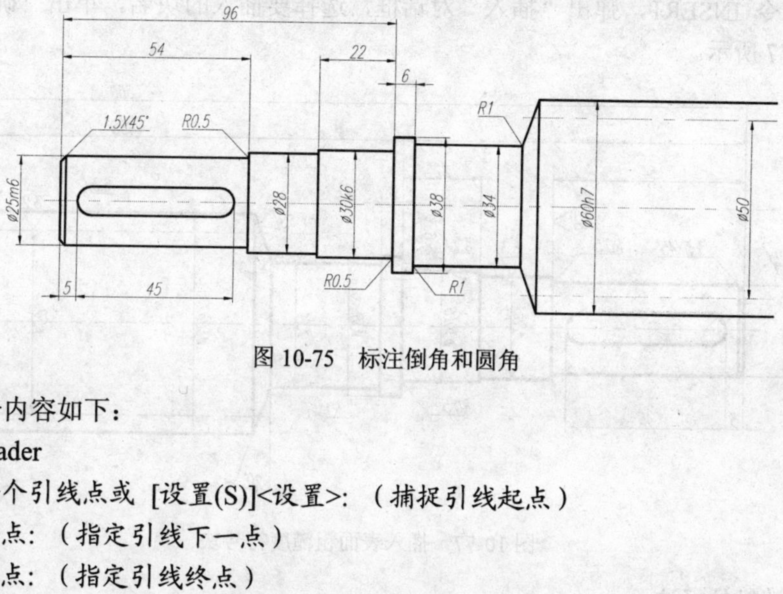

图 10-75　标注倒角和圆角

具体命令内容如下：

命令: qleader

指定第一个引线点或 [设置(S)]<设置>:（捕捉引线起点）

指定下一点:（指定引线下一点）

指定下一点:（指定引线终点）

指定文字宽度 <0>:（回车）

输入注释文字的第一行 <多行文字(M)>: 1.5 × 45°（输入文字）

（4）标注角度。

选择“标注”功能面板的“角度标注”工具图标，也可以直接在命令行输入 DIMANGULAR，创建角度标注，标注蜗杆左端齿角度。结果如图 10-76 所示。具体命令内容如下：

命令: _dimangular

选择圆弧、圆、直线或 <指定顶点>:（选择垂直角度线）

选择第二条直线:（选择第二条角度线）

指定标注弧线位置或 [多行文字(M)/文字(T)/角度(A)/象限点(Q)]:（向下移动鼠标到合

适位置单击)

标注文字 =20

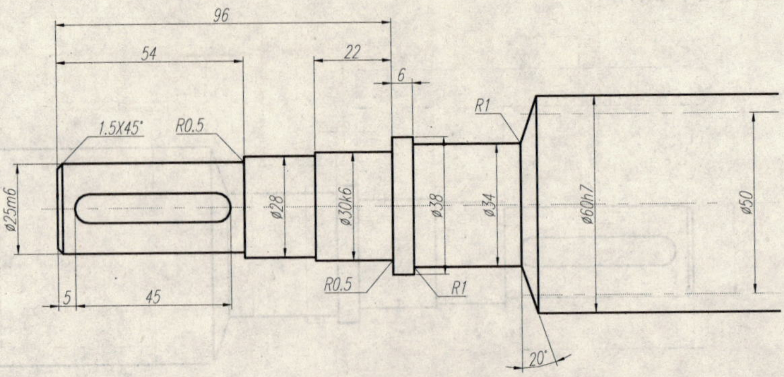

图 10-76　标注角度

(5)插入表面粗糙度符号块。

执行命令 INSERT，弹出“插入”对话框，选择要插入的块名，单击“确定”按钮，结果如图 10-77 所示。

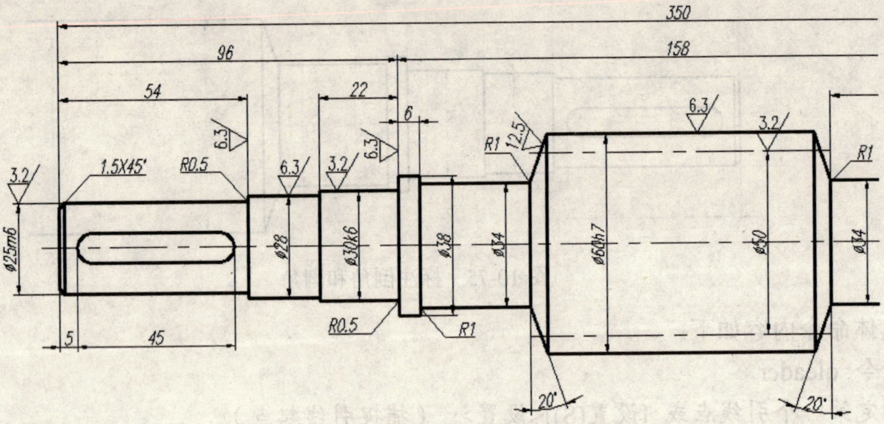

图 10-77　插入表面粗糙度符号块

5．右端轴的标注

使用实时平移工具平移窗口，显示轴的右端。

采用与标注轴左端类似的方法进行标注，结果如图 10-78 所示。

6．总图处理

(1)蜗杆总长标注。

1)使用范围缩放工具，变换窗口大小。

2)使用线性标注工具，标注蜗杆总长。结果如图 10-79 所示。

(2)插入表面粗糙度符号块。

一般在零件图上都有对其他无法标注的部分的粗糙度等的一个统一标注，执行命令 INSERT，弹出“插入”对话框，选择要插入的块名，在窗口的右上角插入粗糙度符号，单击“确定”按钮，结果如图 10-80 所示。

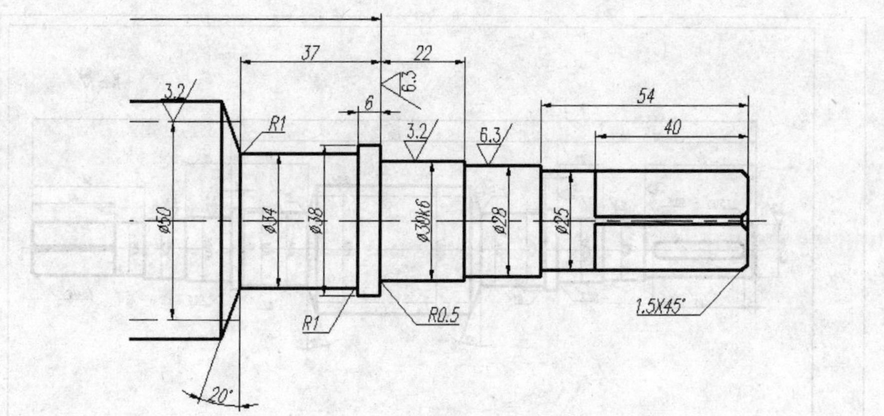

图 10-78　标注轴右端

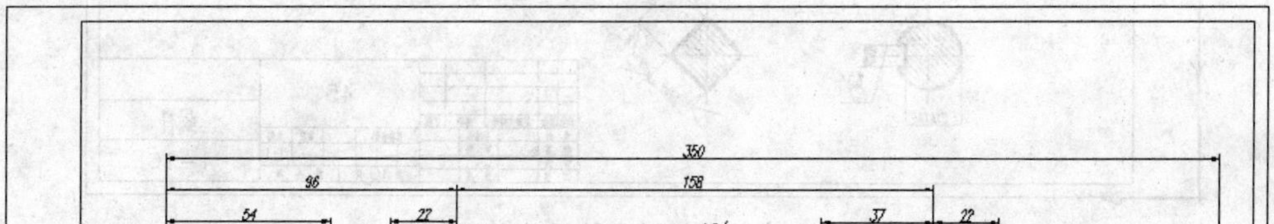

图 10-79　标注蜗杆总长

（3）书写文字。

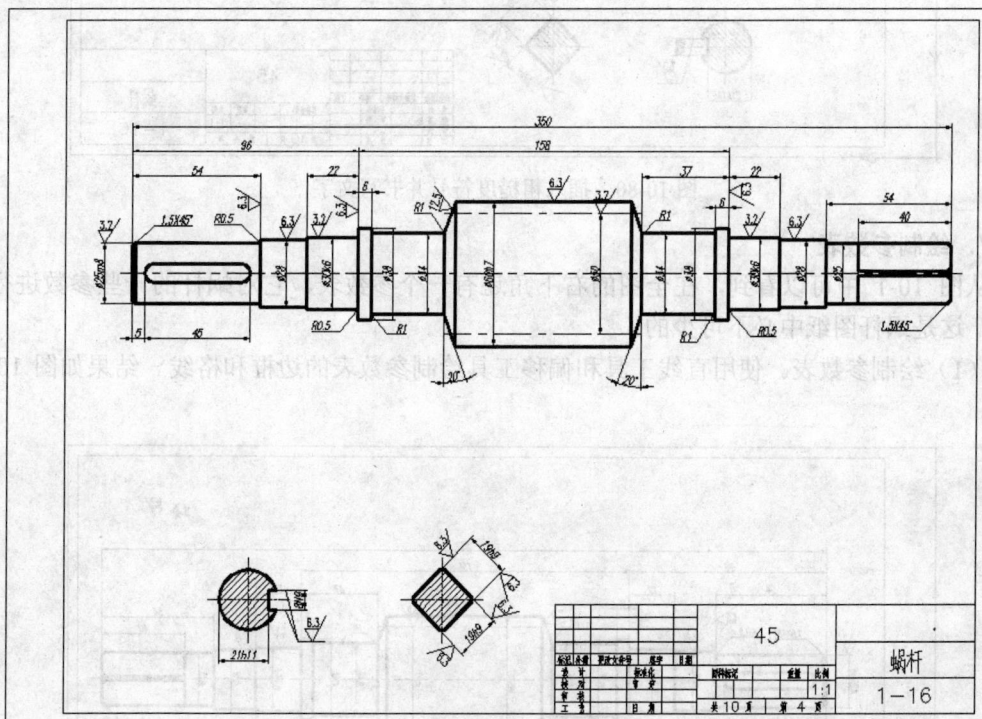

执行命令 TEXT，在右上角粗糙度的左端输入文字，结果如图 10-80 所示。具体命令如下：

命令: text

当前文字样式:　Standard　文字高度:　2.5000　　注释性: 否

指定文字的起点或 [对正（J）/样式（S）]:（指定文字起点）

指定高度 <2.5000>:（回车）

指定文字的旋转角度 <0>:（回车，在活动的方框内输入文字“其余”，在其他地方输入单击，回车结束文字输入）

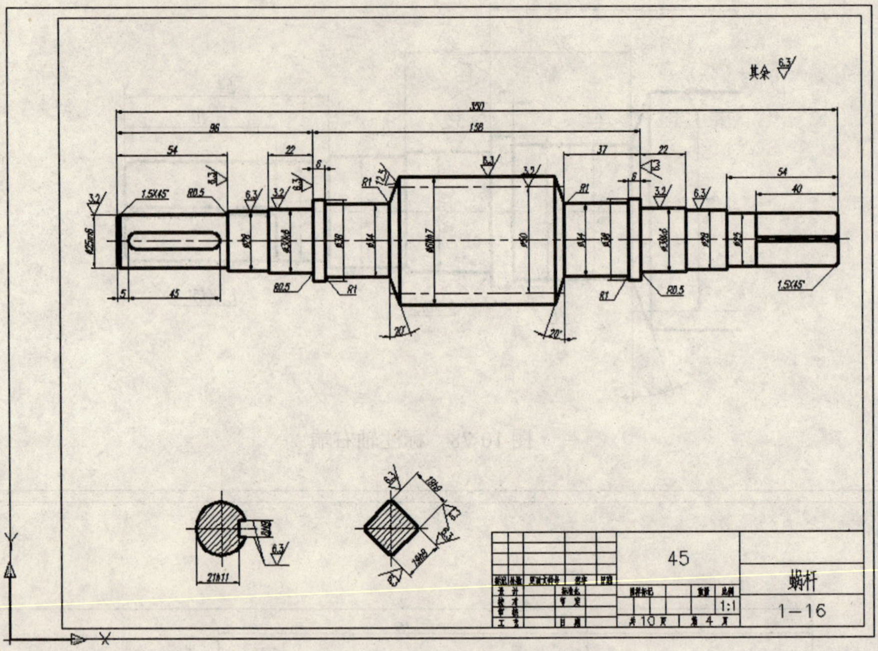

图 10-80　插入粗糙度符号并书写文字

7．绘制参数表

从图 10-1 中可以看到，在全图的右下角还有一个参数表，它对蜗杆的一些参数进行了说明，这是蜗杆图纸中必不可少的。

（1）绘制参数表。使用直线工具和偏移工具绘制参数表的边框和格线。结果如图 10-81 所示。

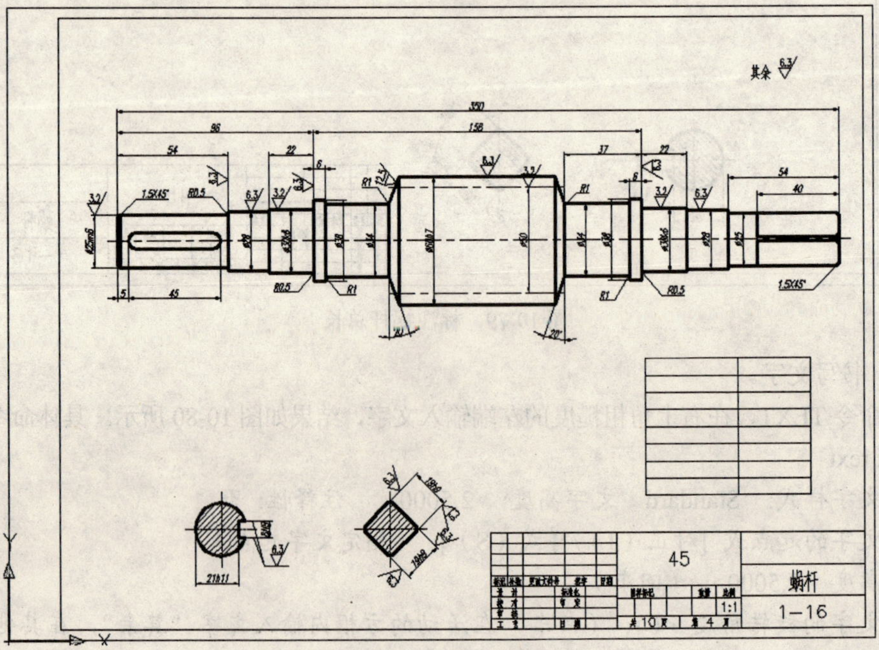

图 10-81　绘制参数表

（2）文本输入。

1）使用窗口缩放工具，变换窗口大小。

2）输入表中左半部分内容。执行命令 TEXT，结果如图 10-82 所示。

轴 向 模 数	
蜗 杆 头 数	
导 程 角	
螺 旋 线 方 向	
压 力 角	
精 度 等 级	
中 心 距	
蜗 轮 图 号	

图 10-82　输入表中内容

3）变换当前字体样式。执行命令 STYLE，弹出“文字样式”对话框，在“样式名”处选择 sz，如图 10-83 所示。单击“置为当前”按钮，此时当前字体样式变成 sz。

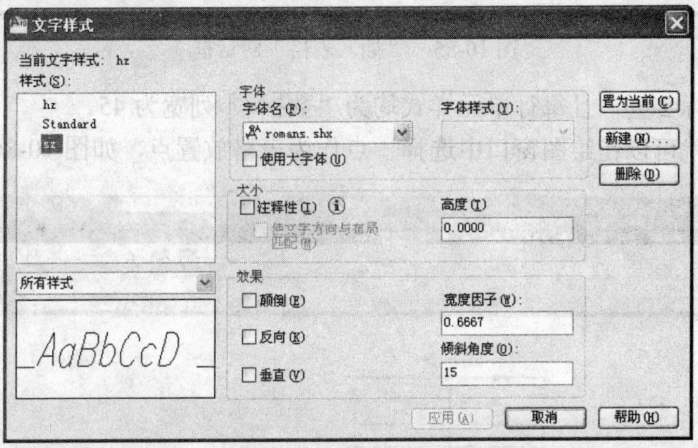

图 10-83　修改后的“文字样式”对话框

4）输入表中右半部分内容，执行命令 TEXT，结果如图 10-84 所示。

轴 向 模 数	5
蜗 杆 头 数	1
导 程 角	5°42′38″
螺 旋 线 方 向	右
压 力 角	20°
精 度 等 级	
中 心 距	120
蜗 轮 图 号	1-10

图 10-84　输入数字

注意　表中文字是正直的，而数字却是带右斜度的。所以对两种文字的处理是不一样的。

表格处理可以采用专门的表格工具。具体操作如下：

（1）依次选择“绘图”→“表格”菜单选项，或者单击“注释”功能区的“表格”功能面板的“表格”按钮，系统弹出如图 10-85 所示对话框。

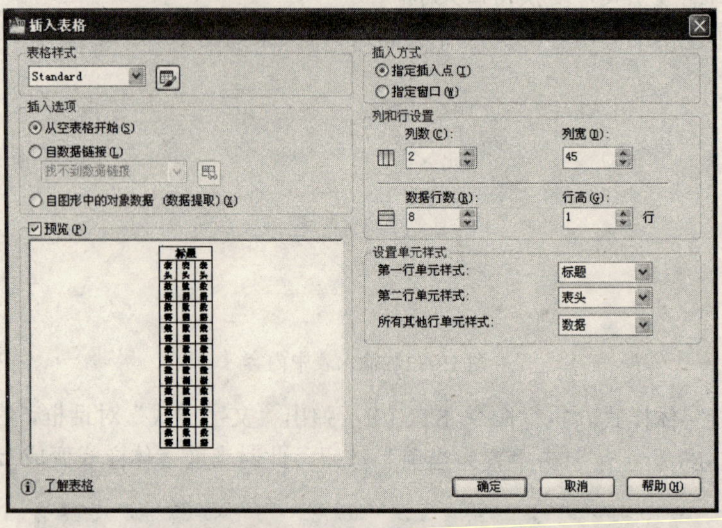

图 10-85　“插入表格”对话框

（2）选择 8 行 2 列，且每行单元样式均为“数据”，列宽为 45。

（3）确定后就可以在绘图窗口中选择一点作为表格放置点，如图 10-86 所示。

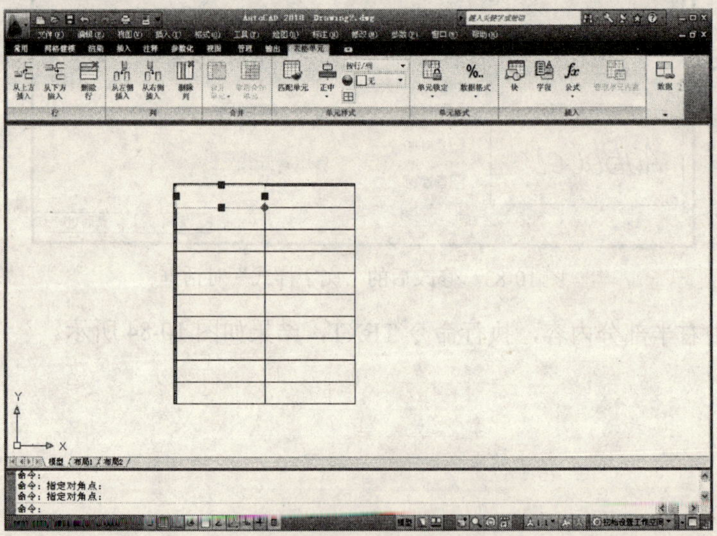

图 10-86　表格单元选取

（4）在要输入文字的单元格内双击，打开“文字编辑器”功能区，然后输入文字并设置字体。注意，如果单击，将打开“表格”功能区。

（5）依次输入文字后确定，同样可以完成表格，而且更加简单。

8. 填写标题栏文字

到目前为止，我们还是在标注线所在的图层，所以需要更改图层。

（1）变换图层。使用“图层”功能面板将当前图层改为“文字”层。

（2）使用范围缩放工具，变换窗口大小。

（3）使用单行或多行文本工具填写文字。

至此蜗杆绘制完毕。

10.6　课后练习

1．绘制如图 10-87 所示的轴零件图。具体尺寸可参照图中标示。

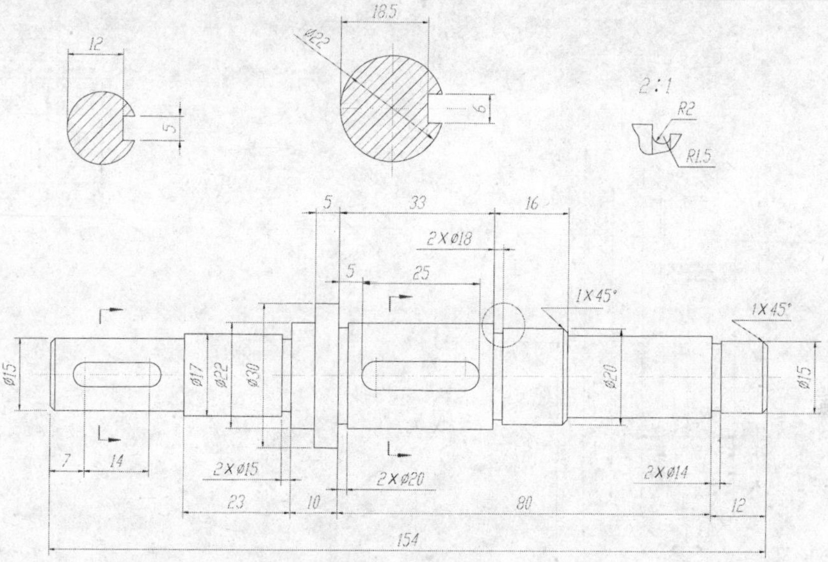

图 10-87　轴零件图

2．绘制如图 10-88 所示零件图，要求带有标题栏。具体尺寸可参照图中标示。

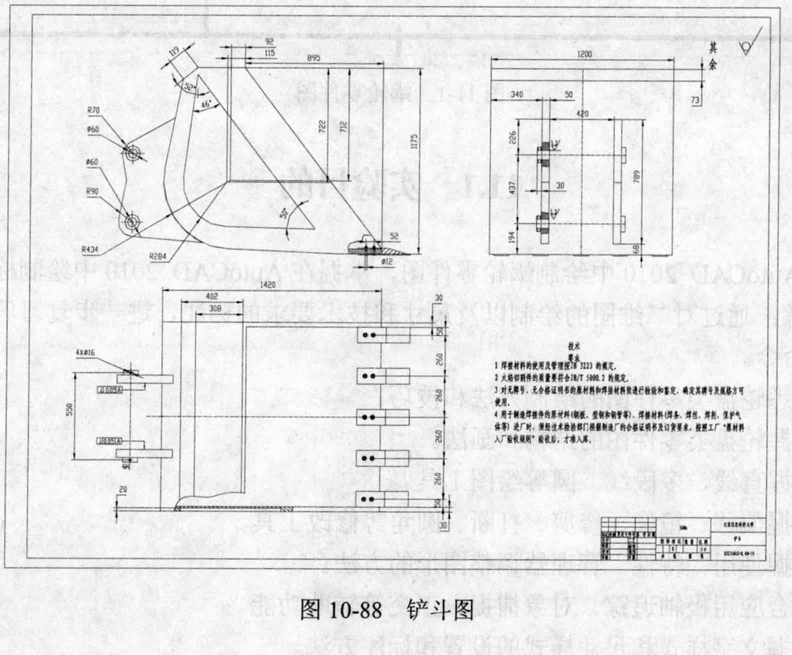

图 10-88　铲斗图

第 11 章　绘制蜗轮零件图

在 AutoCAD 2010 中绘制如图 11-1 所示的蜗轮零件图。

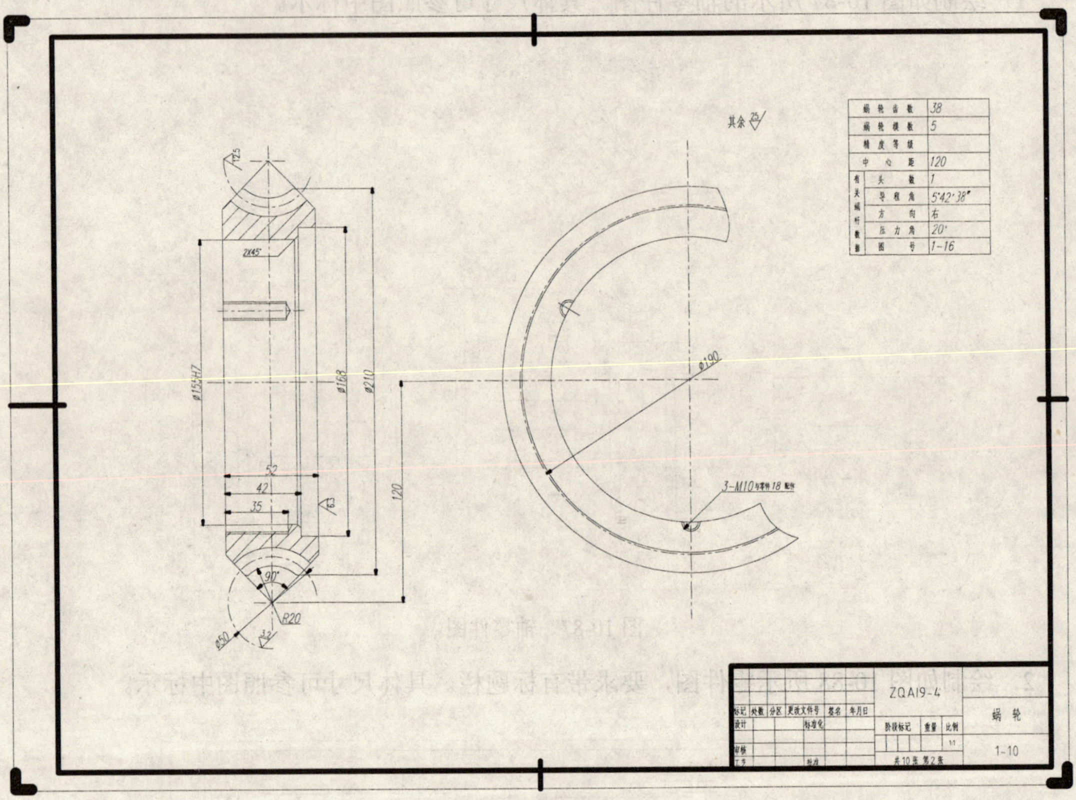

图 11-1　蜗轮零件图

11.1　实验目的

通过在 AutoCAD 2010 中绘制蜗轮零件图，掌握在 AutoCAD 2010 中绘制标准零件图图样的基本步骤；通过对二维图的绘制以及尺寸和技术要求的标注，进一步复习巩固基本绘图方法和编辑命令。

（1）熟悉轮盘类零件图的绘制方法和技巧。

（2）掌握轮盘类零件图的结构和画法。

（3）掌握直线、多段线、圆等绘图工具。

（4）掌握偏移、镜像、修剪、打断、圆角等修改工具。

（5）掌握使用“特性”管理器调整图形的方法。

（6）综合应用极轴追踪、对象捕捉、正交等辅助功能。

（7）掌握文字样式和尺寸样式的设置和标注方法。

（8）掌握图案填充的应用。

11.2 实验要求

（1）采用 A2 标准图纸。图纸幅面、图框格式及标题栏要符合国家标准 GB/T17450～17453－1998 的要求。

（2）按照图中所示的尺寸 1:1 画出零件图，标注图中的所有尺寸和技术要求。

11.3 实验准备工作

（1）阅读教材中相关章节内容。

（2）复习直线、多段线、圆等绘图工具的使用方法。

（3）复习偏移、镜像、修剪、打断、圆角等编辑命令。

（4）复习图层、线型、颜色等的设置和修改方法。

（5）复习极轴追踪、对象捕捉、正交等功能的用法。

（6）复习图案填充的应用。

（7）复习标注的方法和处理文字的方法。

11.4 实验说明

（1）轮盘类零件主要包括手轮、皮带轮、端盖、盘座等。虽然它们在机器中起的作用不同，但是在结构和表达方法上均具有相同之处。

蜗轮属于轮盘类零件，因此绘制方法以一个轴剖视为主视图，以轴向投影为左视图。

（2）从图 11-1 中可以看出，蜗轮等轮盘类零件具有以下特点：

- 轮盘类零件为回转体，并且多为车床加工，因此主视图是轴线横放。
- 轮盘类零件一般需要两个主要视图。
- 轮盘类零件的其他结构形状，如轮辐可用移出剖面或重合剖面表达。
- 根据轮盘类零件的结构特点，各个视图具有对称平面时，可作半剖视，无对称平面时，可作全剖视，也可以绘制轮盘的一部分。

（3）绘制方法。根据前面的分析，绘制的过程可以采用以下两种方式：

第一种方式就是利用零件的特殊性，采用先绘制水平线、再绘制垂直线的方法，并在适当的时候绘制剖视图。

第二种方式就是根据蜗轮的特点，按照先主视图、后左视图的顺序绘制。而在绘制主视图和左视图时，需要重复性地绘制水平线和垂直线等，因此这种方式显得有些重复。所以建议采用第一种方式以提高效率。

（4）本章是一个综合性实例，对绘制过程进行了比较详细的介绍。为了能够更好地复习前面的知识并用到更多的工具，一些操作方法可能不是最简便的。另外对一些工具的执行方式进行了简单提示。

11.5 实验指导

11.5.1 建立新图

在绘制图形之前，首先需要了解图形的大小，然后再根据图形的复杂程度确定图形的比例，最后确定图框大小。本零件适合用 A2 图纸。

参照第 4 章中的具体内容，绘制 A2 图框及标题栏，或者可以在 AutoCAD 2006 及以前版本中直接选择系统提供的 Gb_a2 -Named Plot Styles 模板，结果如图 11-2 所示。

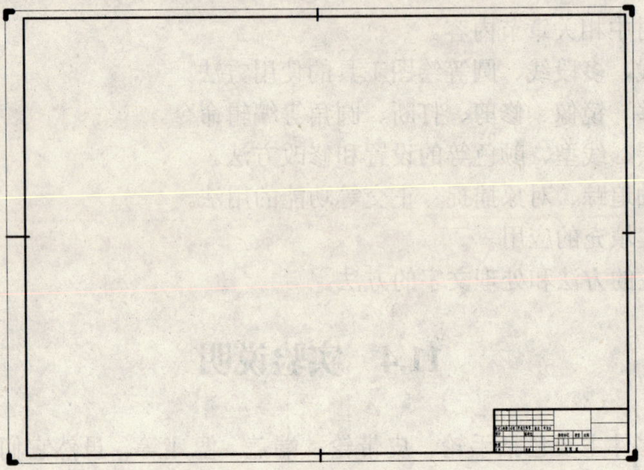

图 11-2　使用样板创建文件

然后将图名 DrawingX 另存为“蜗轮”。从“文件”菜单选择“保存”项，打开“另存为”对话框，输入文件名并选择好路径后单击“保存”按钮即可，此时图中标题变为“蜗轮”。

11.5.2 设置图层

由于蜗轮图形是由不同粗细的线条和线型组成，因此在绘制时需要加以区别。而这种区别在于，AutoCAD 2010 可以利用图层实现不同的线条和线型。也就是说，不同的图层可以定义不同的线条和线型。

使用图层管理器设置图层，具体方法可以参照第 1 章和第 10 章。

由于线型是隶属于图层的，所以接下来的工作就是选择图层。可以先选择中心线所在层作为当前层，然后根据不同的对象变换图层。

11.5.3 绘制蜗轮

通过观察图 11-1 可以看出，蜗轮是以中心线为对称轴的零件。主视图是通过绘制中心线和端线，然后对其进行修改而成的。上面几步已经将绘图的基本环境和框架完成，下面开始绘制蜗轮零件图。

1. 绘制中心线和端线

为了准确绘制中心线和主视图端线，首先绘制其中几条中心线和端线，然后通过偏移、修剪和删除等命令来完成中心线和端线的绘制。

（1）绘制主中心线。

1）使用直线工具，绘制水平中心线。具体命令内容如下：

命令: _line

指定第一点：（在绘图区域的左侧偏上方一点单击，选中任意一点）

指定下一点或 [放弃(U)]: （在绘图区域的右侧与第一点水平单击选中第二点）

指定下一点或 [放弃(U)]: （回车）

2）使用直线工具，在绘图区域偏右位置绘制蜗轮的垂直中心线，结果如图 11-3（a）所示。

（2）绘制端线。

1）端线和垂直中心线是完全的平行关系，所以可以使用偏移工具，确定一条端线，复制的结果如图 11-3（b）所示。

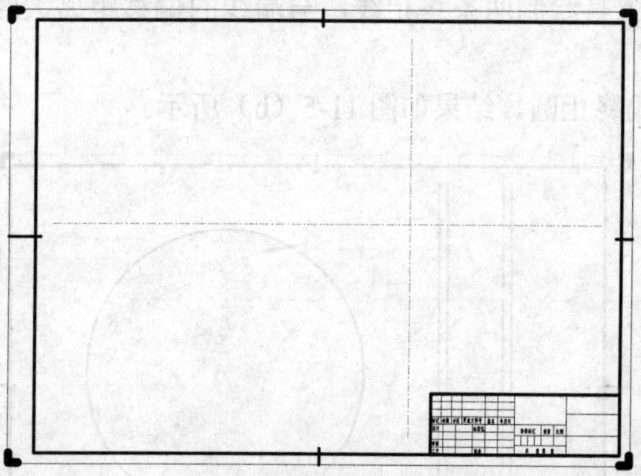

（a）绘制垂直中心线

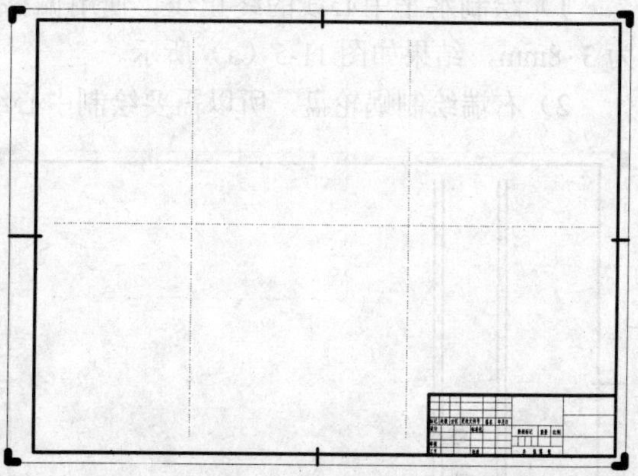

（b）使用偏移工具，复制蜗轮端线

图 11-3 绘制中心线和端线

具体命令内容如下：

命令: _offset

指定偏移距离或 [通过(T)/删除(E)/图层(L)] <通过>:230（输入大致的偏移距离）

选择要偏移的对象，或 [退出(E)/放弃(U)] <退出>:（选定垂直中心线）

指定要偏移的那一侧上的点，或[退出(E)/多个(M)/放弃(U)]<退出>:（选定其左侧的一点）

选择要偏移的对象，或 [退出(E)/放弃(U)] <退出>:（回车）

2）绘制另一端线。因为端线线型是粗实线，而通过偏移复制的是中心线，所以需要改变线型。选择该线，使用"图层"功能面板将其所在图层设置为粗实线图层，结果如图 11-4（a）所示。

两条端线是完全平行的关系，而且间隔距离明确。仍然使用偏移工具，以刚复制的第一条端线为源对象，向左进行偏移复制，偏移距离为 52。结果如图 11-4（b）所示。

（3）裁剪中心线。

中心线的长短影响到视图的外观，所以必须对齐长短进行控制，这项工作可以在最后进行，也可以在开始的时候根据图形大小进行。可以采取绘制终止线再将其删除的方式。

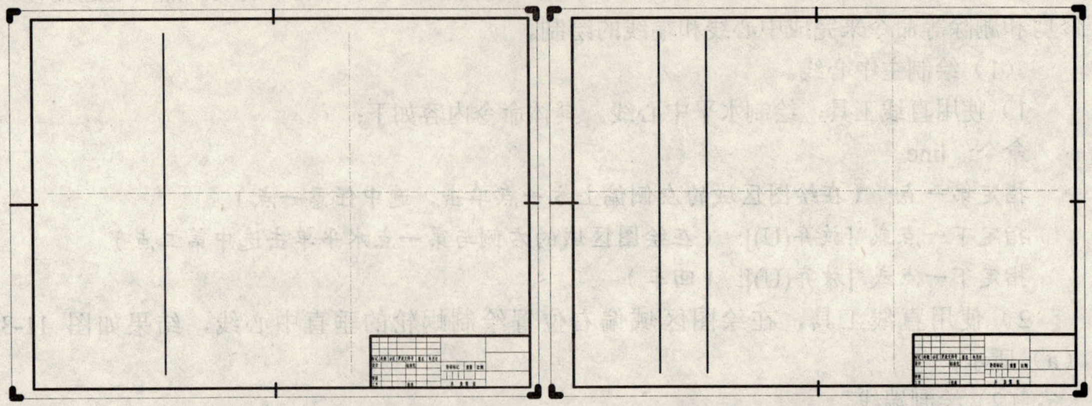

（a）偏移复制的中心线被改为粗实线　　（b）向左偏移绘制第二条端线

图 11-4　改变线型并绘制另一端线

1）绘制水平中心线的终止线。使用偏移工具绘制两条终止线，与端线的偏移距离大约为 3~8mm，结果如图 11-5（a）所示。

2）右端绘制蜗轮盘，所以需要绘制中心线终止圆。结果如图 11-5（b）所示。

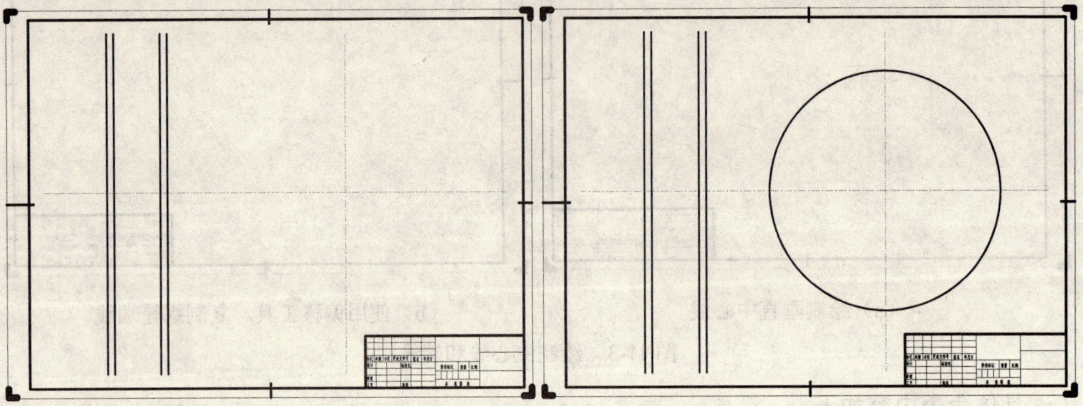

（a）绘制两条终止线　　（b）绘制中心线终止圆

图 11-5　绘制终止线和终止圆

具体命令如下：

命令: _circle

指定圆的圆心或 [三点(3P)/两点(2P)/切点、切点、半径(T)]:（选中中心线交点）

指定圆的半径或 [直径(D)]: 130

3）使用修剪工具，以终止线和终止圆为边界中心线，结果如图 11-6 所示。

具体命令内容如下：

命令: _trim

当前设置: 投影=UCS 边=无

选择剪切边 ...

选择对象或 <全部选择>:（选中中心线终止圆）

选择对象:（选中其中一条中心线终止线）

选择对象:（选中另一条中心线终止线）

选择对象:（回车）

选择要修剪的对象，或按住 Shift 键选择要延伸的对象，或[栏选(F)/窗交(C)/投影(P)/边(E)/删除(R)/放弃(U)]:（选中中心线的左端点）

选择要修剪的对象，或按住 Shift 键选择要延伸的对象，或[栏选(F)/窗交(C)/投影(P)/边(E)/删除(R)/放弃(U)]:（选中中心线的右端点）

选择要修剪的对象，或按住 Shift 键选择要延伸的对象，或[栏选(F)/窗交(C)/投影(P)/边(E)/删除(R)/放弃(U)]:（选中中心线的上端点）

选择要修剪的对象，或按住 Shift 键选择要延伸的对象，或[栏选(F)/窗交(C)/投影(P)/边(E)/删除(R)/放弃(U)]:（选中中心线的下端点）

选择要修剪的对象，或按住 Shift 键选择要延伸的对象，或[栏选(F)/窗交(C)/投影(P)/边(E)/删除(R)/放弃(U)]:（选中中心线终止圆和终止线中间部分线段）

4）使用删除工具删除终止线（圆）。结果如图 11-7 所示。

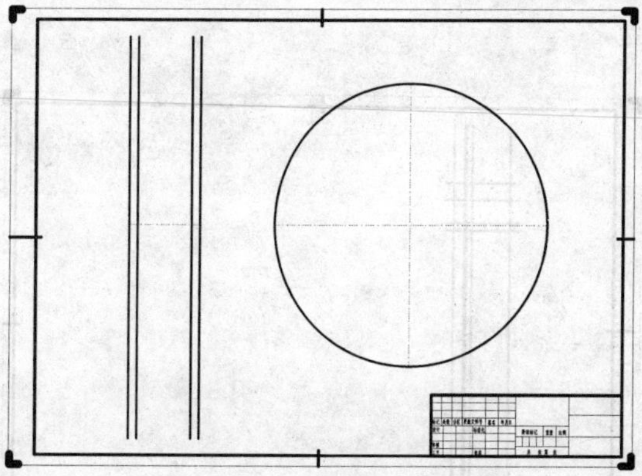

图 11-6　修剪中心线

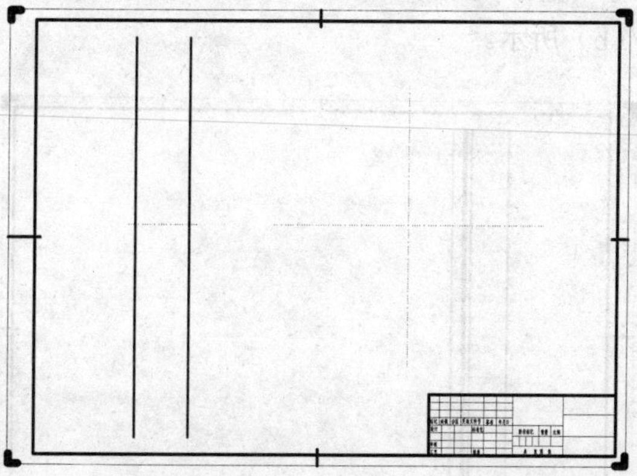

图 11-7　删除中心线终止线和终止圆

具体命令如下：

命令: _erase

选择对象:（选中中心线终止圆）

选择对象:（选中其中一条中心线终止线）

选择对象:（选中另一条中心线终止线）

2．绘制蜗轮侧视图的平行线段

在图 11-1 左部，图纸基本上由蜗轮端线和轮缘线等水平线和垂直线组成。这些线都是有准确的距离关系，所以仍然使用偏移工具完成。

（1）绘制与端线平行的线段，以左端线为源对象，偏移距离分别为 26，35，40，42。结果如图 11-8（a）所示。

使用图层功能面板将偏移得到的左边第一条直线所在图层设置为中心线层。结果如图 11-8（b）所示。

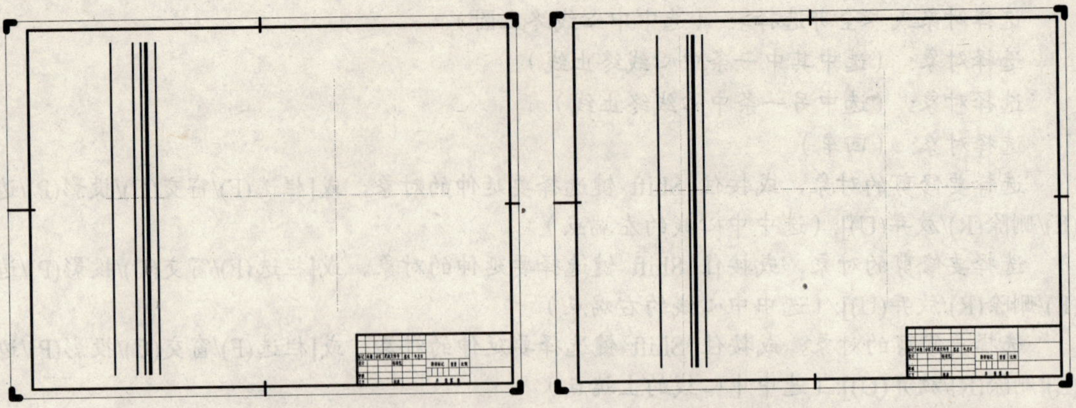

（a）绘制与端线平行的垂直线　　（b）将垂直线中的一条改变为中心线

图 11-8　偏移垂直线并改变线型

（2）绘制与中心线平行的线段。以左边的水平中心线为源对象，使用偏移工具，偏移距离分别为 77.5，84，105，120。结果如图 11-9（a）所示。

使用“图层”功能面板将偏移得到的 4 条直线所在图层设置为粗实线层。结果如图 11-9（b）所示。

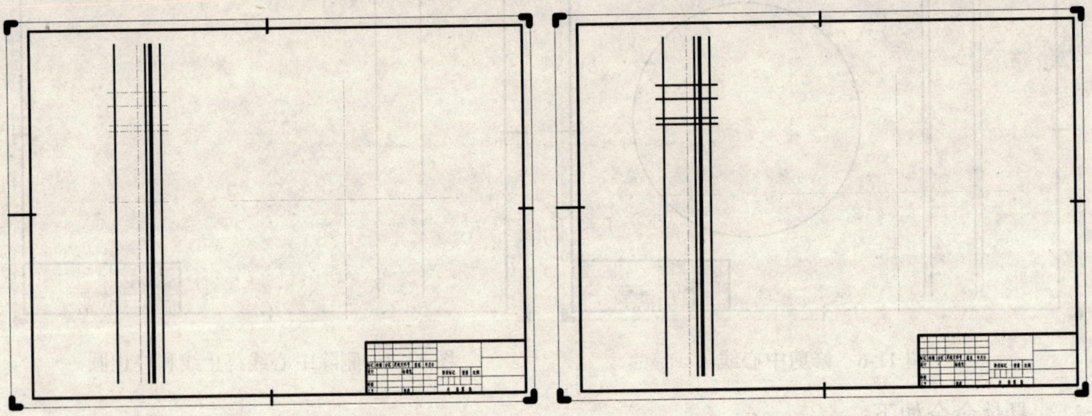

（a）以水平中心线为对象，向上复制 4 条水平线　　（b）将 4 条水平线改为实线

图 11-9　绘制平行线段

提示　由于主视图是以中心线为对称轴，因此可以先绘制中心线以上部分，然后利用镜像命令绘制出下半部分。

3．绘制左端斜线及右端斜线

接下来绘制蜗轮两端的斜线。

（1）窗口缩放工具，使用变换窗口大小，将左端上半部分放大显示，方便绘图。

（2）将粗实线图层设置为当前图层，打开对象捕捉和极轴追踪，使用直线工具绘制左端斜线，与水平方向的角度为 225°，结果如图 11-10（a）所示。

（3）继续使用直线工具绘制右端斜线，结果如图 11-10（b）所示。

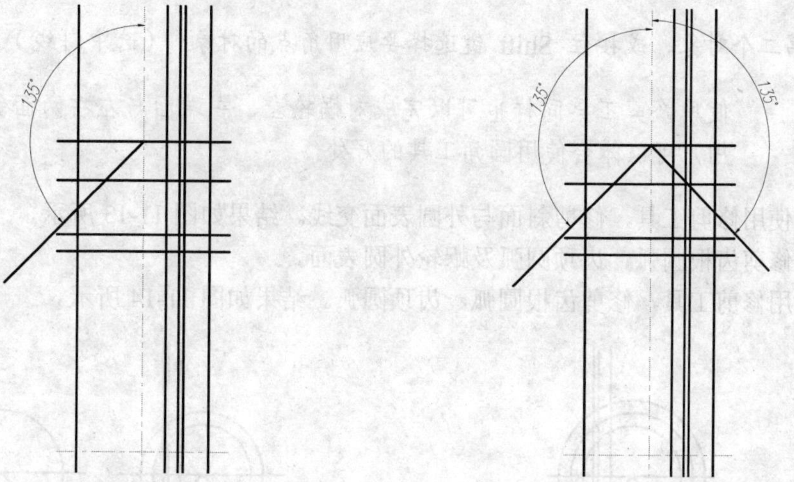

（a）绘制左端斜线　　　　（b）绘制右端斜线

图 11-10　绘制左/右端斜线

提示　绘制右端斜线也可以利用镜像工具。

4．绘制齿顶圆弧、齿根圆弧及蜗杆分度圆

（1）使用圆工具，绘制齿顶圆、齿根圆弧和蜗杆分度圆。半径分别为 20，25，30。结果如图 11-11 所示。

（2）修剪蜗轮左端面、右端面与左右两面斜线。可以使用圆角工具，设置圆角半径为 0，结果如图 11-12 所示。

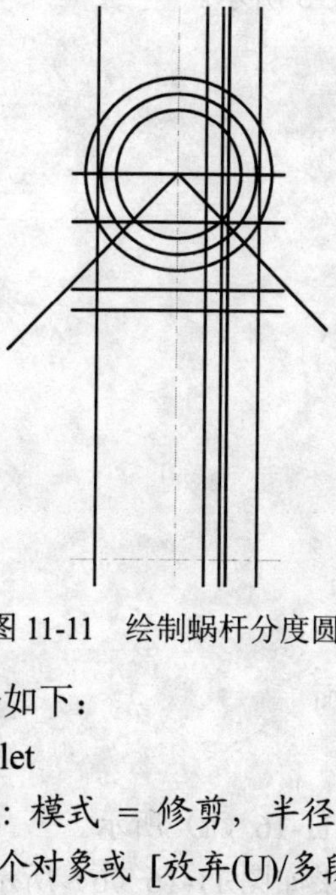

图 11-11　绘制蜗杆分度圆

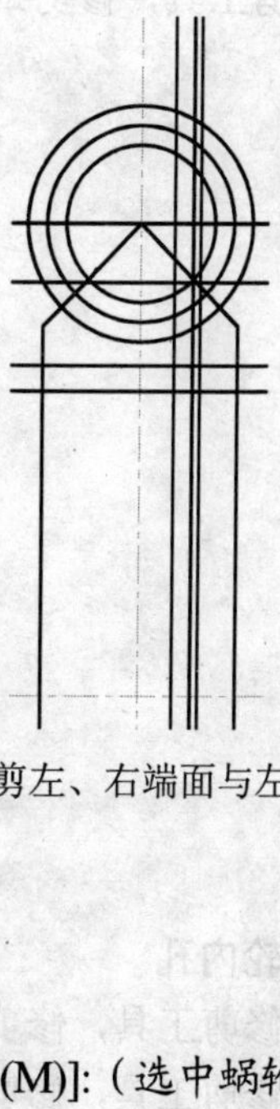

图 11-12　修剪左、右端面与左右两面斜线

具体命令如下：

命令: _fillet

当前模式: 模式 = 修剪，半径 = 0.0000

选择第一个对象或 [放弃(U)/多段线(P)/半径(R)/修剪(T)/多个(M)]:（选中蜗轮端面线段）

选择第二个对象，或按住 Shift 键选择要应用角点的对象：（选中斜线）

提示 使用修剪工具同样也可以完成对蜗轮左、右端面与左右两面斜线的修剪。用户可以体会使用圆角工具的好处。

（3）使用修剪工具，修剪斜面与外圆表面交线。结果如图 11-13 所示。

（4）修剪齿根圆弧、齿顶圆弧及蜗轮外圆表面。

1）使用修剪工具，修剪齿根圆弧、齿顶圆弧。结果如图 11-14 所示。

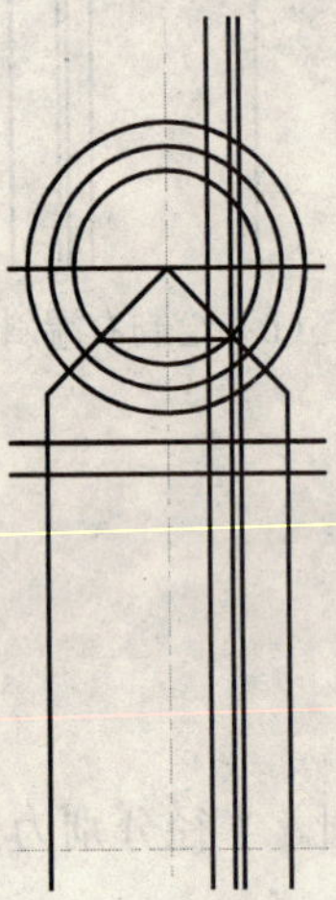

图 11-13 修剪斜面与外圆表面交线

（a） （b）

图 11-14 修剪齿根、齿顶圆弧

2）使用修剪工具，修剪蜗轮外圆表面。结果如图 11-15 所示。

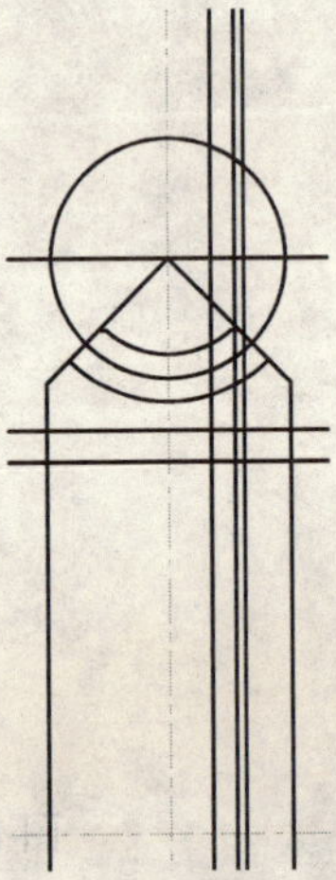

图 11-15 修剪蜗轮外圆表面

5．绘制蜗轮内孔

（1）使用修剪工具，修剪蜗轮右侧台阶，结果如图 11-16（a）所示。

（2）使用修剪工具，修剪蜗轮右侧台阶外圆线，结果如图 11-16（b）所示。

（a）修剪右侧台阶　　　　　　　　　　（b）修剪右侧台阶外圆线

图 11-16　修剪蜗轮右侧台阶

（3）使用倒角工具，绘制蜗轮内孔倒角。结果如图 11-17 所示。

图 11-17　绘制蜗轮内孔倒角

具体命令如下：

命令: _chamfer

（“修剪” 模式） 当前倒角距离 1 = 10.0000，距离 2 = 10.0000

选择第一条直线或 [放弃(U)/多段线(P)/距离(D)/角度(A)/修剪(T)/方式(E)/多个(M)]: d

指定第一个倒角距离 <10.0000>: 2

指定第二个倒角距离 <2.0000>: （回车）

选择第一条直线或 [放弃(U)/多段线(P)/距离(D)/角度(A)/修剪(T)/方式(E)/多个(M)]: t

输入修剪模式选项 [修剪(T)/不修剪(N)] <修剪>: n

选择第一条直线或 [放弃(U)/多段线(P)/距离(D)/角度(A)/修剪(T)/方式(E)/多个(M)]:

选择第二条直线:

（4）使用修剪工具，修剪倒角线及蜗轮内孔线。结果如图 11-18 所示。

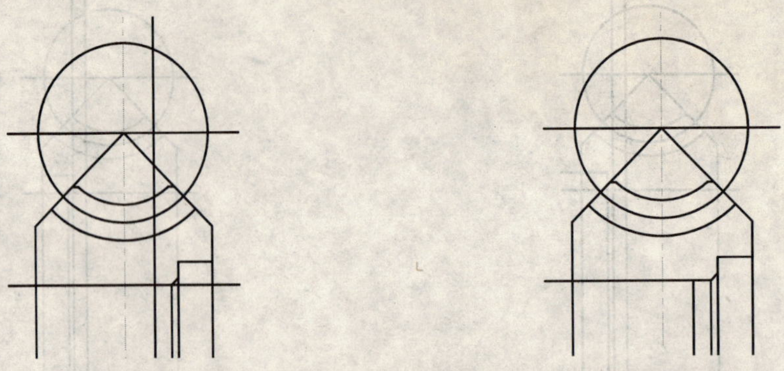

（a）修剪倒角线　　（b）修剪内孔线

图 11-18　修剪倒角线和蜗轮内孔线

6. 打断蜗杆中心线

现在蜗杆的中心线过长，所以需要对其修剪。可以使用打断工具和删除工具，对其进行长度调整。结果如图 11-19（a）所示。然后使用图层工具将中心线所在图层改变为中心线层，结果如图 11-19（b）所示。

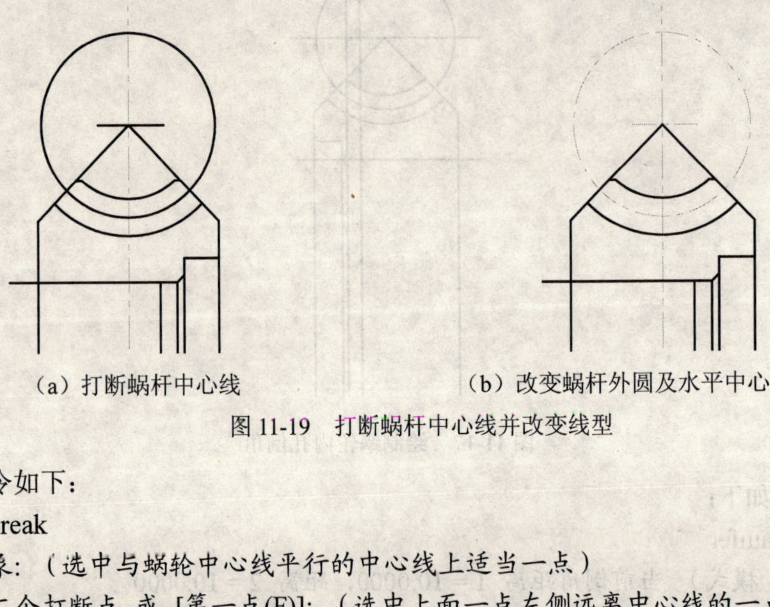

（a）打断蜗杆中心线　　（b）改变蜗杆外圆及水平中心线的线型

图 11-19　打断蜗杆中心线并改变线型

具体命令如下：

命令: _break

选择对象:（选中与蜗轮中心线平行的中心线上适当一点）

指定第二个打断点 或 [第一点(F)]:（选中上面一点左侧远离中心线的一点）

命令: _break

选择对象:

指定第二个打断点 或 [第一点(F)]: f

指定第一个打断点:（选中中心线与蜗轮内孔底线交点）

指定第二个打断点:（选中上面一点右侧远离中心线的一点）

7. 绘制蜗轮下半部分

在绘制蜗轮主视图下半部分时，由于它有一定的对称性，所以可以采用镜像的方式，将上半部分直接对称绘制到下部分。

（1）镜像蜗轮上半部分。在绘制过程中，首先要将视图缩放和移动，将中心线等参照和蜗轮上半部分完全显露出来。

1）使用范围缩放工具，变换窗口。结果如图 11-20（a）所示。

2）使用镜像工具，选择对称操作对象，结果如图 11-20（b）所示。具体命令如下：

命令: _mirror
选择对象:
指定对角点: 找到 11 个
选择对象: （回车）
指定镜像线的第一点: （选中中心线与左端面线段交点）
指定镜像线的第二点: （选中中心线与右端面线段交点）
要删除源对象吗? [是（Y）/否（N）] <N>: （回车）

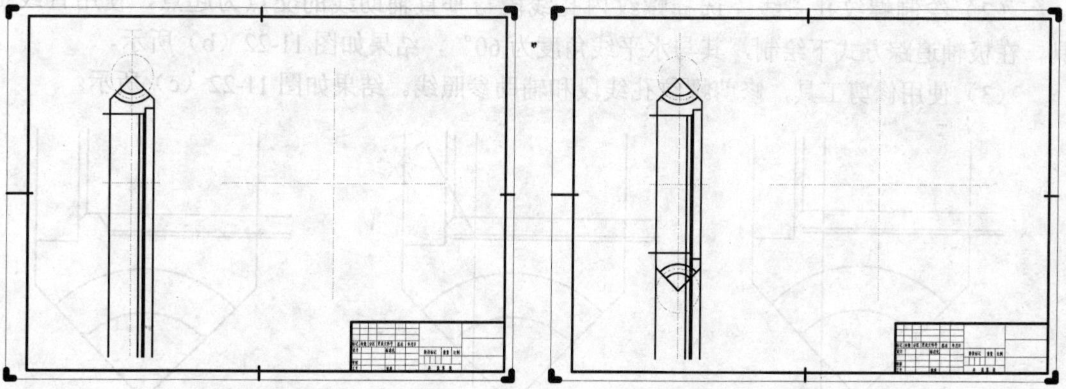

（a）变换窗口　　（b）镜像蜗轮

图 11-20　镜像蜗轮上半部分

提示

在选取对象时，不要选取与中心线垂直的穿过中心线的线段。否则会造成线段的重复。并且在镜像时，回答最后的提问“要删除源对象吗？”有两种方式：是（Y）/否（N），如果选择“是”，就会删除源对象；如果选择“否”，会保留源对象。

（2）绘制蜗轮下半部分。

1）使用窗口缩放工具，变换窗口。放大到下半部分蜗轮处，结果如图 11-21（a）所示。

2）使用修剪工具，修剪多余线段。结果如图 11-21（b）所示。

3）修剪蜗杆分度圆。直接将中心线进行打断处理，结果如图 11-21（c）所示。

8．绘制螺纹孔

从图 11-1 可以看出，在蜗轮的下半部分带有一个螺纹孔，该螺纹孔同主视图上半部分没有对称关系，所以必须直接绘制。

（1）偏移螺纹孔线段。以中心孔轮廓线为参照，执行两次偏移命令，偏移距离分别为 4、5。结果如图 11-22（a）所示。

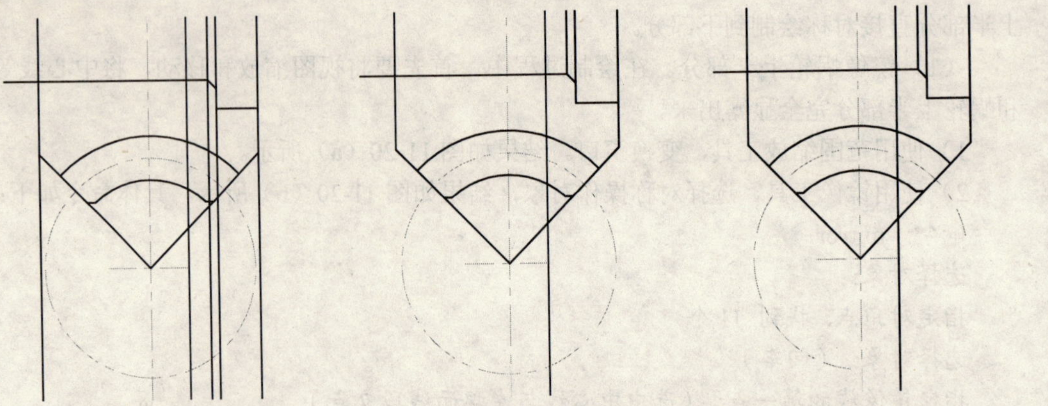

（a）放大下半部分蜗轮　　（b）修剪多余线段　　（c）修剪分度图

图 11-21　修剪蜗杆分度圆

（2）绘制螺纹孔斜线。选择螺纹内孔线段与垂直辅助线的交点为起点，使用直线工具，在极轴追踪方式下绘制，其与水平线角度为 60°，结果如图 11-22（b）所示。

（3）使用修剪工具，修剪螺纹孔线段和辅助参照线。结果如图 11-22（c）所示。

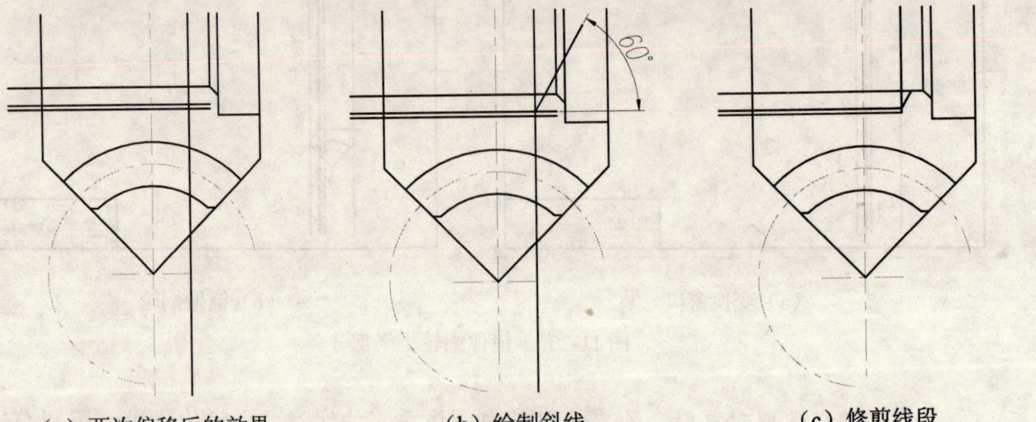

（a）两次偏移后的效果　　（b）绘制斜线　　（c）修剪线段

图 11-22　绘制螺纹孔斜线

9．修剪主视图上半部分蜗杆分度圆

（1）使用范围缩放工具，变换窗口，将窗口放大到全图。

（2）修剪蜗杆分度圆及中心线。使用打断工具，打断分度圆线。

10．绘制蜗轮侧视图各圆

（1）绘制蜗轮内孔侧视图、蜗轮端面圆侧视图。使用圆工具，绘制两个圆，半径为 77.5、94，结果如图 11-23（a）所示。

（2）绘制蜗轮分度圆、外圆。半径为 95、105。然后使用图层工具将半径为 95 的圆的线型改变为中心线，结果如图 11-23（b）所示。

建议　绘制同心圆，也可以利用偏移工具。但是，利用此命令需要计算每个圆两两之间的距离，即偏移值。而利用圆命令，则可以使用圆的半径或直径。

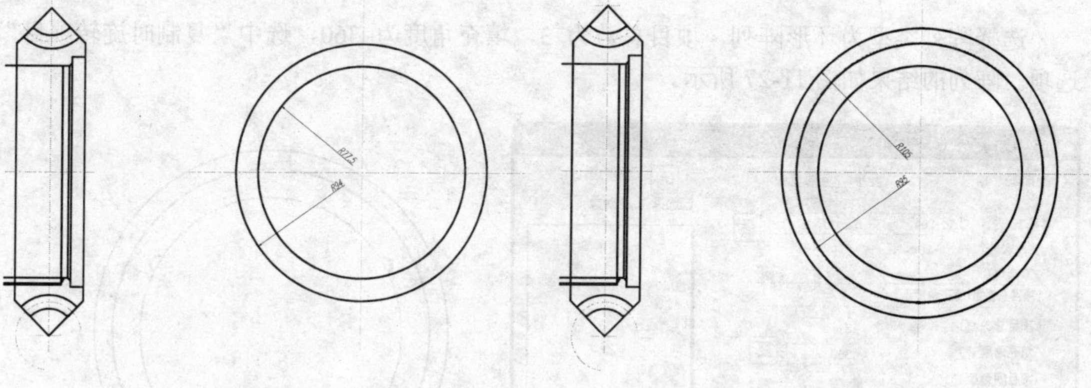

（a）绘制两个圆

（b）绘制蜗轮分度圆

图 11-23　绘制蜗轮侧视图各圆

11．绘制螺纹孔侧视图

（1）使用窗口缩放工具，变换窗口，放大显示侧试图。

（2）使用圆工具，绘制螺纹孔侧视图的同心圆，半径为 4、5。结果如图 11-24 所示。

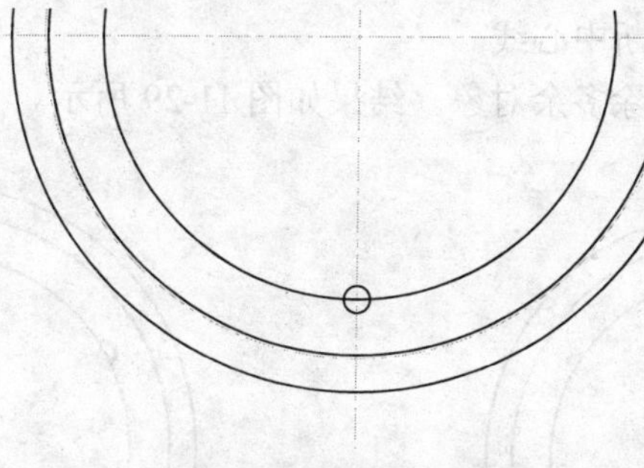

图 11-24　绘制螺孔同心圆

（3）使用修剪工具，修剪两圆。结果如图 11-25 所示。

（a）

（b）

图 11-25　修剪两个圆

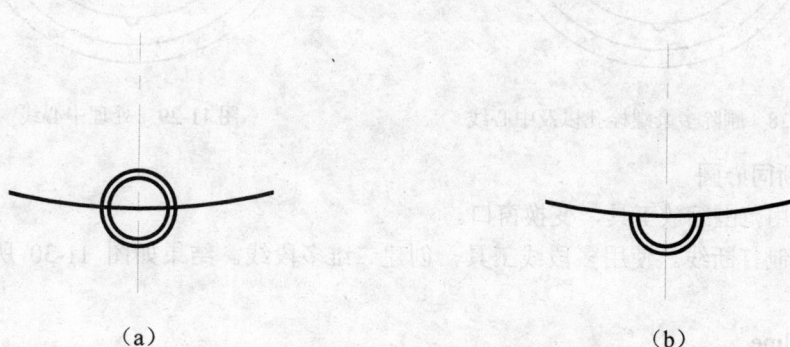

（4）绘制两个半圆的阵列。选择“修改”功能面板的“阵列”按钮，或者选择“修改”菜单中的“阵列”项，也可以直接在命令行输入 ARRAY，它将创建按指定方式排列的多重对象副本。打开“阵列”对话框，如图 11-26 所示。

选择阵列类型为环形阵列，项目总数为 3，填充角度为 360，选中“复制时旋转项目”选项。阵列的结果如图 11-27 所示。

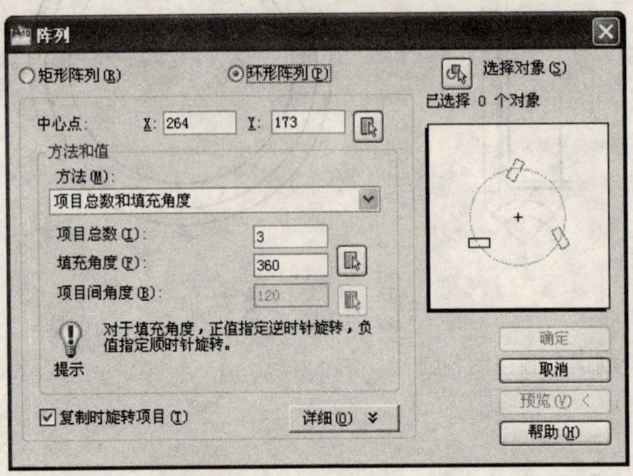

图 11-26 “阵列”对话框

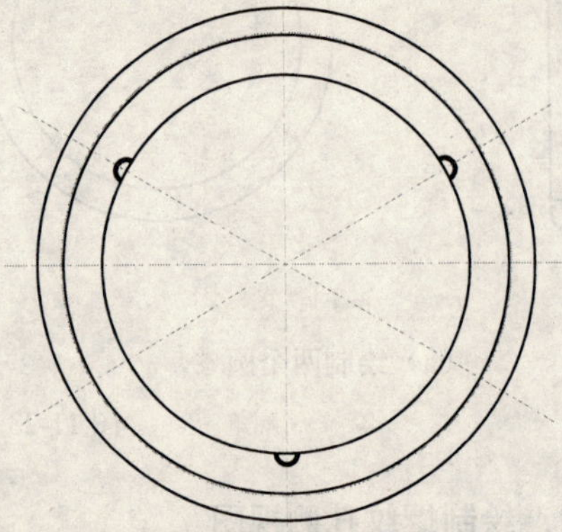

图 11-27 绘制两个半圆的阵列

（5）使用删除工具，删除多余螺栓孔以及中心线。结果如图 11-28 所示。

（6）使用打断工具，打断中心线。

（7）使用删除工具，删除多余对象。结果如图 11-29 所示。

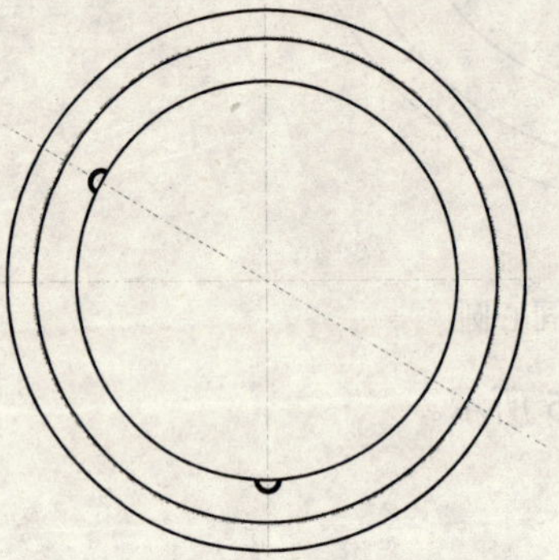

图 11-28 删除多余螺栓孔以及中心线

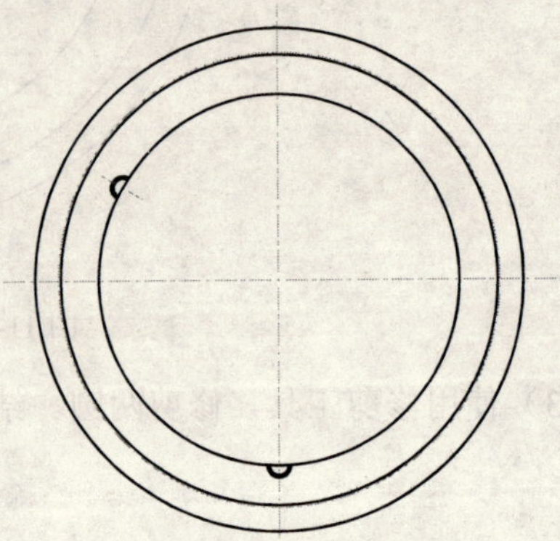

图 11-29 处理中心线

12. 打断同心圆

（1）使用范围缩放工具，变换窗口。

（2）绘制打断线。使用多段线工具，创建二维多段线。结果如图 11-30 所示。具体命令内容如下：

命令: _pline

指定起点:（选中圆内一点）

当前线宽为 0.0000

指定下一个点或 [圆弧(A)/半宽(H)/长度(L)/放弃(U)/宽度(W)]:（选中圆上一点）

指定下一点或 [圆弧(A)/闭合(C)/半宽(H)/长度(L)/放弃(U)/宽度(W)]:（选中圆外一点）

指定下一点或 [圆弧(A)/闭合(C)/半宽(H)/长度(L)/放弃(U)/宽度(W)]:（回车）

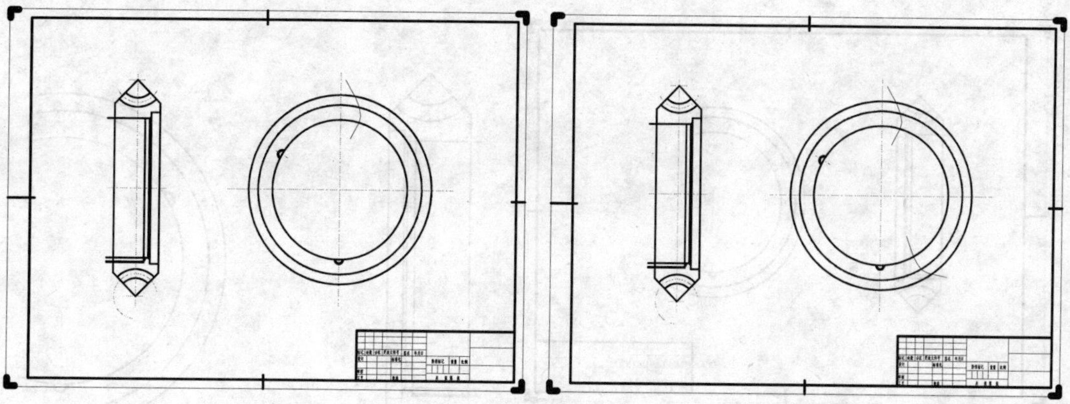

（a）打断线一　　（b）打断线二

图 11-30　绘制打断线

（3）使用修剪工具，以打断线为参考，修剪各圆。结果如图 11-31（a）所示。

（4）使用修剪工具，以外圆和内圆作为参考，修剪打断线。结果如图 11-31（b）所示。

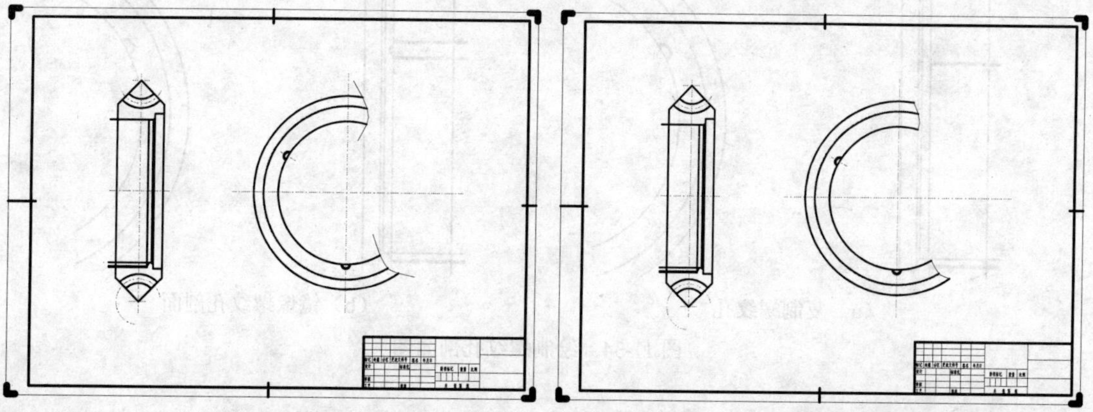

（a）修剪各圆　　（b）修剪打断线

图 11-31　修剪圆和打断线

13. 打断中心线

使用打断工具对水平中心线进行打断，然后删除不需要的部分，结果如图 11-32 所示。

14. 绘制主视图螺纹孔

（1）绘制螺纹孔中心线。该中心线是由侧视图螺栓孔中心点的水平位置来决定的。使用直线工具，利用对象捕捉功能，以水平方式绘制中心线。结果如图 11-33 所示。

（2）使用窗口缩放工具，变换窗口。

（3）复制螺纹孔剖面图。由于主视图中螺纹孔的标准是一致的，所以可以利用已经绘制的螺纹孔进行复制。结果如图 11-34（a）所示。

（4）使用镜像工具，以中心线为参考，镜像螺纹孔剖面。结果如图 11-34（b）所示。

（5）使用打断工具和修剪工具打断螺纹孔中心线，修剪螺纹孔线。结果如图 11-35 所示。

至此，基本图形绘制完成，下面对已经完成的部分进行更改，例如变换线段的线型等。

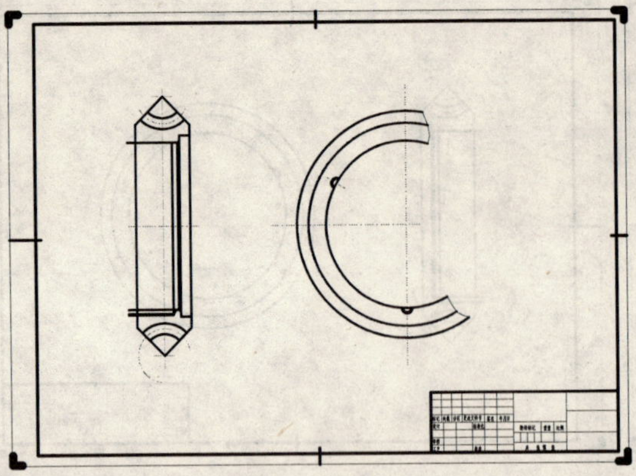

图 11-32 打断中心线

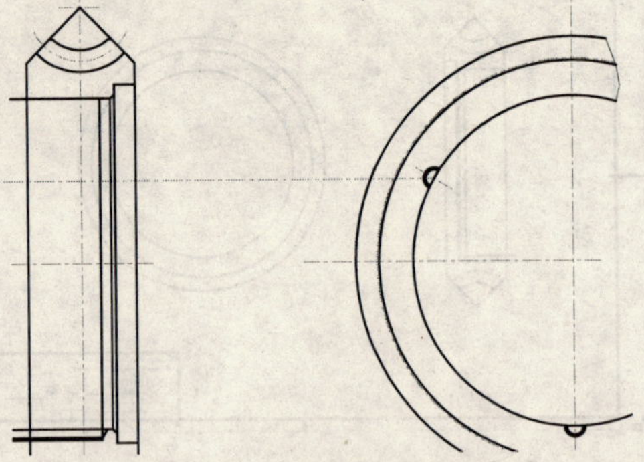

图 11-33 绘制螺纹孔中心线

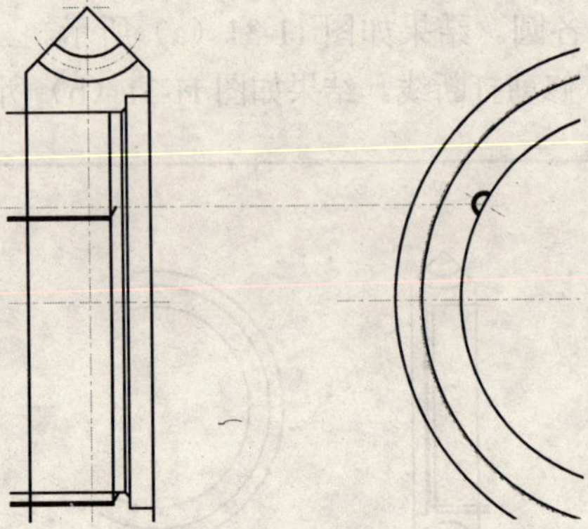

（a）复制螺纹孔

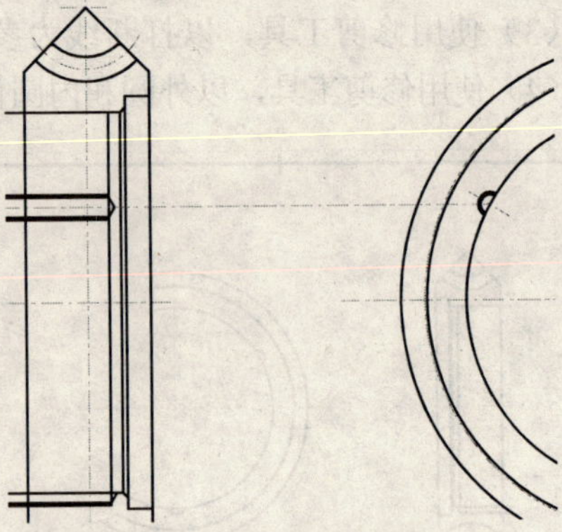

（b）镜像螺纹孔剖面

图 11-34 绘制螺纹孔剖面图

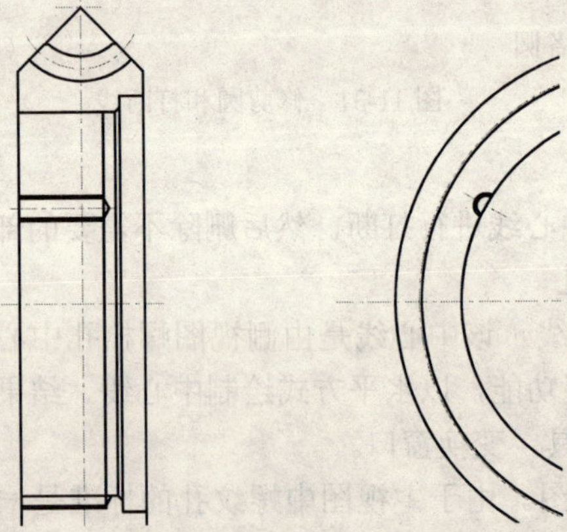

图 11-35 打断螺纹孔中心线

11.5.4 变换对象特性和填充

1. 修改螺栓孔外圆线

（1）选中 3 条线段和两条外圆线，打开“特性”选项板。将图层由“粗实线”修改为

"细实线"，如图 11-36 所示。

（2）单击"关闭"按钮，退出"特性"选项板，结果如图 11-37 所示。

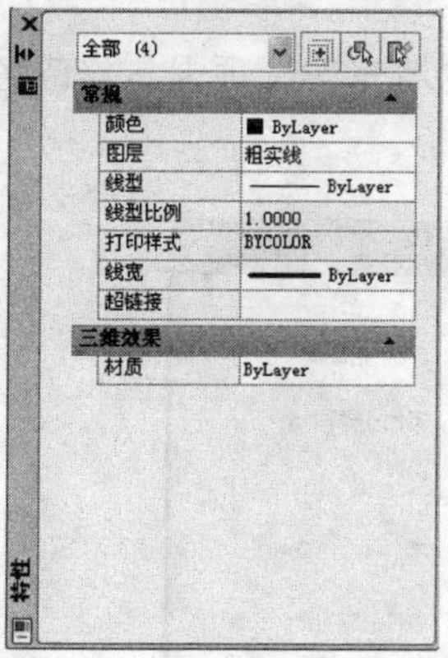

图 11-36 "特性"对话框

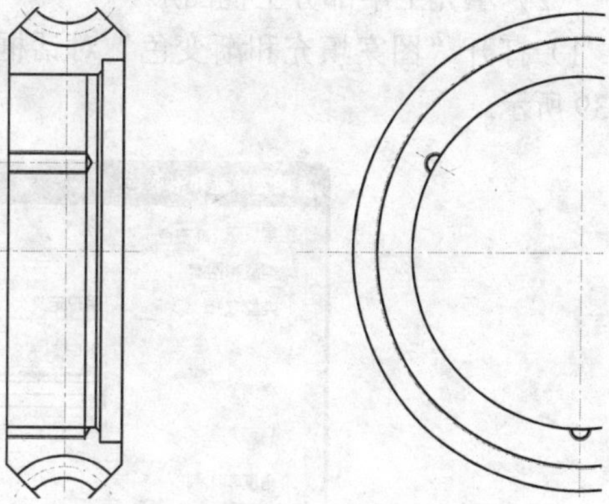

图 11-37 变换对象图层

2．修改线型图层特性

（1）使用范围缩放工具，变换窗口。

（2）变换对象图层，执行命令 CHANGE，具体命令内容如下：

命令: change

选择对象: 指定对角点: （选中蜗轮中心线和分度圆线）

选择对象: （回车）

指定修改点或 [特性(P)]: p

输入要更改的特性 [颜色(C)/标高(E)/图层(LA)/线型(LT)/线型比例(S)/线宽(LW)/厚度(T)/材质(M)/打印样式(PL)/注释性(A)]:la

输入新图层名 <粗实线>: 中心线

输入要更改的特性 [颜色(C)/标高(E)/图层(LA)/线型(LT)/线型比例(S)/线宽(LW)/厚度(T)/材质(M)/打印样式(PL)/注释性(A)]: （回车）

结果如图 11-38 所示。

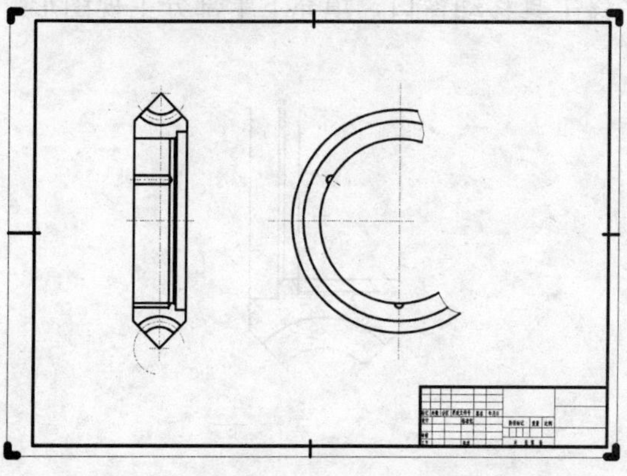

（a）变换窗口

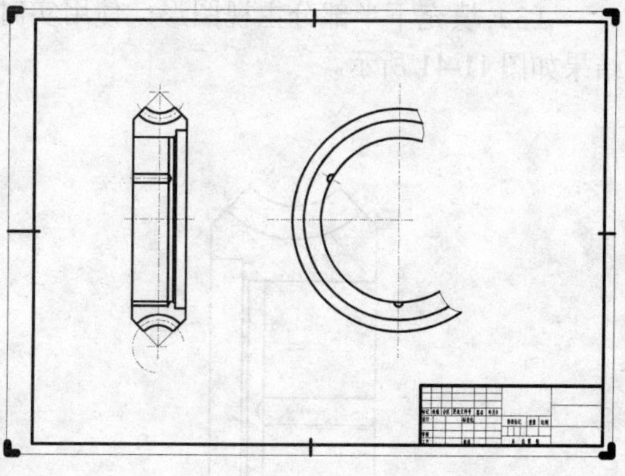

（b）改变线型

图 11-38 变换对象图层

3. 填充主视图

（1）将“细实线”图层设置为当前图层。

（2）填充上半部分主视图形。

1）打开“图案填充和渐变色”对话框，选择“图案填充”选项卡。修改各参数，如图11-39 所示。

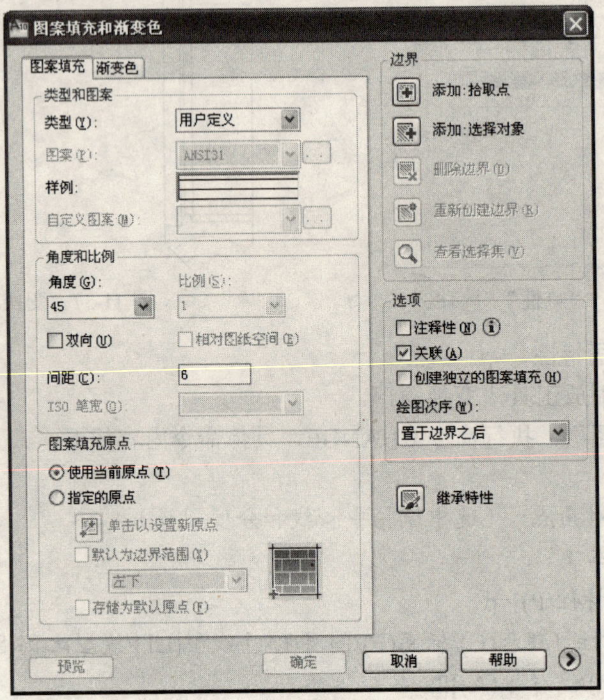

图 11-39 “图案填充和渐变色”对话框

2）单击“添加：拾取点”按钮，回到工作区，点取要填充的图形部分内部后回车，回到“图案填充和渐变色”对话框，然后单击“确定”按钮，完成填充，结果如图 11-40 所示。

（3）填充下半部分主视图形。使用实时平移工具移动窗口，填充下半部分主视图形。结果如图 11-41 所示。

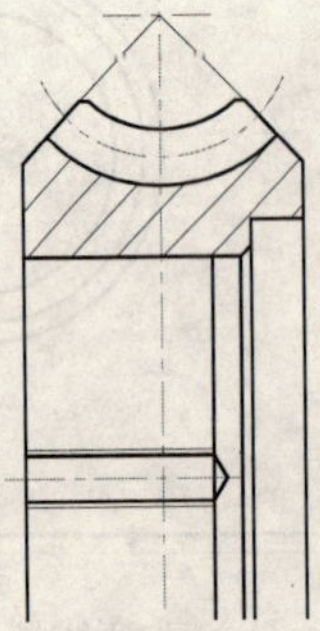

图 11-40 绘制上部剖面线

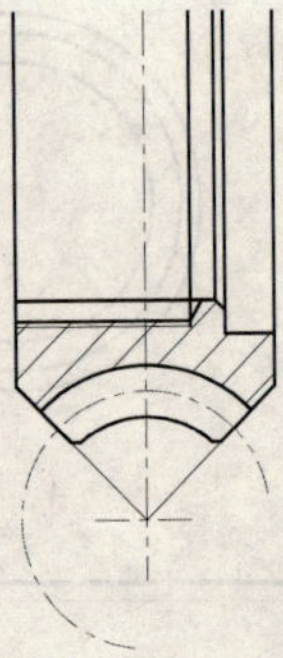

图 11-41 绘制下部剖面线

11.5.5 尺寸标注

1．蜗轮主视图尺寸标注

在进行标注前，使用删除工具将螺纹顶部的垂直辅助线删除掉。

（1）先将“尺寸标注”图层设置为当前图层。

（2）标注主视图下半部分角度。使用角度标注工具，结果如图 11-42 所示。具体命令内容如下：

命令: _dimangular

选择圆弧、圆、直线或 <指定顶点>:（选中一条蜗轮外圆斜面延长线）

选择第二条直线:（选中另一条蜗轮外圆斜面延长线）

指定标注弧线位置或 [多行文字(M)/文字(T)/角度(A)/象限点(Q)]:（选中适当的位置）

标注文字 =90

（3）标注蜗杆分度圆直径。单击“标注”功能面板“直径”标注工具按钮，或者选择“标注”菜单中的“直径”项，也可以在命令行输入 DIMDIAMETER，创建圆和圆弧的直径标注。结果如图 11-43 所示。

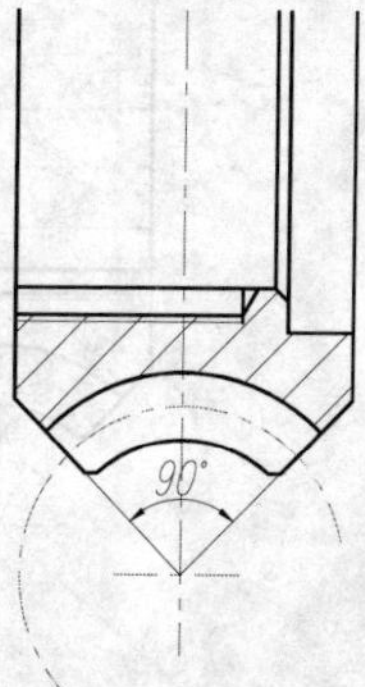

图 11-42　标注角度

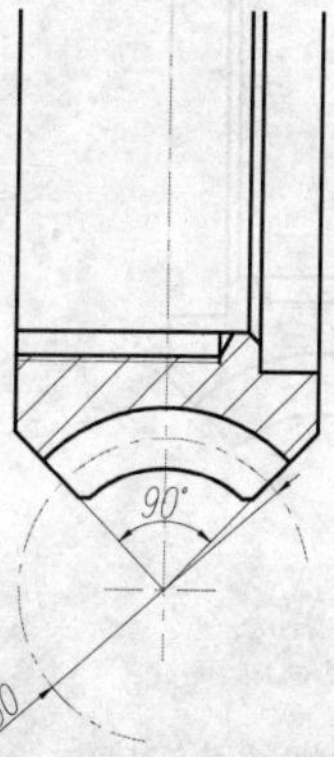

图 11-43　标注蜗杆分度圆直径

命令: _dimdiameter

选择圆弧或圆:（选中圆上一点）

标注文字 =50

指定尺寸线位置或 [多行文字(M)/文字(T)/角度(A)]:（选中圆外适当一点）

（4）标注蜗轮齿顶圆弧半径。选择“标注”功能面板“半径”标注工具按钮，或者选择“标注”菜单中的“半径”项，也可以在命令行输入 DIMRADIUS，创建圆和圆弧的半径标注。结果如图 11-44 所示。

具体命令内容如下：

命令: _dimradius

选择圆弧或圆:（选中蜗轮齿顶圆弧）

标注文字 =20

指定尺寸线位置或 [多行文字（M）/文字（T）/角度（A）]:（选中适当位置）

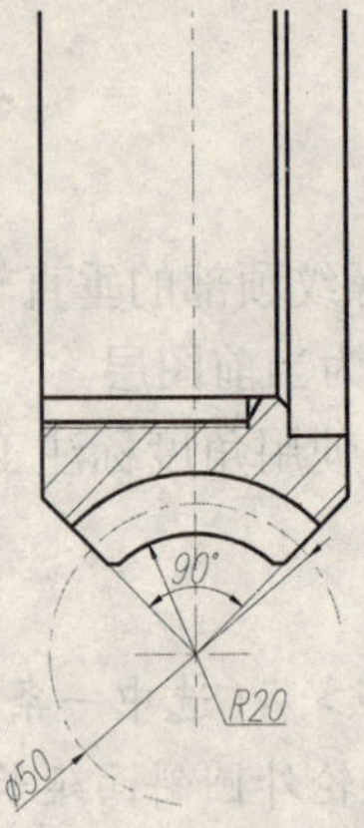

图 11-44　标注蜗轮齿顶圆弧半径

（5）使用线性标注工具，标注螺纹孔深度、内孔台阶厚度、蜗轮宽度。结果如图 11-45 所示。

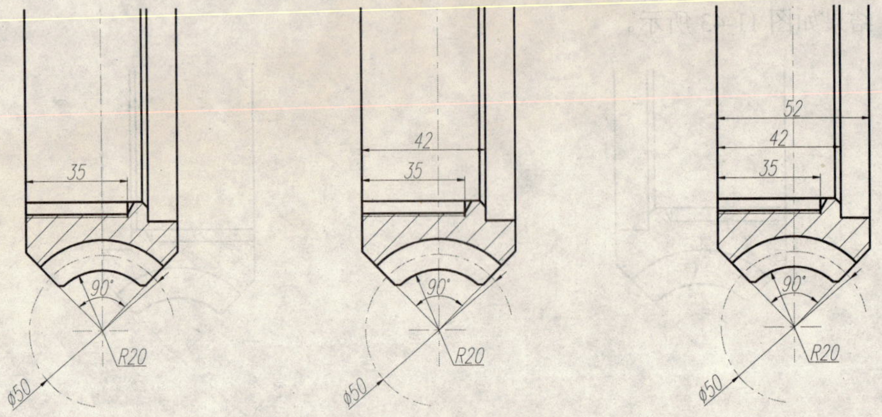

（a）标注螺纹孔深度　　（b）标注内孔台阶厚度　　（c）标注蜗轮宽度

图 11-45　标注螺纹孔深度、内孔台阶厚度和蜗轮宽度

具体命令内容如下：

命令: _dimlinear

指定第一条延伸线原点或 <选择对象>:（选中蜗轮左侧端面与螺纹孔中心线交点）

指定第二条延伸线原点:（选中螺纹孔底线与中心线交点）

指定尺寸线位置或

[多行文字(M)/文字(T)/角度(A)/水平(H)/垂直(V)/旋转(R)]:（选中适当位置放置尺寸线）

标注文字 =35

（6）添加表面粗糙度。

1）执行“插入”→“块”命令，弹出“插入”对话框；单击“浏览”按钮，弹出“选择图形文件”对话框。选中要插入的表面粗糙度块的图形文件 ccd1.dwg。这是前面已经绘制完成的图形块。

2）单击“打开”按钮，此时“插入”对话框变成如图 11-46 所示。

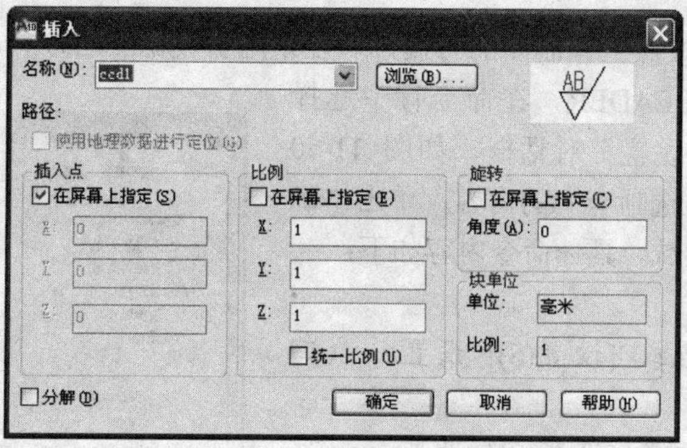

图 11-46 “插入”对话框

3）在“旋转”的“角度”处填入适当的数值，单击“确定”按钮，然后按提示输入表面粗糙度值即可。结果如图 11-47 所示。

4）插入表面粗糙度块。执行命令 INSERT，弹出“插入”对话框，选择要插入的块名，单击“确定”按钮，结果如图 11-48 所示。

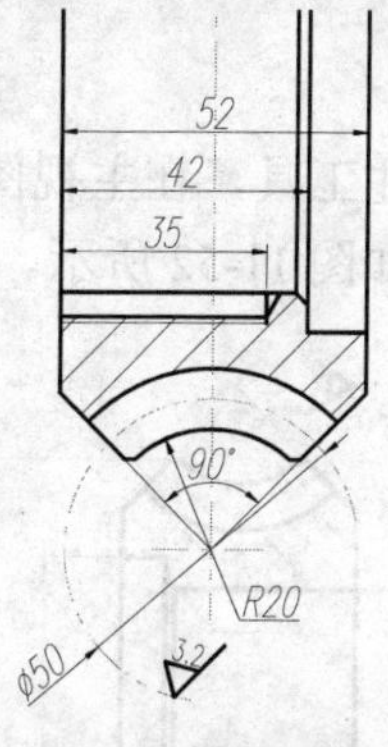

（a）

图 11-47 插入底部粗糙度结果

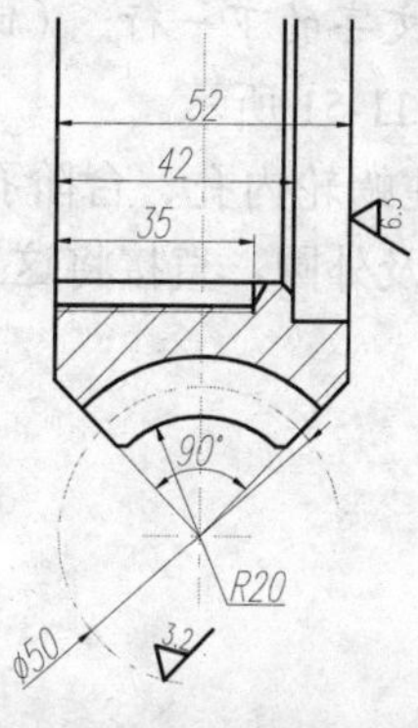

（b）

图 11-48 插入侧面表面粗糙度块的效果

5）平移窗口，将主视图换成上部显示。

6）插入表面粗糙度块。结果如图 11-49 所示。

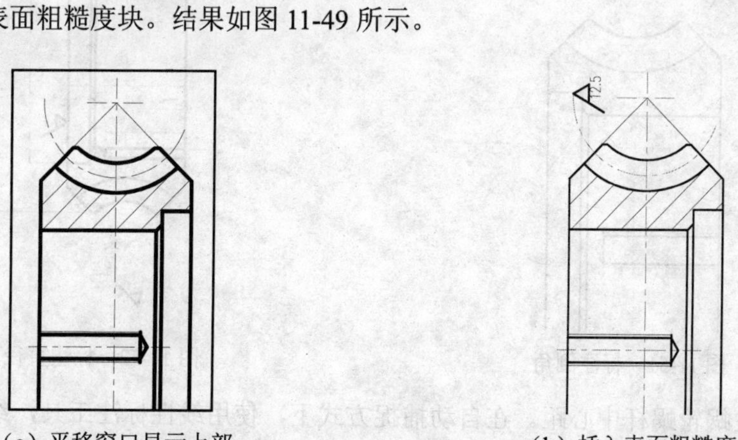

（a）平移窗口显示上部　　（b）插入表面粗糙度块

图 11-49 插入表面粗糙度块的效果

（7）标注倒角。按照工程制图的习惯，可以采用引线标注的方式，引出一条标注线来标注倒角。执行命令 QLEADER，在命令行中选择“设置”，弹出“引线设置”对话框，如图 11-50 所示。根据需要修改各选项卡中的内容，单击“确定”按钮，回到绘图区域。具体命令内容如下：

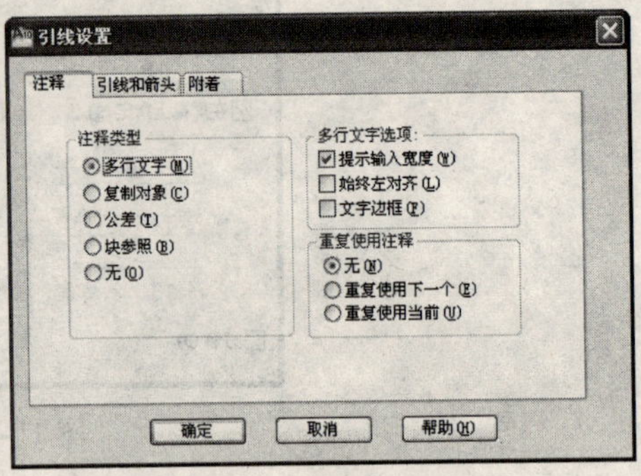

图 11-50 “引线设置”对话框

命令: qleader

指定第一条引线点或 [设置(S)]<设置>:（回车）

指定第一条引线点或 [设置(S)]<设置>:（选中倒角线段端点）

指定下一点:（沿着 225°方向选中一点）

指定下一点:（沿着 180°方向选中一点）

指定文字宽度 <0>:（回车）

输入注释文字的第一行 <多行文字（M）>: 2 × 45%%D

输入注释文字的下一行:（回车）

结果如图 11-51 所示。

（8）标注蜗轮内孔、台阶孔和外圆直径。使用直径标注工具，在主视图中选择蜗轮内孔、台阶孔以及外圆，直接将这三者的直径进行标注，结果如图 11-52 所示。

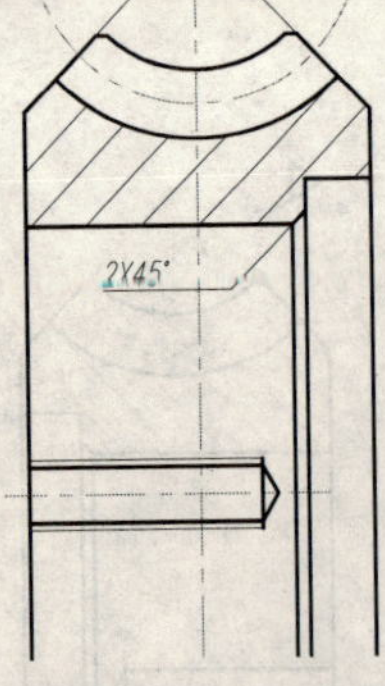

图 11-51 标注倒角

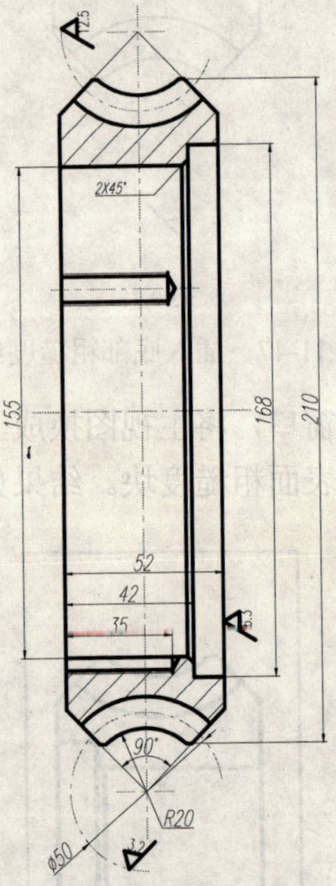

图 11-52 标注直径

（9）标注蜗轮蜗杆中心距。在自动捕捉方式下，使用线性标注工具，结果如图 11-53 所示。

（10）修改前、后缀。

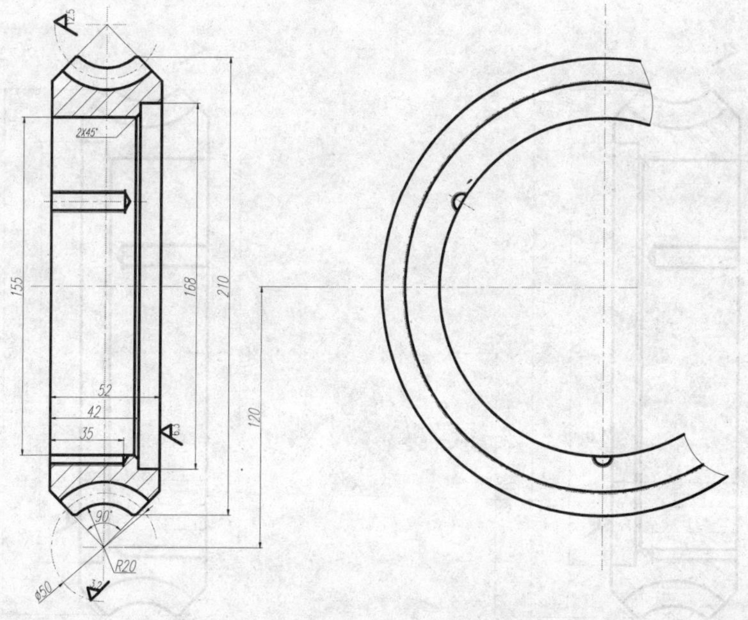

图 11-53　标注蜗轮蜗杆中心距

1）修改蜗轮内孔直径标注的前、后缀。选择所要编辑的对象，打开“特性”选项板，设置文字替代为“%%C<>H7”，如图 11-54 所示。结果如图 11-55 所示。

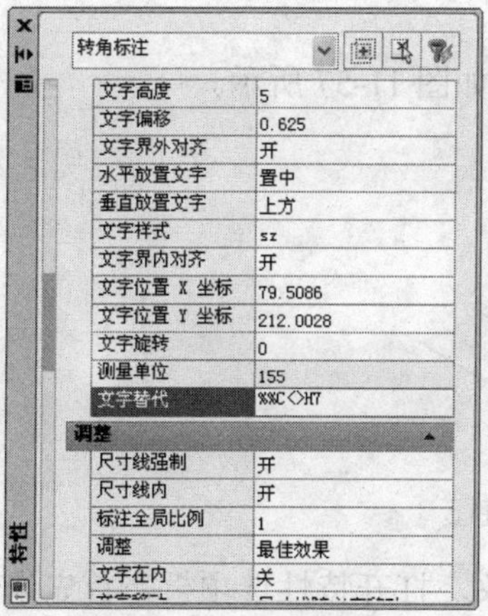

图 11-54　特性管理器

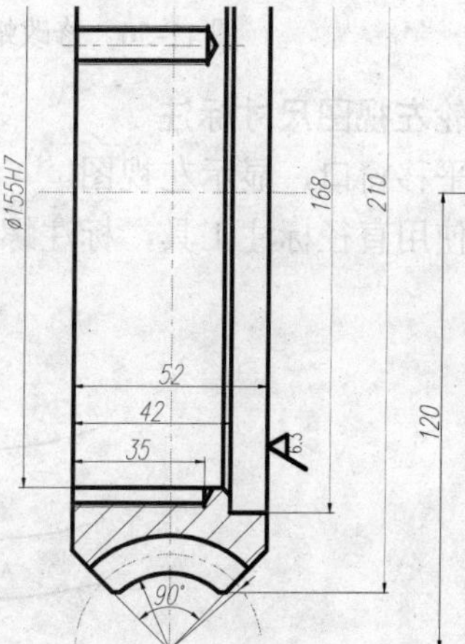

图 11-55　修改蜗轮内孔直径标注的前、后缀

2）修改蜗轮台阶孔直径前缀、外圆直径前缀。执行命令 DDEDIT，选择要编辑对象后，打开“多行文字”功能区，修改文字后确定，结果如图 11-56 所示。

提示　在多行文字中，符号“<>”表示目前已经标注的内容，在其前和其后填写的内容就是我们希望加入的前后缀。

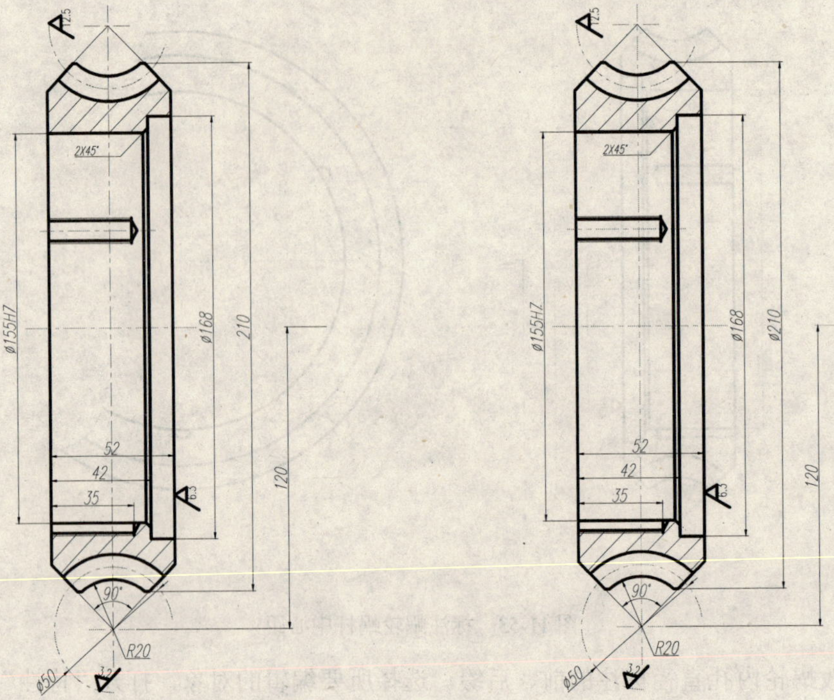

（a）修改台阶孔直径前缀　　（b）修改外圆直径前缀

图 11-56　修改蜗轮台阶孔直径前缀和外圆直径前缀

2．蜗轮左视图尺寸标注

（1）平移窗口，显示左视图。

（2）使用直径标注工具，标注螺纹孔直径。结果如图 11-57 所示。

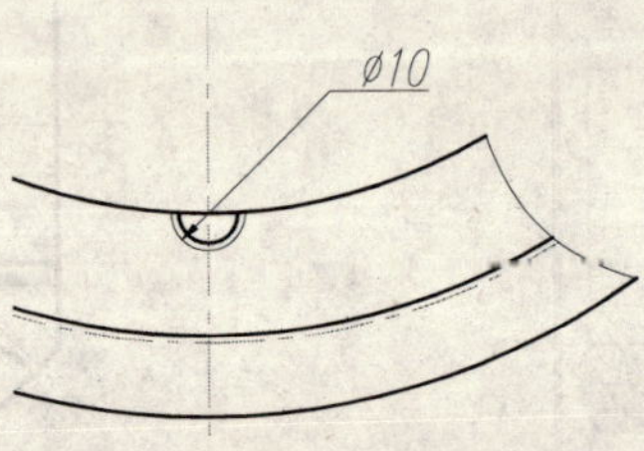

图 11-57　标注螺纹直径

（3）修改螺纹孔直径标注。选择所要编辑的对象，打开特性选项板，首先设置文字移动方式为“尺寸线随文字移动”，如图 11-58（a）所示。

然后输入替代文字为“3-M10 与零件 18 配作”，如图 11-58（b）所示。修改的结果如图 11-59 所示。

3．零件总图中的表面粗糙度符号

（1）使用范围缩放工具，变换窗口。

（2）插入表面粗糙度块。

（3）使用窗口缩放工具，变换窗口。

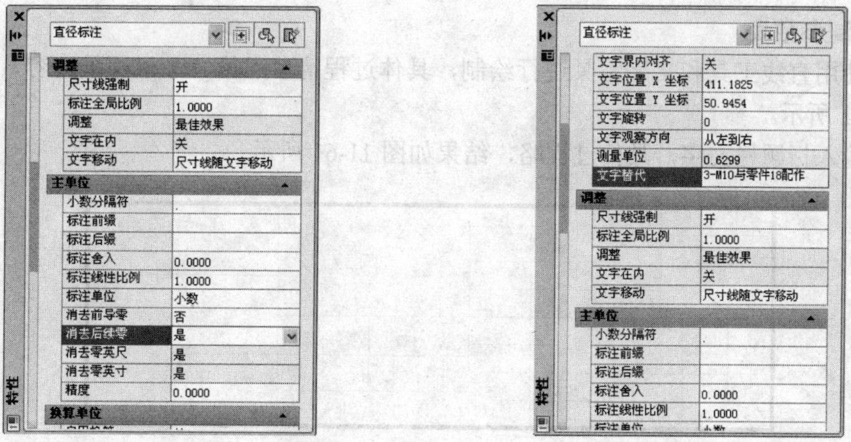

（a）　　　　　　　　　　　　　　　　　　（b）

图 11-58　修改直径标注特性

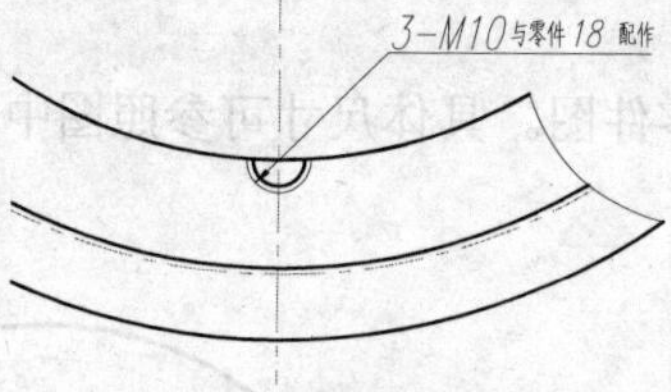

图 11-59　修改直径标注

（4）使用单行文字工具书写文字。结果如图 11-60（a）所示（右边图 11-60（b）为表面粗糙度标注的放大图）。

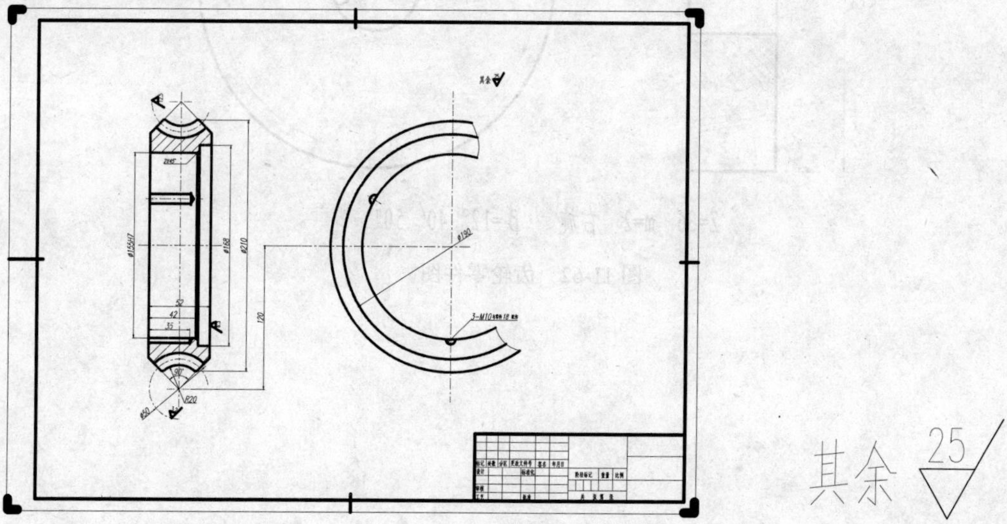

（a）　　　　　　　　　　　　　　　　　　（b）

图 11-60　插入粗糙度块并书写文字

4．绘制参数表

可以使用直线工具和文字工具进行绘制，具体过程请参照第 10 章相关内容，绘制的结果如图 11-1 所示。

最后输入标题栏文字，具体过程略，结果如图 11-61 所示。

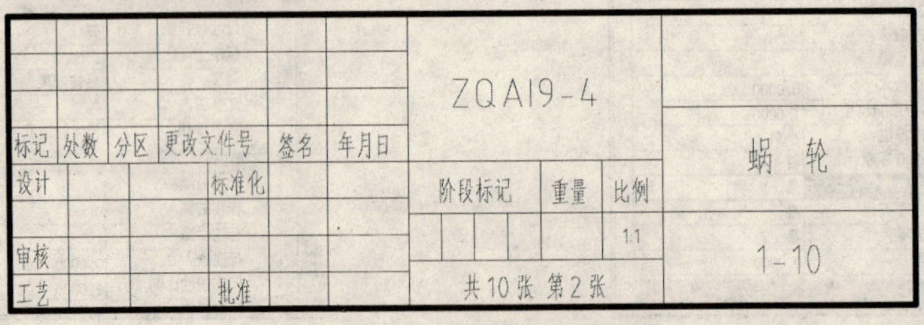
ZQAI9-4
标记
处数
分区
更改文件号
签名
年月日
设计
标准化
审核
工艺
批准
阶段标记
重量
比例
1:1
共 10 张 第 2 张
蜗 轮
1-10

图 11-61 输入标题栏文字

11.6 课后练习

绘制如图 11-62 所示的齿轮零件图。具体尺寸可参照图中标示。

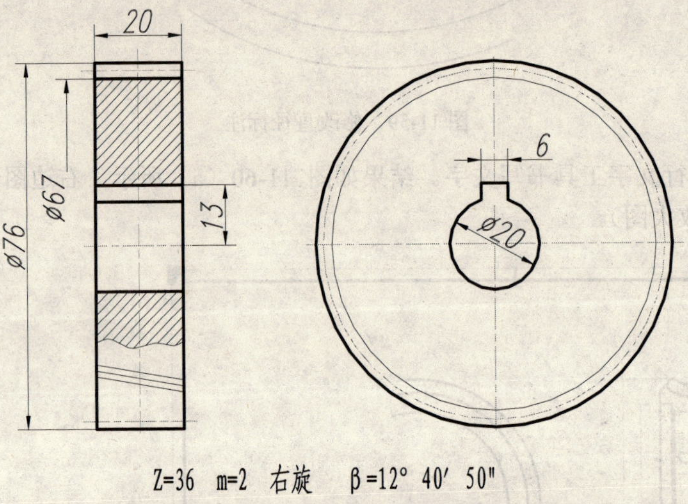

图 11-62 齿轮零件图

第 12 章　参数化绘图与实训

通过在 AutoCAD 2010 中绘制零件或部件轮廓图，掌握在 AutoCAD 2010 中进行参数化绘图的基本步骤；通过二维图的绘制，进一步学习基本绘图方法和编辑命令。笔者认为，参数化设计的最终目的是为了给三维建模提供有力支持。然而，在 AutoCAD 2010 中的参数化只能在二维环境中进行图线等方面的约束，属于技巧性操作，而非工程型操作。而且，其参数化操作还存在一定的缺陷，故在本书中没有作为重点来讲解，只通过本章的学习来建立基本轮廓图。

12.1　实验目的

（1）熟悉轮廓图的绘制方法和技巧。
（2）熟悉前面各章中有关绘图与编辑命令的操作方法与技巧。
（3）掌握参数化设计的几何约束方法。
（4）掌握参数化绘图的尺寸约束方法。
（5）通过构建表达式来进行图形控制。

12.2　实验要求

（1）在 AutoCAD 2010 中绘制一些简单的轮廓图。
（2）绘制时可以首先按照要求绘出大致的形状，具体尺寸可以稍有不同。
（3）采用尺寸约束和几何约束方法进行轮廓的修正。

12.3　实验准备工作

（1）阅读教材相关章节内容。
（2）复习前面各种的基本绘图命令与编辑命令。
（3）复习尺寸约束关系。
（4）复习几何约束关系。
（5）复习表达式的应用。

12.4　实验指导

12.4.1　练习 1

本练习将绘制如图 12-1 所示的草图，文件名为 sketch_01。
（1）新建草图文件：sketch_01。

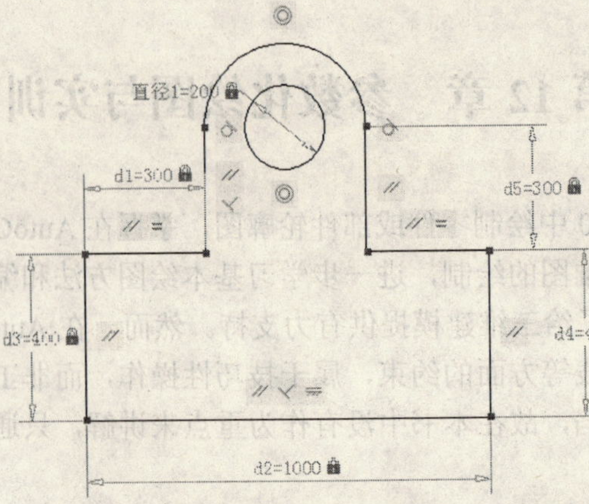

图 12-1　练习图 1

（2）草绘几何图元。

1）绘制直线。采用“直线”工具，在“正交”和“对象捕捉追踪”模式下，连续绘制如图 12-2 所示的图形，其中的数字表示直线绘制的顺序，即使用鼠标依次单击 8 个点。

2）绘制半圆弧。选择“圆弧”工具的“起点，端点，角度”方式，首先单击 8 点，接着单击 1 点，然后输入 180 度为包含角度，绘制如图 12-3 所示的半圆弧。

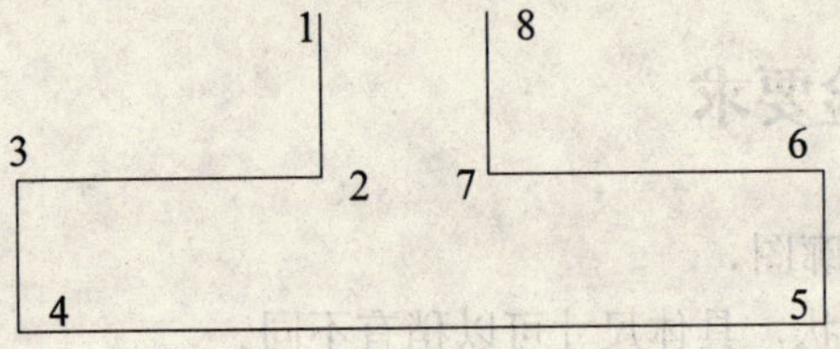

图 12-2　绘制连续直线

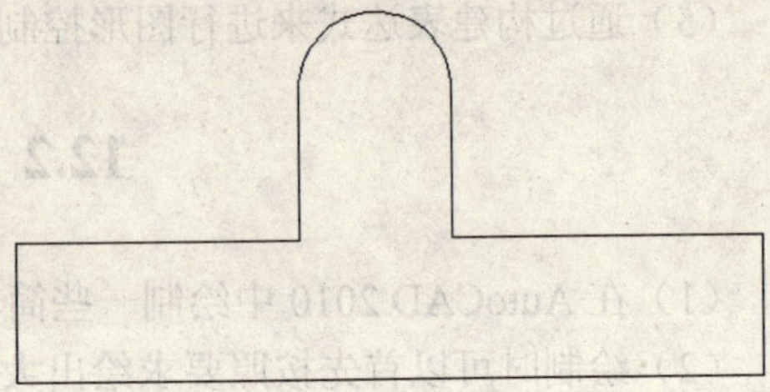

图 12-3　绘制圆弧

3）绘制同心圆。采用“圆”工具，首先使用鼠标左键捕捉圆弧圆心并单击，接着移动鼠标调整同心圆的半径大小，如图 12-4 所示，确定并结束。

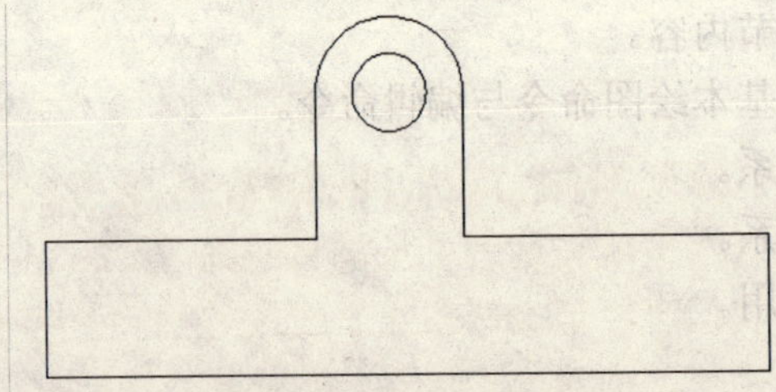

图 12-4　绘制同心圆

（3）进行几何约束。

1）单击“参数化”选项卡，在“几何”功能面板中单击“自动约束”按钮，系统提示选择约束对象。通过框选方式选择所有图形元素并确定，结果如图 12-5 所示。很显然，这些约束关系并不是我们最终得到的数据。

其命令提示过程如下：

命令: _AutoConstrain

选择对象或 [设置(S)]:指定对角点：（框选所有对象）

选择对象或 [设置(S)]:（回车，确定）

已将 18 个约束应用于 9 个对象

2）单击“几何”功能面板的“相等”按钮〓，然后单击水平的两条短线段，令二者相等，如图 12-6 所示。

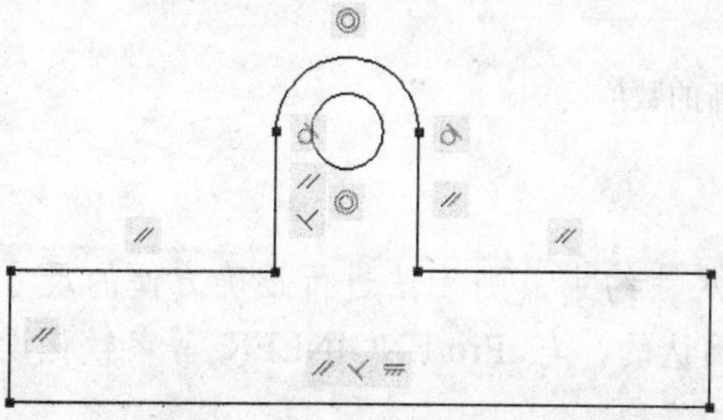

图 12-5　自动标注几何约束

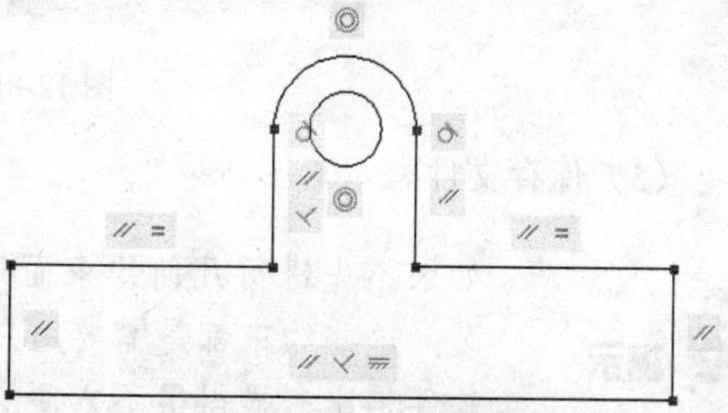

图 12-6　设置等长约束

（4）修改尺寸标注。

1）在“标注”功能面板上单击线性标注工具和直径、半径标注工具，对各个线段、圆弧和圆进行标注，如图 12-7 所示。很显然，这些尺寸并不是我们最终希望得到的数据。

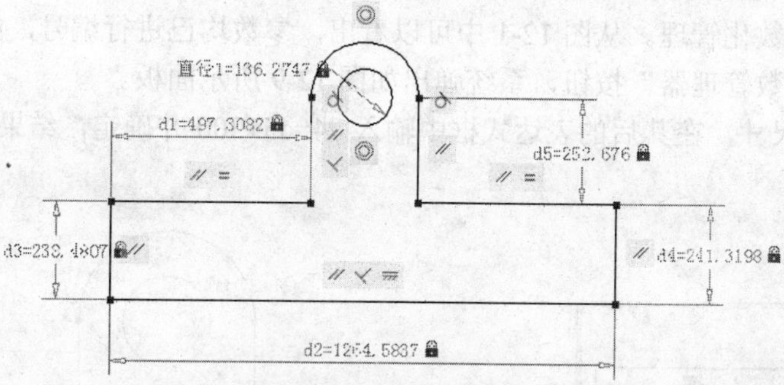

图 12-7　进行尺寸标注

可以看到，按照图 12-7 的尺寸进行标注，则圆弧、一条水平短线段和一条与圆弧相切的垂直线段无法标注，而与长水平线相接的两条垂直线则可以标注，其原因为这两条线段的长度在绘图时并不相等，而我们已经定义两条水平线段等长，另两条与圆弧相切的线段为捕捉后等长，故只能标注其中之一。圆弧由于受到共点约束，所以其大小受到两条垂直线段的限制，故无法标注。

2）修改尺寸大小。在每个尺寸上双击，如图 12-8 所示，输入新的数值即可。结果如图 12-1 所示。

如果对某个约束不满意，可以将鼠标移动到该约束处，在系统提示处单击“关闭”按钮，取消该约束。

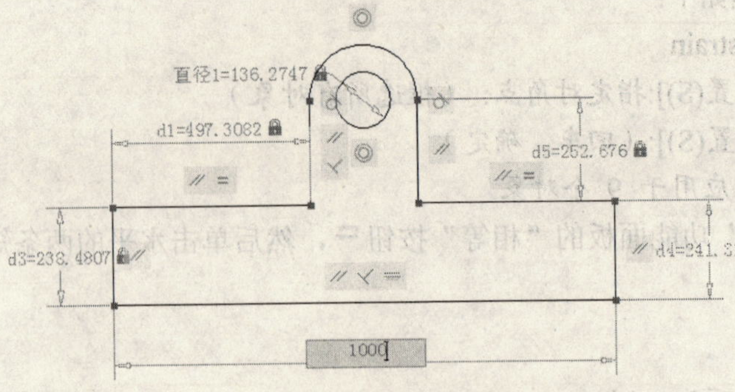

图 12-8 输入新的数值

（5）保存文件。

提示 如果不先进行几何约束而只考虑尺寸约束，则无法进行正确方便的尺寸修改。这些约束都是需要用户手工确认的，与 Pro/ENGINEER 等参数化设计软件相比，显得很不方便。

为了便于读者进一步了解参数化应用，接下来在图 12-1 的基础上继续练习。

（6）取消各种约束显示。

1）单击“几何”功能面板的“全部隐藏”按钮，取消几何约束的显示。

2）单击“标注”功能面板的“显示动态约束”按钮，取消尺寸标注约束的显示。这样可以继续进行常规图形修改操作。

（7）进行参数化管理。从图 12-1 中可以看出，参数均已进行编号，如 d1、d2 等。

1）单击“参数管理器”按钮，系统弹出如图 12-9 所示面板。

2）选择 d4 尺寸，在其后的表达式框中输入 d4=d5+300 并确定，结果如图 12-10 所示。

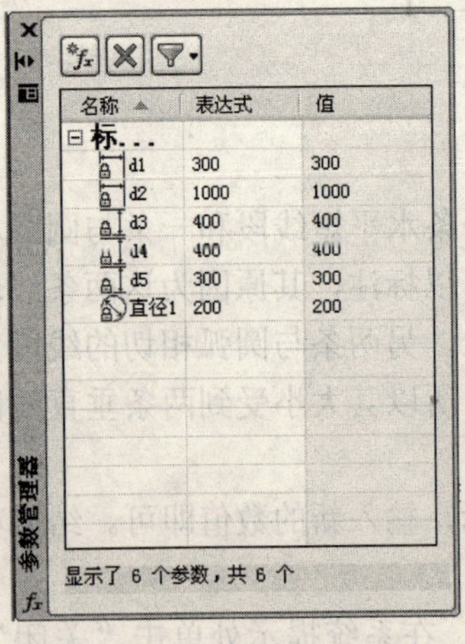

图 12-9 参数管理器

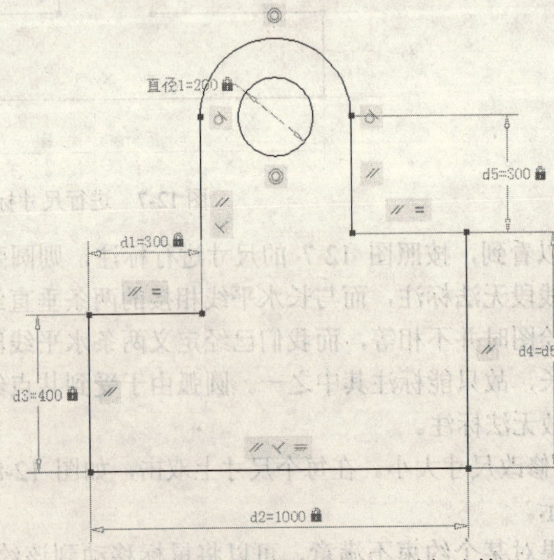

图 12-10 参数更改后的尺寸标注情况

标注约束和用户变量支持在表达式内使用如表 12-1 所示的运算符。

表 12-1 运算符

运算符	说明
+	加
-	减或取负值
%	浮点模数
*	乘
/	除
^	求幂
( )	圆括号或表达式分隔符
.	小数分隔符

表达式是根据以下标准数学优先级规则计算的：

1）括号中的表达式优先，最内层括号优先。

2）标准顺序的运算符为：取负值优先，指数次之，乘除加减最后。

3）优先级相同的运算符从左至右计算。

4）表达式是使用表 12-1 中所述的标准优先级规则按降序计算的。

表达式中可以使用如表 12-2 所示函数。

表 12-2 可用函数

函数	语法
余弦	cos(表达式)
正弦	sin(表达式)
正切	tan(表达式)
反余弦	acos(表达式)
反正弦	asin(表达式)
反正切	atan(表达式)
双曲余弦	cosh(表达式)
双曲正弦	sinh(表达式)
双曲正切	tanh(表达式)
反双曲余弦	acosh(表达式)
反双曲正弦	asinh(表达式)
反双曲正切	atanh(表达式)
平方根	sqrt(表达式)
符号函数	sign(表达式)
舍入到最接近的整数	round(表达式)
截取小数	trunc(表达式)
下舍入	floor(表达式)
上舍入	ceil(表达式)

续表

函数	语法
绝对值	abs(表达式)
阵列中的最大元素	max(表达式 1;表达式 2)
阵列中的最小元素	min(表达式 1;表达式 2)
将度转换为弧度	d2r(表达式)
将弧度转换为度	r2d(表达式)
对数，基数为 e	ln(表达式)
对数，基数为 10	log(表达式)
指数函数，底数为 e	exp(表达式)
指数函数，底数为 10	exp10(表达式)
幂函数	pow(表达式 1;表达式 2)
随机小数，0～1	随机

除上述函数外，表达式中还可以使用常量 Pi 和 e。

如果要输入这些函数，可以在参数表达式某处单击右击并选择“表达式”选项，如图 12-11 所示。选择后就直接贴附在当前选择点处。

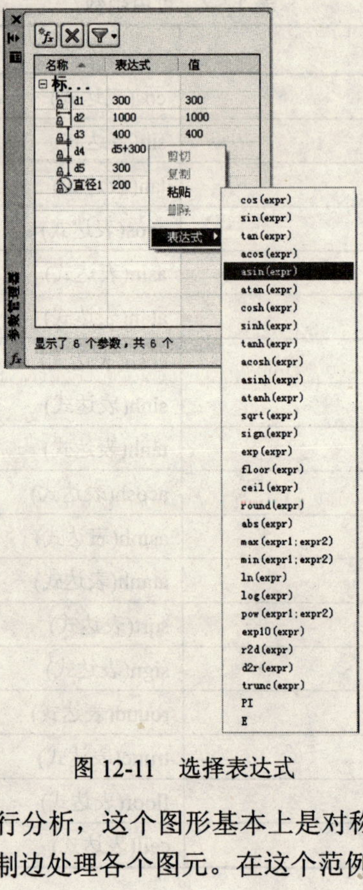

图 12-11　选择表达式

对本范例所使用的例子进行分析，这个图形基本上是对称图形，可以采用先绘制一侧再进行镜像的方式，也可以边绘制边处理各个图元。在这个范例里面，我们采用后一种方式。

12.4.2 练习 2

练习 1 中进行的绘图过程是先绘图后标注，目的是让读者体会非参数化与参数的不同。本练习将绘制如图 12-12 所示图形。采用边绘制边确定参数的方式进行，这是一般绘图中常见的步骤。

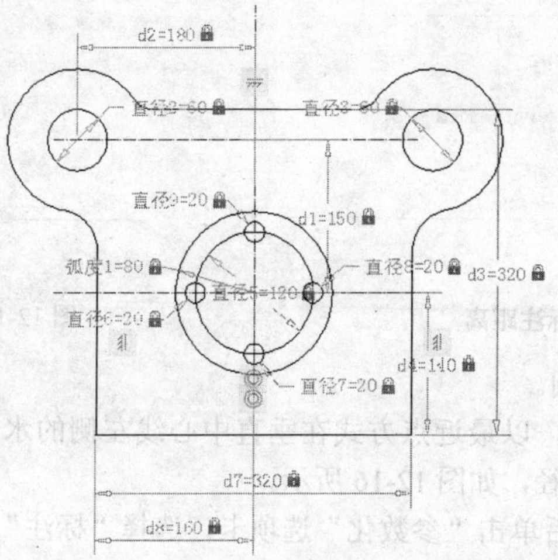

图 12-12　练习图 2

该草图可分为 3 个部分：矩形主体、两个圆角和一个中心圆。其具体的建模步骤为：采用构造线命令绘制两条平行的水平中心线，然后再绘制垂直中心线，作为以后绘图的基础。采用圆命令和镜像命令绘制左右两个角上的同心圆。采用直线命令绘制方形线。利用三相切命令绘制左右两侧两个下面的圆。采用约束的方式绘制决定上端两个圆弧的两个圆。采用修剪方式将多余的线条去掉。

（1）新建草图文件：sketch_02。

（2）建立一个红色点划线图层作为中心线图层。

（3）创建中心线。

1）将中心线点划线图层设置为当前图层。

2）利用绘图工具“构造线”，绘制两条水平中心线和一条垂直中心线，对其进行修剪，只留部分线段即可，如图 12-13 所示。这是因为构造线无法直接进行标注。

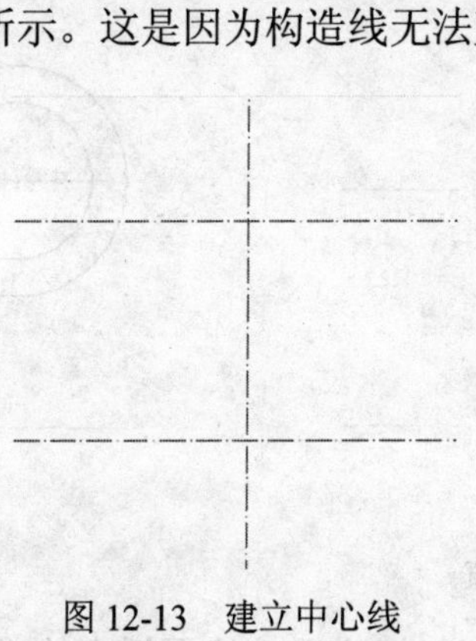

图 12-13　建立中心线

3）采用 0 图层，单击“参数化”选项卡，对两条水平中心线的距离进行标注，如图 12-14 所示。该尺寸不是我们希望得到的最终尺寸。

4）将其修改为 150，如图 12-15 所示。

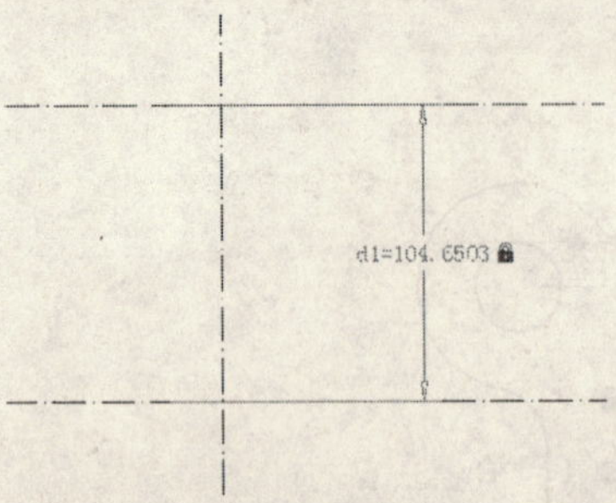

图 12-14　标注距离

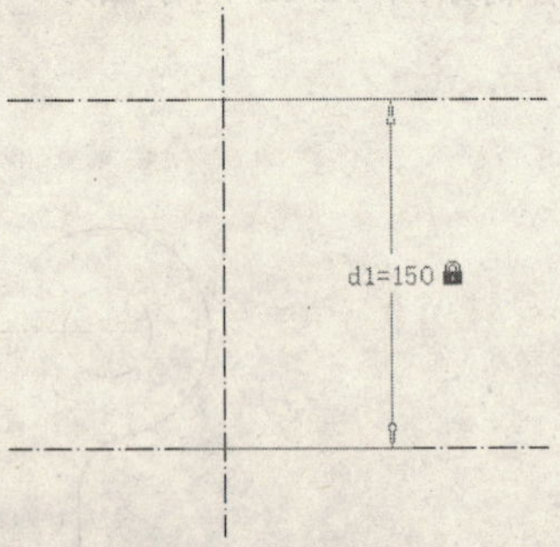

图 12-15　修改尺寸

（4）创建圆及同心圆。

1）采用“圆”工具，以最近点方式在垂直中心线左侧的水平中心线某个位置确定圆心，然后拖动鼠标确定直径，如图 12-16 所示。

2）标注圆直径，然后单击“参数化”选项卡，选择“标注”功能面板中的“转换”工具，将直径尺寸转换为参数化尺寸，如图 12-17 所示。

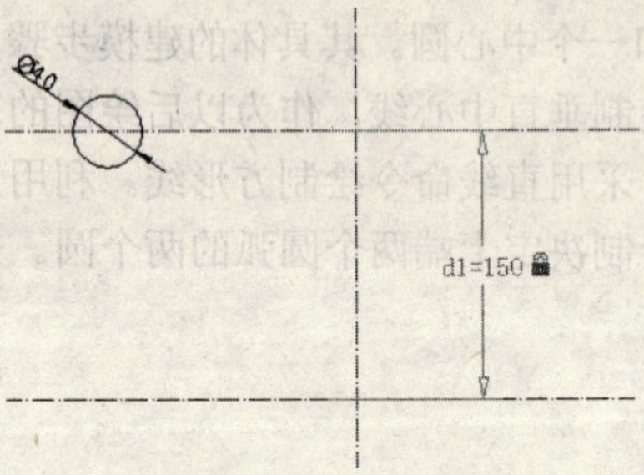

图 12-16　标注直径

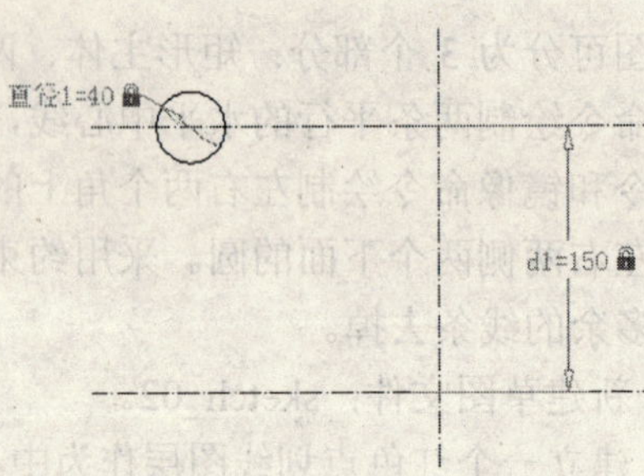

图 12-17　转换直径标注为参数化标注

3）双击该尺寸，将其更改为 140，如图 12-18 所示。

4）选择圆工具，通过捕捉圆心的方式绘制同心圆，结果如图 12-19 所示。

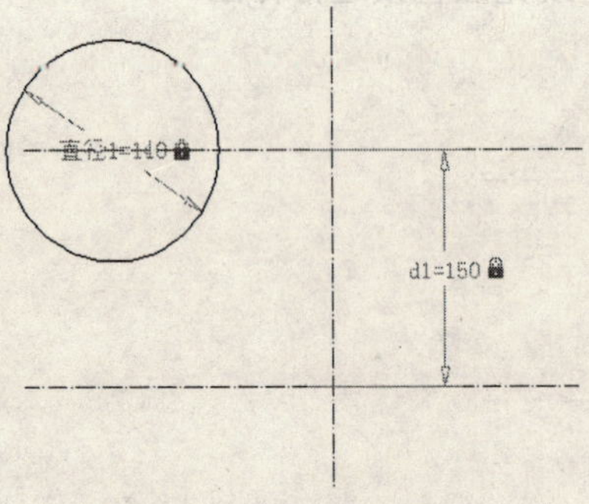

图 12-18　更改直径值

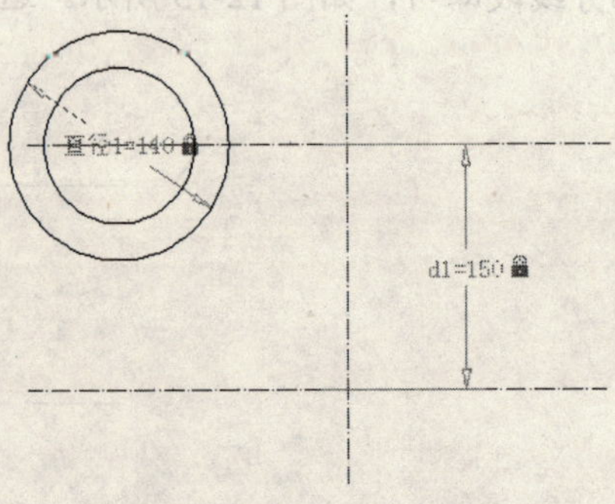

图 12-19　绘制同心圆

5）选择“参数化”选项卡下“标注”功能面板中的“直径”标注工具，直接修改其尺寸为 60，如图 12-20 所示。

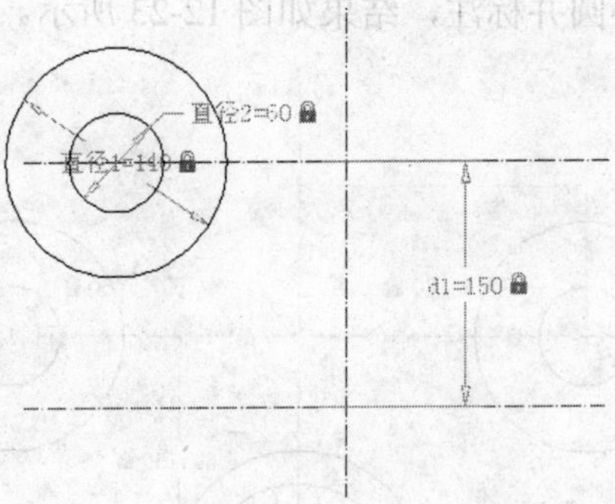

图 12-20　参数化标注直径

6）选择“参数化”选项卡下“几何”功能面板中的“同心”工具◎，将两个圆设置为同心。

7）参数化标注圆心与垂直中心线间的距离为 180，如图 12-21 所示。注意，先选择中心线，后选择圆。

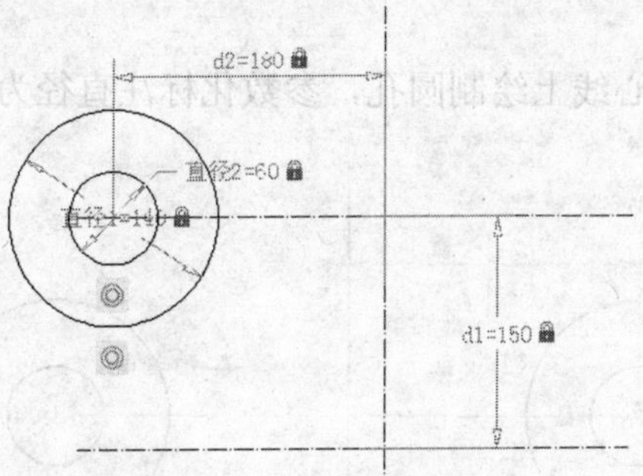

图 12-21　标注距离

8）绘制对称侧同心圆。选中所绘制的两个圆，然后使用“镜像”工具，选择垂直中心线作为镜像参照线进行镜像，结果如图 12-22 所示。

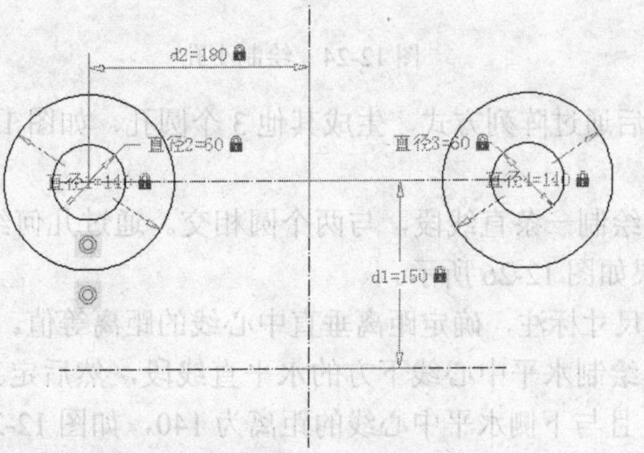

图 12-22　绘制对称侧

9）绘制对称中心位置的同心圆。重复第 1 步和第 6 步，以水平中心线和垂直中心线下面的交点作为圆心，绘制同心圆并标注，结果如图 12-23 所示。

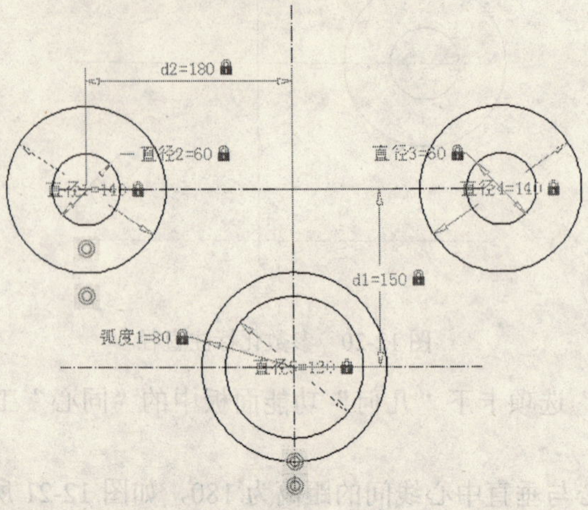

图 12-23　绘制中间同心圆

（5）圆孔阵列。

1）采用圆工具在水平中心线上绘制圆孔，参数化标注直径为 20，如图 12-24 所示。

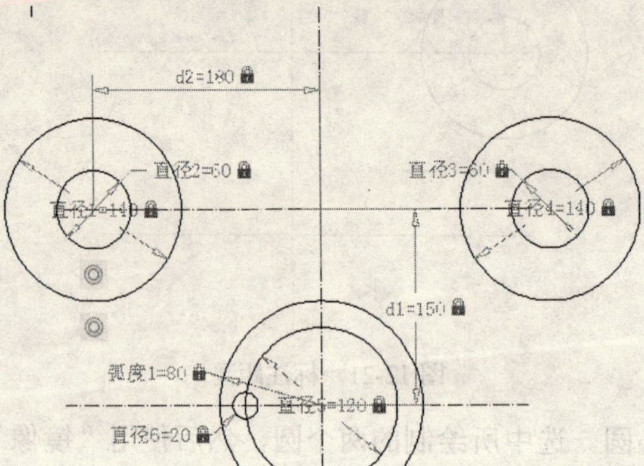

图 12-24　绘制小孔

2）选中该圆，然后通过阵列方式，生成其他 3 个圆孔，如图 12-25 所示。

（6）绘制倒圆。

1）采用直线工具绘制一条直线段，与两个圆相交。通过几何约束中的水平约束工具 将其定义为水平，结果如图 12-26 所示。

2）对该直线进行尺寸标注，确定距离垂直中心线的距离等值。

3）采用直线工具绘制水平中心线下方的水平直线段，然后定义该直线与上一条直线之间的距离尺寸为 320，且与下侧水平中心线的距离为 140，如图 12-27 所示。

4）将所有约束隐藏，可以看到上方水平线过长，必须对其进行修改。采用剪切工具修剪多余部分，并进行标注，结果如图 12-28 所示。

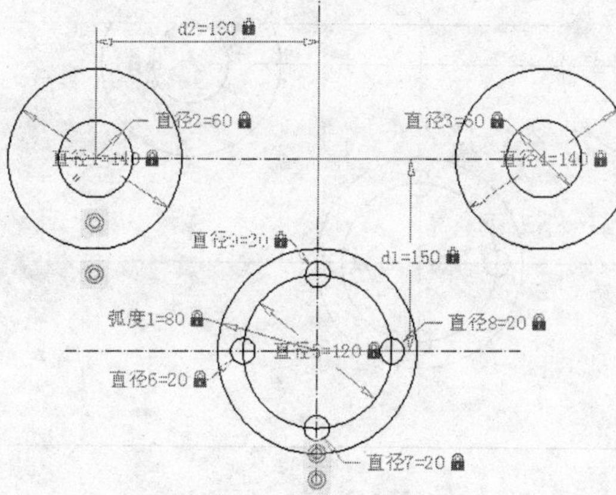

图 12-25　阵列圆孔

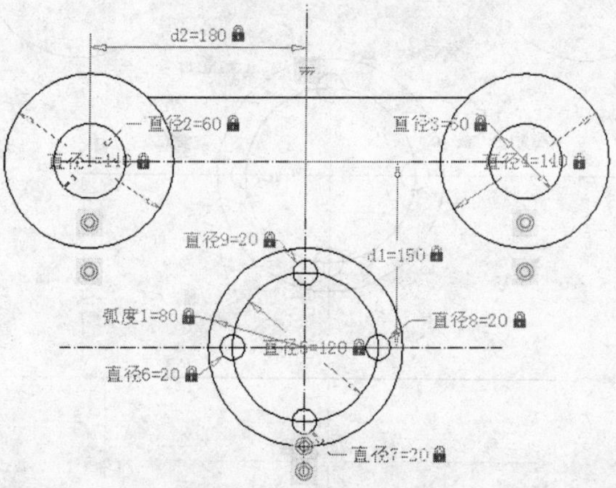

图 12-26　绘制水平线

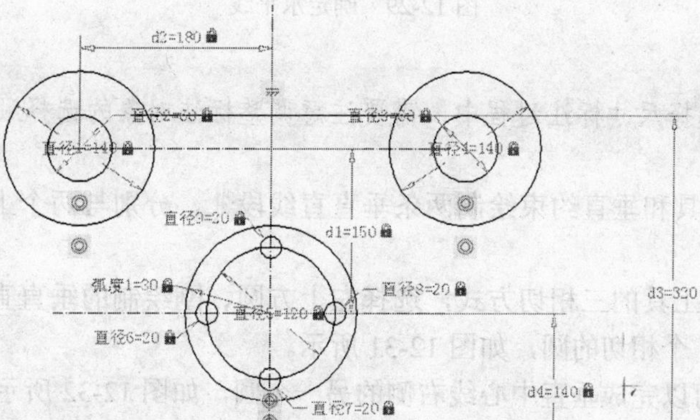

图 12-27　定义水平线

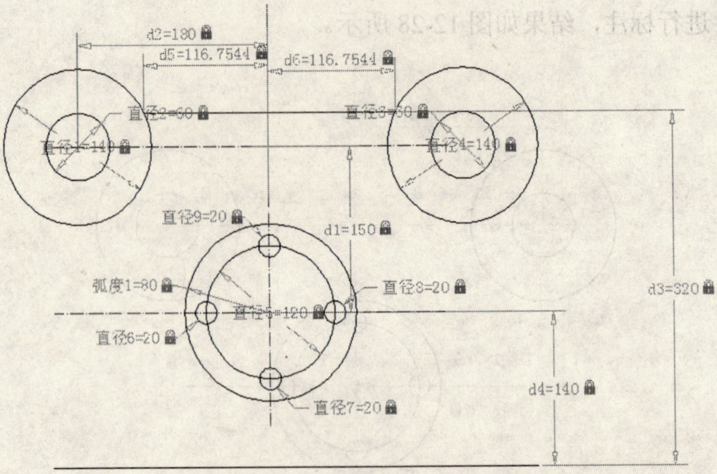

图 12-28　修剪并确定水平线尺寸

5）将下方水平线定义为长 320，相对垂直中心线对称，结果如图 12-29 所示。

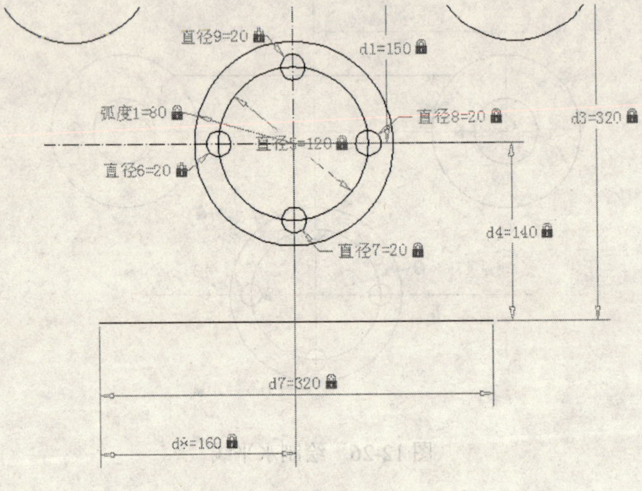

图 12-29　确定水平线

提示　在选择尺寸标注过程中，需要注意调整标注对象的选择顺序。

6）采用直线工具和垂直约束绘制两条垂直直线段，分别与两个上方大圆相交，如图 12-30 所示。

7）采用“圆”工具的三相切方式，选择左上方圆、刚绘制的垂直直线和水平中心线为参照，绘制与它们 3 个相切的圆，如图 12-31 所示。

采用同样方法可以完成垂直中心线右侧的另一个圆，如图 12-32 所示。

8）通过“圆”工具的“相切，相切，半径”方式绘制与左上侧圆以及水平线相切的圆，直径为 50，结果如图 12-33 所示。

采用同样的方法绘制另一侧的圆，也可以通过镜像方式绘制该圆，结果如图 12-34 所示。

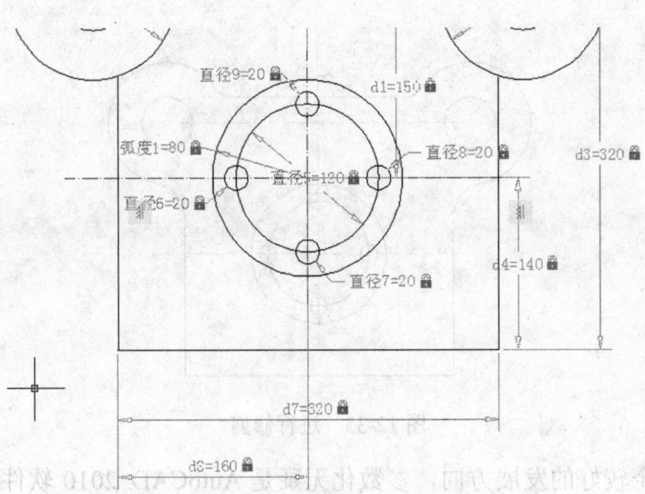

图 12-30　绘制垂直线

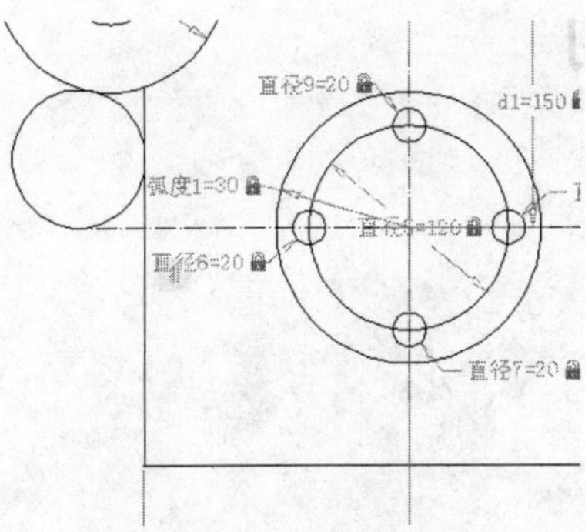

图 12-31　绘制左侧圆

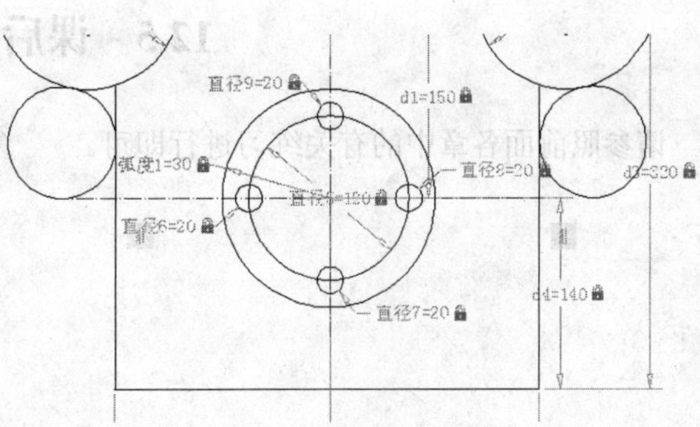

图 12-32　绘制右侧圆

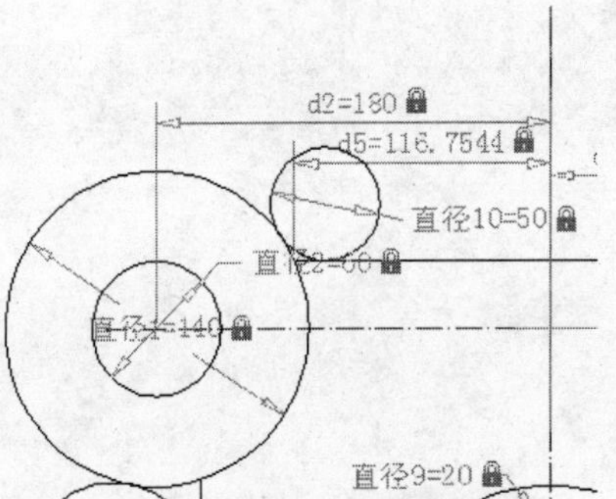

图 12-33　绘制左侧相切圆

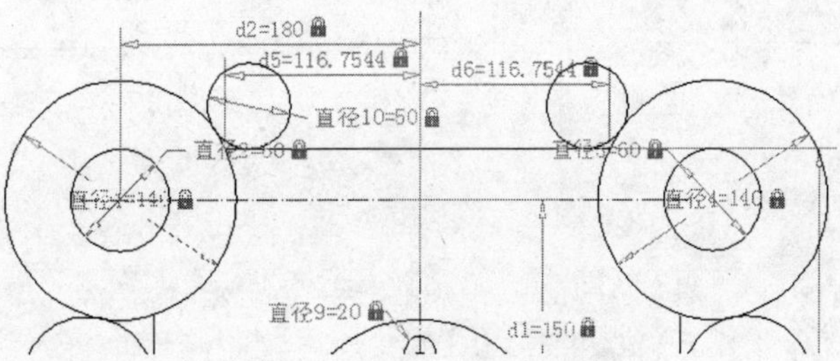

图 12-34　绘制右侧相切圆

9）隐藏所有约束，通过修剪工具去除不需要的曲线和线段，结果如图 12-35 所示。

10）显示所有约束，如图 12-12 所示。

通过上面的练习可以看到，实际上 AutoCAD 2010 中的参数化并不是真正意义上的参数化。其内部约束关系，无论是标注约束还是几何约束，都必须由用户自行定义，即使进行了全约束也会有一些约束关系无法表达清楚。而且，在进行三维建模时，这些约束将全部变为非参数化，因此在三维建模前必须保存好，否则是无法复原的。

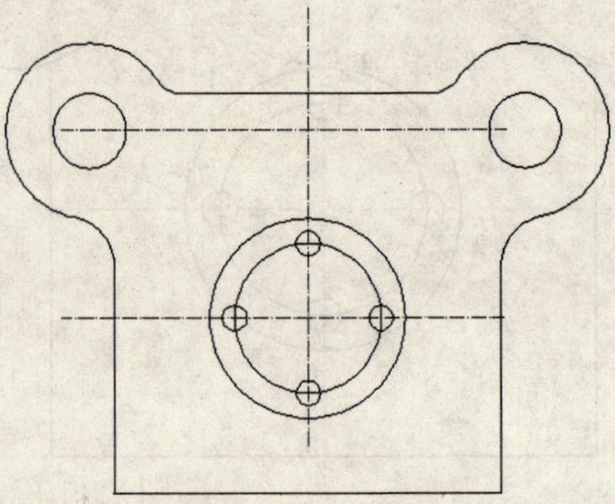

图 12-35　进行修剪

但是，作为一个较好的发展方向，参数化无疑是 AutoCAD 2010 软件必须考虑的问题，而它也正在进行着这方面的努力。

12.5　课后练习

请参照前面各章中的有关练习进行即可。

参考文献

[1] 孙江宏．AutoCAD 2009 实用教程．北京：中国水利水电出版社，2009.

[2] 孙江宏．AutoCAD 2009 实验指导．北京：中国水利水电出版社，2009.

[3] 秦少军等．AutoCAD 2007 基础篇．北京：化学工业出版社，2007.

[4] 宋小春．AutoCAD 2006 实用教程．北京：中国水利水电出版社，2006.

[5] 宋小春．AutoCAD 2006 实验指导．北京：中国水利水电出版社，2006.

[6] 孙江宏．实用 AutoCAD 2004 中文版学习教程．北京：高等教育出版社，2003.

[7] 孙江宏．中文 AutoCAD 2000 应用培训教程．北京：高等教育出版社，2000.

[8] 孙江宏．AutoCAD 2000 典型建筑应用．北京：机械工业出版社，2000.

[9] Autodesk 公司编著．AutoCAD 2004 培训教程．孙江宏等译．北京：清华大学出版社，2004.

[10] 赵文新，陈凤歧．AutoCAD 2002 完全使用手册．北京：科学出版社，2001.

[11] 赵国增．计算机辅助绘图与设计——AutoCAD 2000 上机指导．北京：机械工业出版社，2001.

[12] 康博创作室．AutoCAD 2000 中文版使用速成．北京：清华大学出版社，1999.

[13] 康博创作室．中文版 AutoCAD 2000 实用教程．北京：人民邮电出版社，1999.

[14] 赵腾任．AutoCAD 2000 中文版应用短期培训教程．北京：北京工业大学出版社，2000.

[15] 林龙震．AutoCAD 2000/2000i/2002 二维绘图基础教程．北京：科学出版社，2002.

[16] 林龙震．AutoCAD 2000/2000i/2002 三维绘图基础教程．北京：科学出版社，2002.

[17] 门槛创作室．AutoCAD R14 创作效果百例．北京：机械工业出版社，1999.

[18] [美]James E.Fuller．AutoCAD R13 for Windows 使用教程．康博创作室译．北京：中国水利水电出版社，1997.